西门子

S7-300 / 400 PLC
编程入门及工程实例

刘忠超 盖晓华 主编　　　　　王海红 卫林林 副主编

化学工业出版社

·北京·

西门子 S7 系列 PLC 性能卓越，功能强大，市场占有率高，是面向系统解决方案的通用型 PLC，在工业自动化领域得到了广泛的应用。

本书从 PLC 基础入门和工程实用出发，涵盖内容包括电气控制基础、PLC 编程入门及工程应用实践。电气控制部分包括常用低压电器的工作原理及选型、电气控制电路的分析与设计等；PLC 编程技术介绍以西门子 S7-300/400 可编程控制器为主线，详细介绍了其硬件结构和编程体系，并对梯形图（LAD）和语句表（STL）编程进行了深入的讲解。重点讲解了经典 SIMATIC STEP 7 及最新 TIA 博途软件的使用，并将指令系统的介绍贯穿于 PLC 工程应用实践中，同时还介绍了通用组态软件和西门子 PLC 的通信方法。

本书涵盖了西门子主流 S7 系列 PLC 的理论知识和工程应用，并介绍了最新集成开发环境 TIA 博途软件的使用。内容组织由浅入深、循序渐进，覆盖全面，语言简单易懂，注重理论结合实例，实用性较强，适合想了解掌握 S7-300/400 PLC 工程应用的读者，读者通过本书学习可以快速掌握西门子自动化的相关技术和工程应用。

本书可作为高等院校自动化、电气工程及其自动化、机电一体化、计算机控制、机械电子工程及相关专业的教材，也可作为工程技术人员培训及自学参考使用，对从事 PLC 应用系统设计的工程技术人员也是很好的参考书和自学教材。

图书在版编目（CIP）数据

西门子 S7-300/400 PLC 编程入门及工程实例/刘忠超，盖晓华主编. —北京：化学工业出版社，2019.2（2023.2 重印）
ISBN 978-7-122-33508-1

Ⅰ.①西… Ⅱ.①刘… ②盖… Ⅲ.①PLC 技术-程序设计 Ⅳ.①TM571.61

中国版本图书馆 CIP 数据核字（2018）第 280969 号

责任编辑：高墨荣　　　　　　　　　文字编辑：孙凤英
责任校对：边　涛　　　　　　　　　装帧设计：刘丽华

出版发行：化学工业出版社（北京市东城区青年湖南街 13 号　邮政编码 100011）
印　　装：北京科印技术咨询服务有限公司数码印刷分部
787mm×1092mm　1/16　印张 20½　字数 533 千字　2023 年 2 月北京第 1 版第 2 次印刷

购书咨询：010-64518888　　售后服务：010-64518899
网　　址：http://www.cip.com.cn
凡购买本书，如有缺损质量问题，本社销售中心负责调换。

定　　价：68.00 元　　　　　　　　　　　　　　　版权所有　违者必究

前言

FOREWORD

近年来，随着工业自动化技术的不断发展，可编程控制器（PLC）技术已广泛应用于工业自动化领域。PLC 以其控制能力强、可靠性高、配置灵活、编程简单、使用方便、易于扩展等优点，成为工业控制领域中增长速度最迅猛的工业控制设备，是现代工业自动化的三大支柱之一，在机械制造、石油化工、冶金钢铁、汽车、轻工业等领域得到了广泛的应用。

西门子 S7-300/400 PLC 是国内应用最广、市场占有率非常高的 PLC，很多工程技术人员都觉得 S7-300/400 PLC 不容易自学，入门比较困难。本书以德国西门子公司 S7-300/400 PLC 为主，从工程应用的角度出发，突出应用性和实践性，用通俗易懂的语言和大量的实验案例以及真实的工程实例使学习和实践能融会贯通。通过实例编程技术的介绍，提供给读者易于学习掌握的平台和清晰的编程思路。全书共分为 10 章，比较系统全面地介绍了西门子 S7-300/400 PLC 的相关知识。第 1 章介绍了低压电器及基本控制线路，可供没有电气控制基础的相关读者进行选学；第 2 章主要介绍可编程控制器的发展、定义和工作原理；第 3 章介绍 S7-300/400 PLC 的硬件体系和模块特性；第 4 章主要介绍了经典 SIMATIC STEP 7 及最新集成开发环境 TIA 博途软件的使用；第 5 章重点讲解了 S7-300/400 PLC 的编程语言与指令系统；第 6 章介绍了编程方法，重点是结构化编程；第 7 章介绍了数据块和组织块的使用方法；第 8 章介绍了模拟量控制的处理及闭环控制；第 9 章介绍了通用组态软件和西门子 PLC 的通信设计方法；第 10 章结合工程实例给出了 PLC 控制系统的设计原则、内容和步骤。

本书由南阳理工学院刘忠超、盖晓华任主编，南阳理工学院王海红、国网浙江省电力有限公司检修分公司卫林林任副主编。第 1 章由卫林林编写，第 2 章、第 5 章由盖晓华编写，第 3 章、第 4 章、第 6 章由刘忠超编写，第 7 章～第 10 章由王海红编写。肖东岳、田金云负责本书的资料收集和整理工作。刘忠超负责本书的结构、组织安排和统稿。杨旭对本书进行了通读并提出了宝贵的意见。全书由翟天嵩教授主审，在此一并表示衷心的感谢！

本书配套了电子课件和相关素材，读者如果有需要请发送电子邮件至 liuzhongchao2008@sina.com 联系索取。

由于水平有限，书中难免有疏漏和不足之处，恳请广大读者批评指正。

编者

目录

CONTENTS

第 3 章　S7-300/400 PLC 硬件系统

第 4 章　SIMATIC STEP 7 及 TIA 博途软件使用

第 5 章　S7-300/400 PLC 编程语言与指令系统

第 6 章　S7-300/400 PLC 结构化编程

第 7 章　数据块和组织块的使用

第 10 章　PLC 控制系统设计及工程应用

参考文献

第 1 章

低压电器及基本控制线路

电气控制技术是以各类电动机为动力的传动装置与系统为对象，以实现生产过程自动化的控制技术。随着电力电子技术和计算机技术的快速发展及生产工艺的要求不断提高，电气控制技术也进入快速发展的通道，经历了从手动控制到自动控制、从简单控制到复杂控制、从有触点的硬接线控制到以计算机为中心的存储控制的不断变革。电气控制技术具有可靠、安全、反应快速、节能等优点，越来越多的行业开始引入电气控制系统，小到家用电器，大到航空航天，电气控制技术都被广泛地应用。因此，了解和掌握电气控制技术具有重要意义。

本章主要介绍电气控制的基本原理、基本线路。

1.1　常用低压电器

电器和电气是两个不同的概念，在使用中容易混淆，下面对其进行简单说明。

凡是能自动或手动地接通或断开电路，连续或间断地改变电路参数，以实现对电路或非电对象的切换、控制、检测、保护、变换和调节的电气元件统称为电器。简单地说，电器就是一种能控制电的工具，是所有电工器械的简称。电器单指设备，比如继电器、接触器、互感器、开关、熔断器和变阻器等。

电气是电能的生产、传输、分配、使用和电工装备制造等学科或工程领域的统称。它是以电能、电气设备和电气技术为手段来创造、维持与改善限定空间和环境的一门科学，涵盖电能的转换、利用和研究三方面，包括基础理论、应用技术、设施设备等。电气是广义词，指一种行业、一种专业，也可指一种技术，而不具体指某种产品。

电气控制主要分为两大类：一种是传统的以继电器、接触器为主搭建起来的逻辑电路，即继电器-接触器控制；另一种是基于 PLC（Programmable Logic Controller，可编程控制器）的系统——PLC 控制。

低压电器被广泛地应用于工业电气和建筑电气控制系统中，它是实现继电器-接触器控制的主要电气元件。通常将额定工作电压在交流 1200V、直流 1500V 以下，在电路中起通断、保护、控制或调节等作用的电气设备（器件）总称为低压电器。

低压电器种类繁多，功能各样，构造各异，用途广泛，工作原理各不相同，常用低压电器的分类方法也很多。

(1) 按用途或控制对象分类

① 配电电器：主要用于低压配电系统中。要求系统发生故障时准确动作、可靠工作，在规定条件下具有相应的动稳定性与热稳定性，使电器不会被损坏。常用的配电电器有刀开关、转换开关、熔断器、断路器等。

② 控制电器：主要用于电气传动系统中。要求寿命长、体积小、重量轻且动作迅速、准确、可靠。常用的控制电器有接触器、继电器、启动器、主令电器、电磁铁等。

(2) 按动作方式分类

① 自动电器：依靠自身参数的变化或外来信号的作用，自动完成接通或分断等动作，如接触器、继电器等。

② 手动电器：用手动操作来进行切换的电器，如刀开关、转换开关、按钮等。

(3) 按触点类型分类

① 有触点电器：利用触点的接通和分断来切换电路，如接触器、刀开关、按钮等。

② 无触点电器：无可分离的触点。主要利用电子元件的开关效应，即导通和截止来实现电路的通、断控制，如接近开关、霍尔开关、电子式时间继电器、固态继电器等。

(4) 按工作原理分类

① 电磁式电器：根据电磁感应原理动作的电器，如接触器、继电器、电磁铁等。

② 非电量控制电器：依靠外力或非电量信号（如速度、压力、温度等）的变化而动作的电器，如转换开关、行程开关、速度继电器、压力继电器、温度继电器等。

1.1.1　刀开关

刀开关俗称闸刀开关，是一种结构简单的手动电器，主要作用为隔离电源的开关使用，也可以用来不频繁接通和分断电路。常用的刀开关有 HD 型单投刀开关、HS 型双投刀开关、HR 型熔断器式刀开关、HZ 型组合开关、HK 型闸刀开关、HY 型倒顺开关等。

HD 型单投刀开关、HS 型双投刀开关、HR 型熔断器式刀开关主要用于在成套配电装置中作为隔离开关，装有灭弧装置的刀开关也可以控制一定范围内的负荷线路。作为隔离开关的刀开关的容量比较大，其额定电流在 100～1500A 之间，主要用于供配电线路的电源隔离作用。隔离开关没有灭弧装置，不能操作带负荷的线路，只能操作空载线路或电流很小的线路，如小型空载变压器、电压互感器等。操作时应注意，停电时应将线路的负荷电流用断路器、负荷开关等开关电器切断后再将隔离开关断开，送电时操作顺序相反。隔离开关断开时有明显的断开点，有利于检修人员的停电检修工作。隔离刀开关由于控制负荷能力很小，也没有保护线路的功能，因此通常不能单独使用，一般要和能切断负荷电流和故障电流的电器（如熔断器、断路器和负荷开关等电器）一起使用。

HZ 型组合开关、HK 型闸刀开关一般用于电气设备及照明线路的电源开关。HY 型倒顺开关、HH 型铁壳开关装有灭弧装置，一般可用于电气设备的启动、停止控制。

(1) HD 型单投刀开关

HD 系列单投、HS 系列双投刀开关适用于交流 50Hz、额定电压至 380V、直流至 440V、额定电流至 1500A 的成套配电装置中，作为不频繁地手动接通和分断交、直流电路或作隔离开关用。HD 型单投刀开关按极数分为 1 极、2 极、3 极、4 极，其实物图如图 1-1 所示。

图 1-2 为刀开关的图形符号和文字符号。其中图 1-2(a) 为一般图形符号，图 1-2(b) 为手动符号，图 1-2(c) 为三极单投刀开关符号。

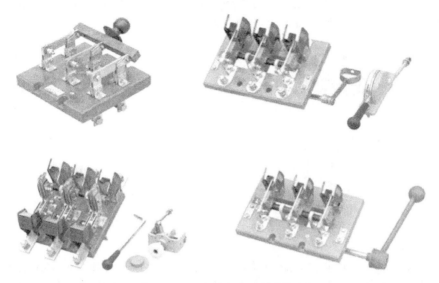

图 1-1　HD 型单投刀开关实物图

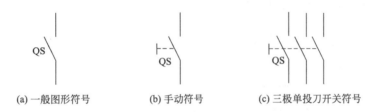

(a) 一般图形符号　　　　(b) 手动符号　　　　(c) 三极单投刀开关符号

图 1-2　HD 型单投刀开关图形符号

当刀开关用作隔离开关时，其图形符号上加有一横杠，如图 1-3 所示。

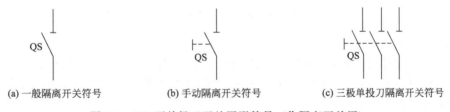

(a) 一般隔离开关符号　　　(b) 手动隔离开关符号　　　(c) 三极单投刀隔离开关符号

图 1-3　HD 型单投刀开关图形符号（作隔离开关用）

单投刀开关的型号含义如下：

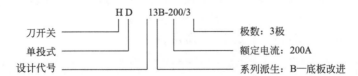

设计代号：11—中央手柄式；12—侧方正面杠杆操作机构式；13—中央正面杠杆操作机构式；14—侧面手柄式。

(2) HS 型双投刀开关

HS 型双投刀开关也称转换开关，其作用和单投刀开关类似，常用于双电源的切换或双供电线路的切换等，其实物图及图形符号如图 1-4 所示。由于双投刀开关具有机械互锁的结构特点，因此可以防止双电源的并联运行和两条供电线路同时供电。

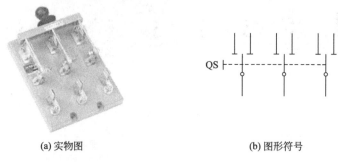

(a) 实物图   (b) 图形符号

图 1-4 HS 型双投刀开关实物图及图形符号

(3) HR 型熔断器式刀开关

HR 型熔断器式刀开关也称刀熔开关，它实际上是将刀开关和熔断器组合成一体的电器。刀熔开关操作方便，并简化了供电线路，在供配电线路上应用很广泛，其实物图及图形符号如图 1-5 所示。刀熔开关可以切断故障电流，但不能切断正常的工作电流，所以一般应在无正常工作电流的情况下进行操作。

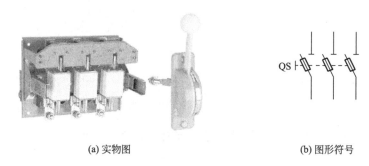

(a) 实物图   (b) 图形符号

图 1-5 HR 型熔断器式刀开关实物图及图形符号

(4) 组合开关

组合开关又称转换开关，控制容量比较小，结构紧凑，常用于空间比较狭小的场所，如机床和配电箱等。组合开关一般用于电气设备的非频繁操作、切换电源和负载以及控制小容量感应电动机和小型电器。

组合开关由动触点、静触点、绝缘连杆转轴、手柄、定位机构及外壳等部分组成。其动、静触点分别叠装于数层绝缘壳内，当转动手柄时，每层的动触片随转轴一起转动。

常用的产品有 HZ5、HZ10 和 HZ15 系列。HZ5 系列是类似万能转换开关的产品，其结构与一般转换开关有所不同；组合开关有单极、双极和多极之分。

组合开关的实物图及图形符号如图 1-6 所示。

1.1.2 熔断器

熔断器在电路中主要起短路保护作用，用于保护线路。熔断器的熔体串接于被保护的电路中，熔断器以其自身产生的热量使熔体熔断，从而自动切断电路，实现短路保护及过载保护。熔断器具有结构简单、体积小、重量轻、使用维护方便、价格低廉、分断能力较强、限流能力良好等优点，因此在电路中得到广泛应用。

(a) 实物图 　　　　　　　　　　　　(b) 图形符号

图 1-6　组合开关实物图及图形符号

（1）熔断器的结构原理及分类

熔断器由熔体和安装熔体的绝缘底座（或称熔管）组成。熔体由易熔金属材料铅、锌、锡、铜、银及其合金制成，形状常为丝状或网状。由铅锡合金和锌等低熔点金属制成的熔体，因不易灭弧，多用于小电流电路；由铜、银等高熔点金属制成的熔体，易于灭弧，多用于大电流电路。

熔断器串接于被保护电路中，电流通过熔体时产生的热量与电流平方和电流通过的时间成正比，电流越大，则熔体熔断时间越短，这种特性称为熔断器的反时限保护特性或安秒特性，如图 1-7 所示。图中 I_{fn} 为熔断器额定电流，熔体允许长期通过额定电流而不熔断。

熔断器种类很多，按结构分为开启式、半封闭式和封闭式；按有无填料分为有填料式、无填料式；按用途分为工业用熔断器、保护半导体器件熔断器及自复式熔断器等。

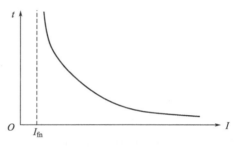

图 1-7　熔断器的反时限保护特性

（2）熔断器的主要技术参数

熔断器的主要技术参数包括额定电压、熔体额定电流、熔断器额定电流、极限分断能力等。

① 额定电压：指保证熔断器能长期正常工作的电压。

② 熔体额定电流：指熔体长期通过而不会熔断的电流。

③ 熔断器额定电流：指保证熔断器能长期正常工作的电流。

④ 极限分断能力：指熔断器在额定电压下所能开断的最大短路电流。在电路中出现的最大电流一般是指短路电流值，所以，极限分断能力也反映了熔断器分断短路电流的能力。

（3）常用的熔断器

① 插入式熔断器　插入式熔断器如图 1-8（a）所示。常用的产品有 RC1A 系列，主要用于低压分支电路的短路保护，因其分断能力较弱，多用于照明电路和小型动力电路中。

② 螺旋式熔断器　螺旋式熔断器如图 1-8（b）所示。熔芯内装有熔丝，并填充石英砂，用于熄灭电弧，分断能力强。熔体上的上端盖有一熔断指示器，一旦熔体熔断，指示器马上弹出，可透过瓷帽上的玻璃孔观察到。常用产品有 RL6、RL7 和 RLS2 等系列，其中 RL6 和 RL7 多用于机床配电电路中；RLS2 为快速熔断器，主要用于保护半导体元件。

③ RM10 型密封管式熔断器　RM10 型密封管式熔断器为无填料管式熔断器，如图 1-8（c）所示。主要用于供配电系统作为线路的短路保护及过载保护，它采用变截面片状熔体和密封纤维管。由于熔体较窄处的电阻小，在短路电流通过时产生的热量最大，先熔断，因而可产生多个熔断点使电弧分散，以利于灭弧。短路时其电弧燃烧密封纤维管产生高压气体，

以便将电弧迅速熄灭。

④ RT 型有填料密封管式熔断器　RT 型有填料密封管式熔断器如图 1-8(d) 所示。熔断器中装有石英砂，用来冷却和熄灭电弧，熔体为网状，短路时可使电弧分散，由石英砂将电弧冷却熄灭，可将电弧在短路电流达到最大值之前迅速熄灭，以限制短路电流。此为限流式熔断器，常用于大容量电力网或配电设备中。常用产品有 RT12、RT14、RT15 和 RS3 等系列，RS2 系列为快速熔断器，主要用于保护半导体元件。

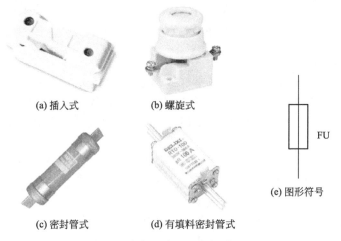

(a) 插入式　　　(b) 螺旋式

(c) 密封管式　　(d) 有填料密封管式

FU

(e) 图形符号

图 1-8　熔断器类型及图形符号

(4) 熔断器选择

① 低压熔断器的类型选择　选择熔断器可依据负载的保护特性、短路电流的大小和使用场合。一般按电网电压选用相应电压等级的熔断器，按配电系统中可能出现的最大短路电流选择有相应分断能力的熔断器，根据被保护负载的性质和容量选择熔体的额定电流。

② 低压熔断器的容量选择　可依据不同的电气设备和线路进行。

a. 照明回路冲击电流很小，所以熔断器的选用系数应尽量小一些。

$$I_{RN} \geqslant I \quad \text{或} \quad I_{RN} = (1.1 \sim 1.5)I$$

式中　I_{RN}——熔体的额定电流，A；

　　　　I——电器的实际工作电流，A。

b. 单台电动机负载电气回路中有冲击电流，熔断器的选用系数应尽量大一些。

$$I_{RN} \geqslant (1.5 \sim 2.5)I$$

c. 多台电动机负载电气回路中，应考虑电动机有同时启动的可能性，所以熔断器的选用应按下列原则选用。

$$I_{RN} = (1.5 \sim 2.5)I_{Nm} + \sum I_N$$

式中　I_{Nm}——设备中最大的一台电动机的额定电流，A；

　　　　I_N——设备中去除最大一台电动机后其他电动机的额定电流之和，A。

低压熔断器在选用时应严格注意级间的保护原则，切忌发生越级保护的现象，选用中除了依据供电回路短路电阻外，还应适当地考虑上下级的级差，一般在 1~2 个级差。

1.1.3　断路器

低压断路器俗称自动开关或空气开关，用于低压配电电路中不频繁的通断控制，在电路发生短路、过载或欠电压等故障时能自动分断故障电路，是一种控制兼保护电器。

断路器的种类繁多，按其用途和结构特点可分为 DW 型框架式断路器、DZ 型塑料外壳式断路器、DS 型直流快速断路器和 DWX 型、DWZ 型限流式断路器等。框架式断路器主要用作配电线路的保护开关，而塑料外壳式断路器除可用作配电线路的保护开关外，还可用作电动机、照明电路及电热电路的控制开关。

（1）断路器的结构和工作原理

断路器主要由 3 个基本部分组成，即触点、灭弧系统和各种脱扣器，包括过电流脱扣器、失压（欠电压）脱扣器、热脱扣器、分励脱扣器和自由脱扣器。

图 1-9 是断路器实物图及图形符号。断路器开关是靠操作机构手动或电动合闸的，触点闭合后，自由脱扣机构将触点锁在合闸位置上。当电路发生上述故障时，通过各自的脱扣器使自由脱扣机构动作，自动跳闸以实现保护作用。分励脱扣器则作为远距离控制分断电路之用。

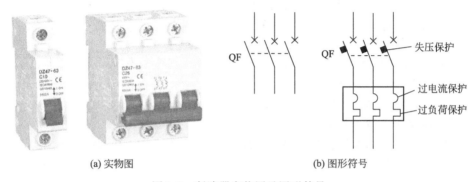

(a) 实物图　　　　　　　(b) 图形符号

图 1-9　断路器实物图及图形符号

过电流脱扣器用于线路的短路和过电流保护，当线路的电流大于整定的电流值时，过电流脱扣器所产生的电磁力使挂钩脱扣，动触点在弹簧的拉力下迅速断开，实现断路器的跳闸功能。

热脱扣器用于线路的过负荷保护，工作原理和热继电器相同。

失压（欠电压）脱扣器用于失压保护，如图 1-9 所示，失压脱扣器的线圈直接接在电源上，处于吸合状态，断路器可以正常合闸；当停电或电压很低时，失压脱扣器的吸力小于弹簧的反力，弹簧使动铁芯向上使挂钩脱扣，实现断路器的跳闸功能。

分励脱扣器用于远方跳闸，当在远方按下按钮时，分励脱扣器得电产生电磁力，使其脱扣跳闸。

不同断路器的保护是不同的，使用时应根据需要选用。在图形符号中也可以标注其保护方式，如图 1-9 所示，断路器图形符号中标注了失压、过负荷、过电流 3 种保护方式。

（2）低压断路器的选择原则

低压断路器的选择应从以下几方面考虑。

① 断路器类型的选择：应根据使用场合和保护要求来选择。如一般选用塑壳式；短路电流很大时选用限流型；额定电流比较大或有选择性保护要求时选用框架式；控制和保护含有半导体器件的直流电路时应选用直流快速断路器等。

② 断路器额定电压、额定电流应大于或等于线路、设备的正常工作电压、工作电流。

③ 断路器极限通断能力大于或等于电路最大短路电流。

④ 欠电压脱扣器额定电压等于线路额定电压。

⑤ 过电流脱扣器的额定电流大于或等于线路的最大负载电流。

⑥ 低压断路器的容量选择。低压断路器的容量选择要综合考虑短路、过载时的保护特性。

a. 单台电动机的过流保护应按下式计算：

$$I_{SZD} \geqslant K I_{SN}$$

式中 I_{SZD}——瞬时或短时过电流脱扣器整定电流值，A；

       K——可靠系数，对动作时间大于 0.02s 的断路器，K 取 1.35，对动作时间小于 0.02s 的断路器，K 取 1.7~2.0；

      I_{SN}——电动机的启动电流，A。

b. 多台电动机的过流保护应按下式计算：

$$I_{SZD} \geqslant 1.35(I_{SNMAX} + \sum I)$$

式中 I_{SNMAX}——最大的电动机启动电流，A；

     $\sum I$——其余电动机工作电流之和，A。

c. 单台电动机的过载保护应按下式计算：

$$I_{gzd} > K I_{js}$$

式中 I_{gzd}——过载电流的整定值，A；

       K——可靠系数，一般取 0.9~1.1；

      I_{js}——线路的计算电流或实际电流，A。

(3) 低压断路器的型号种类

低压断路器的结构和型号种类很多，目前我国常用的有 DW 和 DZ 系列。DW 型也叫万能式空气开关，DZ 型叫塑料外壳式空气开关，其产品代号含义如下：

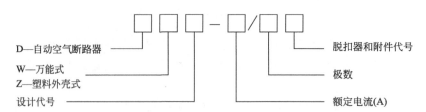

应注意的是，不同型号的低压断路器分别具有不同的保护机构和参数的整定方法，使用时应根据电路的保护要求选择其型号并进行参数的整定。

1.1.4 接触器

接触器主要用于控制电动机、电热设备、电焊机、电容器组等，能频繁地接通或断开交直流主电路，实现远距离自动控制。它具有低电压释放保护功能，在电力拖动自动控制线路中被广泛应用。

接触器有交流接触器和直流接触器两大类型。下面介绍交流接触器。

图 1-10 所示为交流接触器的实物图及图形符号。

(1) 交流接触器的组成部分

① 电磁机构：电磁机构由线圈、动铁芯（衔铁）和静铁芯组成。

② 触点系统：交流接触器的触点系统包括主触点和辅助触点。主触点用于通断主电路，有 3 对或 4 对常开触点；辅助触点用于控制电路，起电气联锁或控制作用，通常有两对常开两对常闭触点。

③ 灭弧装置：容量在 10A 以上的接触器都有灭弧装置。对于小容量的接触器，常采用双断口桥形触点以利于灭弧；对于大容量的接触器，常采用纵缝灭弧罩及栅片灭弧结构。

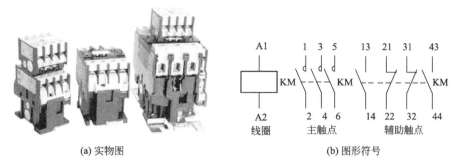

(a) 实物图　　　　　　　　(b) 图形符号

图 1-10　交流接触器的实物图及图形符号

④ 其他部件：包括反作用弹簧、缓冲弹簧、触点压力弹簧、传动机构及外壳等。

接触器上标有端子标号，线圈为 A1、A2，主触点 1、3、5 接电源侧，2、4、6 接负荷侧。辅助触点用两位数表示，前一位为辅助触点顺序号，后一位的 3、4 表示常开触点，1、2 表示常闭触点。

接触器的控制原理很简单，当线圈接通额定电压时，产生电磁力，克服弹簧反力，吸引动铁芯向下运动，动铁芯带动绝缘连杆和动触点向下运动使常开触点闭合，常闭触点断开。当线圈失电或电压低于释放电压时，电磁力小于弹簧反力，常开触点断开，常闭触点闭合。

（2）接触器的主要技术参数和类型

① 额定电压：接触器的额定电压是指主触点的额定电压。交流有 220V、380V 和 660V，在特殊场合应用的额定电压高达 1140V，直流主要有 110V、220V 和 440V。

② 额定电流：接触器的额定电流是指主触点的额定工作电流。它是在一定的条件（额定电压、使用类别和操作频率等）下规定的，目前常用的电流等级为 10～800A。

③ 吸引线圈的额定电压：交流有 36V、127V、220V 和 380V，直流有 24V、48V、220V 和 440V。

④ 机械寿命和电气寿命：接触器是频繁操作电器，应有较高的机械和电气寿命，该指标是产品质量的重要指标之一。

⑤ 额定操作频率：接触器的额定操作频率是指每小时允许的操作次数，一般为 300 次/h、600 次/h 和 1200 次/h。

⑥ 动作值：动作值是指接触器的吸合电压和释放电压。规定接触器的吸合电压大于线圈额定电压的 85％时应可靠吸合，释放电压不高于线圈额定电压的 70％。

常用的交流接触器有 CJ10、CJ12、CJ10X、CJ20、CJX1、CJX2、3TB 和 3TD 等系列。

（3）接触器的选择

① 根据负载性质选择接触器的类型。

② 额定电压应大于或等于主电路工作电压。

③ 额定电流应大于或等于被控电路的额定电流。对于电动机负载，还应根据其运行方式适当增大或减小。

④ 吸引线圈的额定电压与频率要与所在控制电路的选用电压和频率相一致。

1.1.5　控制继电器

控制继电器用于电路的逻辑控制，继电器具有逻辑记忆功能，能组成复杂的逻辑控制电路，继电器用于将某种电量（如电压、电流）或非电量（如温度、压力、转速、时间等）的变化量转换为开关量，以实现对电路的自动控制功能。

继电器的种类很多，按输入量可分为电压继电器、电流继电器、时间继电器、速度继电器、压力继电器等；按工作原理可分为电磁式继电器、感应式继电器、电动式继电器、电子式继电器等；按用途可分为控制继电器、保护继电器等；按输入量变化形式可分为有无继电器和量度继电器。

(1) 电磁式继电器

在控制电路中用的继电器大多数是电磁式继电器。电磁式继电器具有结构简单、价格低廉、使用维护方便、触点容量小（一般在 5A 以下）、触点数量多且无主辅之分、无灭弧装置、体积小、动作迅速、准确、控制灵敏、可靠等特点，广泛地应用于低压控制系统中。常用的电磁式继电器有电流继电器、电压继电器、中间继电器以及各种小型通用继电器等。

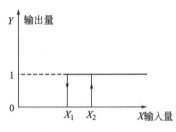

图 1-11　继电器输入-输出特性

电磁式继电器的结构和工作原理与接触器相似，主要由电磁机构和触点组成。电磁式继电器也有直流和交流两种。

继电器的主要特性是输入-输出特性，又称为继电特性，如图 1-11 所示。

当继电器输入量 X 由 0 增加至 X_2 之前，输出量 Y 为 0。当输入量增加到 X_2 时，继电器吸合，输出量 Y 为 1，表示继电器线圈得电，常开接点闭合，常闭接点断开。当输入量继续增大时，继电器动作状态不变。

当输出量 Y 为 1 的状态下，输入量 X 减小，当小于 X_2 时 Y 值仍不变，当 X 再继续减小至小于 X_1 时，继电器释放，输出量 Y 变为 0，X 再减小，Y 值仍为 0。

在继电特性曲线中，X_2 称为继电器吸合值，X_1 称为继电器释放值。$k = X_1/X_2$，称为继电器的返回系数，它是继电器的重要参数之一。

返回系数 k 值可以调节，不同场合对 k 值的要求不同。例如一般控制继电器要求 k 值低些，在 0.1～0.4 之间，这样继电器吸合后，输入量波动较大时不致引起误动作。保护继电器要求 k 值高些，一般在 0.85～0.9 之间。k 值是反映吸力特性与反力特性配合紧密程度的一个参数，一般 k 值越大，继电器灵敏度越高，k 值越小，灵敏度越低。

(2) 中间继电器

中间继电器是最常用的继电器之一，它的结构和接触器基本相同，如图 1-12(a) 所示，其图形符号如图 1-12(b) 所示。

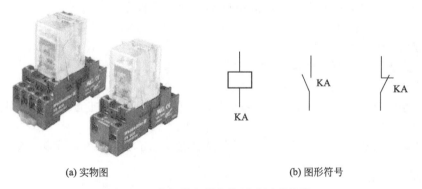

(a) 实物图　　　　　　　　　　　　　　(b) 图形符号

图 1-12　中间继电器实物图及图形符号

中间继电器在控制电路中起逻辑变换和状态记忆的功能，以及用于扩展接点的容量和数量。另外，在控制电路中还可以调节各继电器、开关之间的动作时间，防止电路误动作的作用。中间继电器实质上是一种电压继电器，它是根据输入电压的有或无而动作的，一般触点对数多，触点容量额定电流为 5～10A。中间继电器体积小，动作灵敏度高，一般不用于直接控制电路的负荷，但当电路的负荷电流在 5～10A 以下时，也可代替接触器起控制负荷的作用。中间继电器的工作原理和接触器一样，触点较多，一般为四常开和四常闭触点。

常用的中间继电器型号有 JZ7、JZ14 等。

(3) 电流继电器

电流继电器的输入量是电流，它是根据输入电流大小而动作的继电器。电流继电器的线圈串入电路中，以反映电路电流的变化，其线圈匝数少、导线粗、阻抗小。电流继电器可分为欠电流继电器和过电流继电器。

欠电流继电器用于欠电流保护或控制，如直流电动机励磁绕组的弱磁保护、电磁吸盘中的欠电流保护、绕线式异步电动机启动时电阻的切换控制等。欠电流继电器在电路正常工作时处于吸合动作状态，常开接点处于闭合状态，常闭接点处于断开状态，当电路出现不正常现象或故障现象导致电流下降或消失时，继电器中流过的电流小于释放电流而动作；过电流继电器用于过电流保护或控制，如起重机电路中的过电流保护。过电流继电器在电路正常工作时流过正常工作电流，正常工作电流小于继电器所整定的动作电流，继电器不动作，当电流超过动作电流整定值时才动作。过电流继电器动作时其常开接点闭合，常闭接点断开。

电流继电器作为保护电器时，其图形符号如图 1-13 所示。

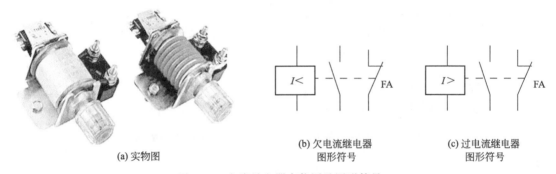

(a) 实物图　　　　　　　　(b) 欠电流继电器
图形符号
　　　　　　　　　　　　(c) 过电流继电器
图形符号

图 1-13　电流继电器实物图及图形符号

(4) 电压继电器

电压继电器的输入量是电路的电压大小，其根据输入电压大小而动作。电压继电器工作时并联在电路中，因此线圈匝数多、导线细、阻抗大，反映电路中电压的变化，用于电路的电压保护。与电流继电器类似，电压继电器也分为欠电压继电器和过电压继电器两种。

过电压继电器动作电压范围为 $(105\%～120\%)U_N$；欠电压继电器吸合电压动作范围为 $(20\%～50\%)U_N$，释放电压调整范围为 $(7\%～20\%)U_N$；零电压继电器当电压降低至 $(5\%～25\%)U_N$ 时动作，它们分别起过压、欠压、零压保护。电压继电器常用在电力系统继电保护中，在低压控制电路中使用较少。

电压继电器作为保护电器时，其图形符号如图 1-14 所示。

(5) 时间继电器

时间继电器在控制电路中用于时间的控制。其种类很多，按其动作原理可分为电磁式、空气阻尼式、电动式和电子式等；按延时方式可分为通电延时型和断电延时型。下面以 JS7型空气阻尼式时间继电器为例说明其工作原理。

空气阻尼式时间继电器是利用空气阻尼原理获得延时的，它由电磁机构、延时机构和触点系统 3 部分组成。电磁机构为直动式双 E 型铁芯，触点系统借用 LX5 型微动开关，延时

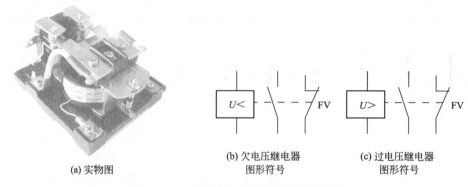

(a) 实物图　　　　(b) 欠电压继电器　　　(c) 过电压继电器
　　　　　　　　　图形符号　　　　　　图形符号

图 1-14　电压继电器的实物图及图形符号

机构采用气囊式阻尼器。

　　空气阻尼式时间继电器可以做成通电延时型，也可改成断电延时型，电磁机构可以是直流的，也可以是交流的，如图 1-15 所示。

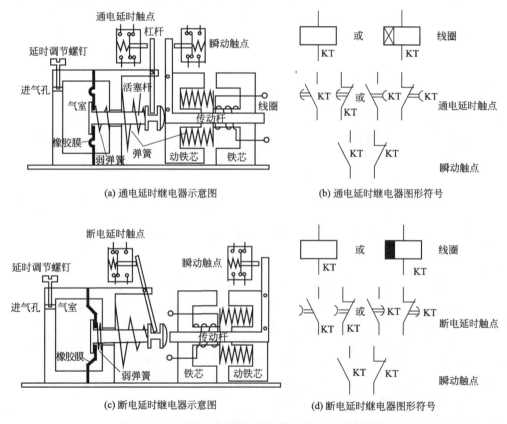

(a) 通电延时继电器示意图　　　　　(b) 通电延时继电器图形符号

(c) 断电延时继电器示意图　　　　　(d) 断电延时继电器图形符号

图 1-15　空气阻尼式时间继电器示意图及图形符号

　　现以通电延时型时间继电器为例介绍其工作原理。

　　图 1-15(a) 中通电延时型时间继电器为线圈不得电时的情况，当线圈通电后，动铁芯吸合，带动 L 形传动杆向右运动，使瞬动触点受压，其触点瞬时动作。活塞杆在塔形弹簧的作用下，带动橡胶膜向右移动，弱弹簧将橡胶膜压在活塞上，橡胶膜左方的空气不能进入气室，形成负压，只能通过进气孔进气，因此活塞杆只能缓慢地向右移动，其移动的速度和进

气孔的大小有关（通过延时调节螺钉调节进气孔的大小可改变延时时间）。经过一定的延时后，活塞杆移动到右端，通过杠杆压动微动开关（通电延时触点），使其常闭触点断开，常开触点闭合，起到通电延时作用。

当线圈断电时，电磁吸力消失，动铁芯在反力弹簧的作用下释放，并通过活塞杆将活塞推向左端，这时气室内中的空气通过橡胶膜和活塞杆之间的缝隙排掉，瞬动触点和延时触点迅速复位，无延时。

如果将通电延时型时间继电器的电磁机构反向安装，就可以改为断电延时型时间继电器，如图 1-15(c) 所示。线圈不得电时，塔形弹簧将橡胶膜和活塞杆推向右侧，杠杆将延时接点压下（注意，原来通电延时的常开触点现在变成了断电延时的常闭触点了，原来通电延时的常闭触点现在变成了断电延时的常开触点），当线圈通电时，动铁芯带动 L 形传动杆向左运动，使瞬动触点瞬时动作，同时推动活塞杆向左运动，如前所述，活塞杆向左运动不延时，延时触点瞬时动作。线圈失电时动铁芯在反力弹簧的作用下返回，瞬动触点瞬时动作，延时接点延时动作。

时间继电器线圈和延时触点的图形符号都有两种画法，线圈中的延时符号可以不画，接点中的延时符号可以画在左边也可以画在右边，但是圆弧的方向不能改变，如图 1-15(b)、(d) 所示。

空气阻尼式时间继电器的优点是结构简单、延时范围大、寿命长、价格低廉，且不受电源电压及频率波动的影响，其缺点是延时误差大、无调节刻度指示，一般适用于延时精度要求不高的场合。常用的产品有 JS7-A、JS23 等系列，其中 JS7-A 系列的主要技术参数为延时范围，分 0.4～60s 和 0.4～180s 两种，操作频率为 600 次/h，触点容量为 5A，延时误差为 ±15%。在使用空气阻尼式时间继电器时，应保持延时机构的清洁，防止因进气孔堵塞而失去延时作用。

时间继电器在选用时应根据控制要求选择其延时方式，根据延时范围和精度选择继电器的类型。

(6) 热继电器

热继电器主要是用于电气设备（主要是电动机）的过负荷保护。热继电器是一种利用电流热效应原理工作的电器，它具有与电动机容许过载特性相近的反时限动作特性，主要与接触器配合使用，用于对三相异步电动机的过负荷和断相保护。

三相异步电动机在实际运行中，常会遇到因电气或机械原因等引起的过电流（过载和断相）现象。如果过电流不严重，持续时间短，绕组不超过允许温升，这种过电流是允许的；如果过电流情况严重，持续时间较长，则会加快电动机绝缘老化，甚至烧毁电动机，因此，在电动机回路中应设置电动机保护装置。常用的电动机保护装置种类很多，使用最多、最普遍的是双金属片式热继电器。目前，双金属片式热继电器均为三相式，有带断相保护和不带断相保护两种。

① 热继电器的工作原理　图 1-16(a) 所示是双金属片式热继电器的实物图，图 1-16(b) 所示是其图形符号。由图可见，热继电器主要由双金属片、热元件、复位按钮、传动杆、拉簧、调节旋钮、复位螺钉、触点和接线端子等组成。

双金属片是一种将两种线胀系数不同的金属用机械辗压方法使之形成一体的金属片。线胀系数大的（如铁镍铬合金、铜合金或高铝合金等）称为主动层，线胀系数小的（如铁镍类合金）称为被动层。由于两种线胀系数不同的金属紧密地贴合在一起，当产生热效应时，使得双金属片向线胀系数小的一侧弯曲，由弯曲产生的位移带动触点动作。

热元件一般由铜镍合金、镍铬铁合金或铁铬铝等合金电阻材料制成，其形状有圆丝、扁

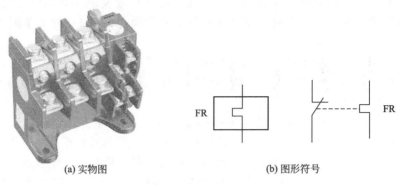

(a) 实物图　　　　　　　　　(b) 图形符号

图 1-16　热继电器的实物图及图形符号

丝、片状和带材几种。热元件串接于电动机的定子电路中，通过热元件的电流就是电动机的工作电流（大容量的热继电器装有速饱和互感器，热元件串接在其二次回路中）。当电动机正常运行时，其工作电流通过热元件产生的热量不足以使双金属片变形，热继电器不会动作。当电动机发生过电流且超过整定值时，双金属片的热量增大而发生弯曲，经过一定时间后，使触点动作，通过控制电路切断电动机的工作电源。同时，热元件也因失电而逐渐降温，经过一段时间的冷却，双金属片恢复到原来状态。

热继电器动作电流的调节是通过旋转调节旋钮来实现的。调节旋钮为一个偏心轮，旋转调节旋钮可以改变传动杆和动触点之间的传动距离，距离越长动作电流就越大，反之动作电流就越小。

热继电器复位方式有自动复位和手动复位两种。将复位螺钉旋入，使常开的静触点向动触点靠近，这样动触点在闭合时处于不稳定状态，在双金属片冷却后动触点也返回，为自动复位方式。如将复位螺钉旋出，触点不能自动复位，为手动复位方式。在手动复位方式下，需在双金属片恢复状时按下复位按钮才能使触点复位。

② 热继电器的选择原则　热继电器主要用于电动机的过载保护，使用中应考虑电动机的工作环境、启动情况、负载性质等因素，具体应按以下几个方面来选择：

a. 热继电器结构形式的选择：星形接法的电动机可选用两相或三相结构热继电器，三角形接法的电动机应选用带断相保护装置的三相结构热继电器。

b. 热继电器的动作电流整定值一般为电动机额定电流的 1.05～1.1 倍。

c. 对于重复短时工作的电动机（如起重机电动机），由于电动机不断重复升温，热继电器双金属片的温升跟不上电动机绕组的温升，电动机将得不到可靠的过载保护。因此，不宜选用双金属片热继电器，而应选用过电流继电器或能反映绕组实际温度的温度继电器来进行保护。

(7) 速度继电器

速度继电器又称为反接制动继电器，主要用于三相笼型异步电动机的反接制动控制。图 1-17 为速度继电器的原理示意图及图形符号，它主要由转子、定子和触点 3 部分组成。

转子是一个圆柱形永久磁铁，定子是一个笼型空心圆环，由硅钢片叠成，并装有笼型绕组。其转子的轴与被控电动机的轴相连接，当电动机转动时，转子（圆柱形永久磁铁）随之转动产生一个旋转磁场，定子中的笼型绕组切割磁力线而产生感应电流和磁场，两个磁场相互作用，使定子受力而跟随转动，当达到一定转速时，装在定子轴上的摆锤推动簧片触点运动，使常闭触点断开，常开触点闭合。当电动机转速低于某一数值时，定子产生的转矩减小，触点在簧片作用下复位。

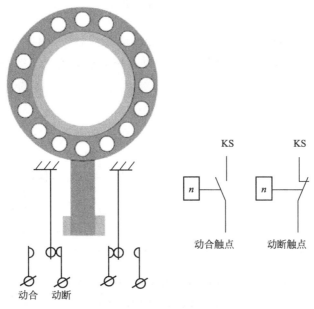

图 1-17　速度继电器的原理示意图及图形符号

常用的速度继电器有 JY1 型和 JFZ0 型两种。其中 JY1 型可在 $700\sim3600\text{r/min}$ 范围工作，JFZ0-1 型适用于 $300\sim1000\text{r/min}$，JFZ0-2 型适用于 $1000\sim3000\text{r/min}$。

一般速度继电器都具有两对转换触点，一对用于正转时动作，另一对用于反转时动作。触点额定电压为 380V，额定电流为 2A。通常速度继电器动作转速为 130r/min，复位转速在 100r/min 以下。

(8) 液位继电器

液位继电器主要用于对液位的高低进行检测并发出开关量信号，以控制电磁阀、液泵等设备对液位的高低进行控制。液位继电器的种类很多，工作原理也不尽相同，下面介绍 JYF-02 型液位继电器。其实物图及图形符号如图 1-18 所示。浮筒置于液体内，浮筒的另一端为一根磁钢，靠近磁钢的液体外壁也装一根磁钢，并和动触点相连，当水位上升时，受浮力上浮而绕固定支点上浮，带动磁钢条向下，当内磁钢 N 极低于外磁钢 N 极时，由于液体壁内外两根磁钢同性相斥，壁外的磁钢受排斥力迅速上翘，带动触点迅速动作。同理，当液位下降，内磁钢 N 极高于外磁钢 N 极时，外磁钢受排斥力迅速下翘，带动触点迅速动作。

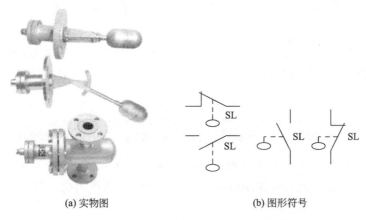

(a) 实物图　　　　　　　　　(b) 图形符号

图 1-18　JYF-02 型液位继电器实物图及图形符号

液位高低的控制是由液位继电器安装的位置来决定的。

(9) 压力继电器

压力继电器主要用于对液体或气体压力的高低进行检测并发出开关量信号，以控制电磁阀、液泵等设备对压力的高低进行控制。图 1-19 为压力继电器实物图及图形符号。

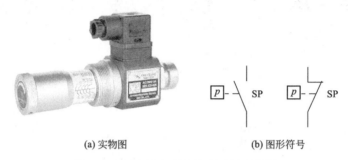

(a) 实物图　　　　　　　(b) 图形符号

图 1-19　压力继电器实物图及图形符号

压力继电器主要由压力传送装置和微动开关等组成，液体或气体压力经压力入口推动橡胶膜和滑杆，克服弹簧反力向上运动，当压力达到给定压力时，触动微动开关，发出控制信号，旋转调压螺母可以改变给定压力。

1.1.6　主令电器

主令电器在控制电路中主要是用来发布控制命令，其作用是实现远程操作和自动控制。常用的主令电器有：控制按钮、行程开关、接近开关，万能转换开关。主令控制器有：脚踏开关、倒顺开关、紧急开关、钮子开关等。

(1) 控制按钮

控制按钮一般和接触器或继电器配合使用，实现对电动机的远程操作、控制电路的电气联锁等。它是一种结构简单、使用广泛的手动主令电器。控制按钮的结构由按钮帽、复位弹簧、桥式触点和外壳等组成，如图 1-20 所示。

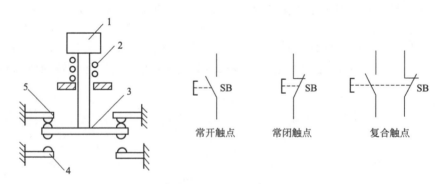

常开触点　　　　常闭触点　　　　复合触点

图 1-20　控制按钮原理图及图形符号
1—按钮帽；2—复位弹簧；3—动触点；4—常开静触点；5—常闭静触点

控制按钮通常配备一个常开触点和一个常闭触点（也可以进行多组触点的扩展），当控制按钮被按下时，桥式动触点将常闭静触点断开，常开静触点闭合。释放后，弹簧将桥式动触点拉回原位，相应的触点也复位。

① 常开按钮用来控制电动机和控制电路的启动和运行开始。使用时一般只对其常开触

点进行接线，常开按钮通常选其颜色为绿色，安装时布局在上方或是左侧。

② 常闭按钮用来控制电动机和控制电路的停止。使用时一般只对其常闭触点进行接线，常闭按钮通常选其颜色为红色，安装时布局在下方或是右侧。

（2）行程开关

行程开关又叫限位开关，它的种类很多，按运动形式可分为直动式、微动式、转动式等；按触点的性质分可为有触点式和无触点式。

① 有触点行程开关 有触点行程开关简称行程开关，行程开关的工作原理和按钮相同，区别在于它不是靠手的按压，而是利用生产机械运动的部件碰压而使触点动作来发出控制指令的主令电器。它用于控制生产机械的运动方向、速度、行程大小或位置等，其结构形式多种多样。

图 1-21 所示为几种操作类型的行程开关及图形符号。

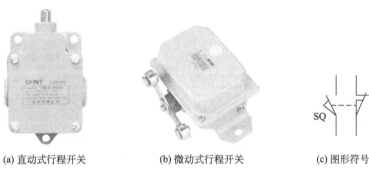

(a) 直动式行程开关　　　(b) 微动式行程开关　　　(c) 图形符号

图 1-21　行程开关实物图及图形符号

行程开关的主要参数有型式、动作行程、工作电压及触点的电流容量。目前国内生产的行程开关有 LXK3、3SE3、LX19、LXW 和 LX 等系列。

常用的行程开关有 LX19、LXW5、LXK3、LX32 和 LX33 等系列。

② 无触点行程开关 无触点行程开关又称接近开关，它可以代替有触点行程开关来完成行程控制和限位保护，还可用于高频计数、测速、液位控制、零件尺寸检测、加工程序的自动衔接等的非接触式开关。由于它具有非接触式触发、动作速度快、可在不同的检测距离内动作、发出的信号稳定无脉动、工作稳定可靠、寿命长、重复定位精度高以及能适应恶劣的工作环境等特点，因此在机床、纺织、印刷、塑料等工业生产中应用广泛。

无触点行程开关分为有源型和无源型两种，多数无触点行程开关为有源型，主要包括检测元件、放大电路、输出驱动电路 3 部分，一般采用 5～24V 的直流电流，或 220V 交流电源等。如图 1-22 所示为三线式有源型接近开关结构框图。

图 1-22　三线式有源型接近开关结构框图

接近开关按检测元件工作原理可分为高频振荡型、超声波型、电容型、电磁感应型、永磁型、霍尔元件型与磁敏元件型等。不同型式的接近开关所检测的被检测体不同。

电容式接近开关可以检测各种固体、液体或粉状物体，其主要由电容式振荡器及电子电路组成，它的电容位于传感界面，当物体接近时，将因改变了电容值而振荡，从而产生输出信号。

霍尔接近开关用于检测磁场，一般用磁钢作为被检测体。其内部的磁敏感器件仅对垂直于传感器端面的磁场敏感，当磁极 S 极正对接近开关时，接近开关的输出产生正跳变，输出为高电平，若磁极 N 极正对接近开关时，输出为低电平。

超声波接近开关适于检测不能或不可触及的目标，其控制功能不受声、电、光等因素干扰，检测物体可以是固体、液体或粉末状态的物体，只要能反射超声波即可。其主要由压电陶瓷传感器、发射超声波和接收反射波用的电子装置及调节检测范围用的程控桥式开关等几个部分组成。

高频振荡式接近开关用于检测各种金属，主要由高频振荡器、集成电路或晶体管放大器和输出器 3 部分组成，其基本工作原理是当有金属物体接近振荡器的线圈时，该金属物体内部产生的涡流将吸取振荡器的能量，致使振荡器停振。振荡器的振荡和停振这两个信号，经整形放大后转换成开关信号输出。

接近开关输出形式有两线、三线和四线式几种，晶体管输出类型有 NPN 和 PNP 两种，外形有方形、圆形、槽形和分离型等多种，图 1-23 为槽形三线式 NPN 型光电式接近开关和远距分离型光电开关。

(a) 槽形三线式NPN型光电式接近开关　　　　　(b) 远距分离型光电开关

图 1-23　槽形和分离型光电开关

接近开关的主要参数有型式、动作距离范围、动作频率、响应时间、重复精度、输出型式、工作电压及输出触点的容量等。接近开关的图形符号可用图 1-24 表示。

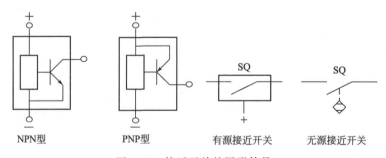

　　　NPN型　　　　　　　PNP型　　　　　有源接近开关　　　　无源接近开关

图 1-24　接近开关的图形符号

接近开关的产品种类十分丰富，常用的国产接近开关有 LJ、3SG 和 LXJ18 等多种系列，国外进口及引进产品也在国内有大量的应用。

(3) 万能转换开关

万能转换开关是一种多挡式、控制多回路的主令电器。它主要用于完成对电路的选择控制、信号转换、电源的换相测量等任务。如手动、自动的切换、多路信号的输入选择、电流表和电压表的换相测量等。结构原理如图 1-25 所示。

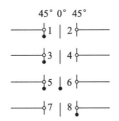

LW5-15D0403/2				
触点编号		45°	0°	45°
NO	1-2	X		
NO	3-4	X		
NO	5-6	X	X	
NO	7-8			X

图 1-25　万能转换开关结构图

图 1-25 中万能转换开关打向左 45°时，触点 1-2、3-4、5-6 闭合，触点 7-8 打开；打向 0°时，只有触点 5-6 闭合；右 45°时，触点 7-8 闭合，其余打开。

（4）信号灯

信号灯是用来指示电气运行状态、生产节拍、机械位置、控制命令等的电气器件。其发光源有白炽灯、氖炮、LED 发光元件等形式，通常在低电压中用白炽灯和 LED 发光元件，而在高压中用氖炮，可以单独使用，也可以和按钮组合使用。

信号灯的图形符号如图 1-26 所示。

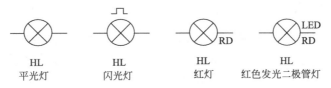

HL　　　　　　　HL　　　　　　　HL　　　　　　　HL
平光灯　　　　　闪光灯　　　　　红灯　　　红色发光二极管灯

图 1-26　信号灯的图形符号

如果要在图形符号上标注信号灯的颜色，可在靠近图形处标出对应颜色的字母：

红色：RD；黄色：YE；绿色：GN；蓝色：BU；白色：WH。

常用的信号灯型号有 AD11、AD30、ADJ1 等，信号灯的主要参数有工作电压、安装尺寸及发光颜色等。指示灯的颜色及其含义如表 1-1 所示。

表 1-1　指示灯的颜色及其含义

颜　色	含　义	说　明	典型应用
红色	危险告急	可能出现危险和需要立即处理	温度超过规定(或安全)限制 设备的重要部分已被保护电器切断 润滑系统失压 有触及带电或运动部件的危险
黄色	注意	情况有变化或即将发生变化	温度(或压力)异常 当仅能承受允许的短时过载
绿色	安全	正常或允许进行	冷却通风正常 自动控制系统运行正常 机器准备启动
蓝色	按需要指定用意	除红、黄、绿三色外的任何指定用意	遥控指示 选择开关在设定位置
白色	无特定用意	任何用意。不能确切地用红黄绿时，以及用作执行时	

（5）报警器

常用的报警器有电铃和电喇叭等，一般电铃用于正常的操作信号（如设备启动前的警示）和设备的异常现象（如变压器的过载、漏油）。电喇叭用于设备的故障信号（如线路短路跳闸）。报警器的图形符号如图 1-27 所示。

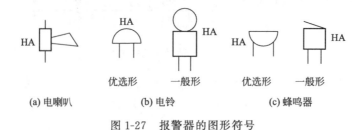

图 1-27　报警器的图形符号

1.2　电气图形符号和文字符号

1.2.1　电气文字符号

电气文字符号目前执行国家标准 GB/T 5094《工业系统、装置与设备以及工业产品——结构原则与参照代号》和 GB/T 20939—2007《技术产品及技术产品文件结构原则 字母代码 按项目用途和任务划分的主类和子类》。这两个标准都是根据 IEC 国际标准而制定的。

在 GB/T 20939—2007 中将所有的电气设备、装置和元件分成 23 个大类，每个大类用一个大写字母表示。文字符号分为基本文字符号和辅助文字符号。

基本文字符号分为单字母符号和双字母符号两种。单字母符号应优先采用，每个单字母符号表示一个电器大类，如表 1-2 所示。如 C 表示电容器类，R 表示电阻器类等。

双字母符号由一个表示种类的单字母符号和另一个字母组成，第一个字母表示电器的大类，第二个字母表示对某电器大类的进一步划分。例如 G 表示电源大类，GB 表示蓄电池，S 表示控制电路开关，SB 表示按钮，SP 表示压力传感器（继电器）。

文字符号用于标明电器的名称、功能、状态和特征。同一电器如果功能不同，其文字符号也不同，例如照明灯的文字符号为 EL，信号灯的文字符号为 HL。

辅助文字符号表示电气设备、装置和元件的功能、状态和特征，由 1～3 位英文名称缩写的大写字母表示，例如辅助文字符号 BW（Backward 的缩写）表示向后，P（Pressure 的缩写）表示压力。辅助文字符号可以和单字母符号组合成双字母符号，例如单字母符号 K（表示继电器接触器大类）和辅助文字符号 AC（交流）组合成双字母符号 KA，表示交流继电器；单字母符号 M（表示电动机大类）和辅助文字符号 SYN（同步）组合成双字母符号 MS，表示同步电动机。辅助文字符号可以单独使用，例如图 1-26 中的 RD 表示信号灯为红色。

1.2.2　电气图形符号

电气图形符号目前执行国家标准 GB/T 4728—2005～2008《电气简图用图形符号》，也是根据 IEC 国际标准制定的。该标准给出了大量的常用电气图形符号，表示产品特征。通常用比较简单的电器作为一般符号。对于一些组合电器，不必考虑其内部细节时可用方框符号表示，如表 1-2 中的整流器、逆变器、滤波器等。

表 1-2　常用电器分类及图形符号、文字符号举例

分类	名称	图形符号、文字符号	分类	名称	图形符号、文字符号
A 组件 部件	启动装置		F 保护器件	过电流继电器	
				欠电压继电器	
B 将电量变换成非电量，将非电量变换成电量	扬声器	（将电量变换成非电量）		过电压继电器	
	传声器	（将非电量变换成电量）		热继电器	
C 电容器	一般电容器			熔断器	
	极性电容器		G 发生器，发电机，电源	交流发电机	
	可变电容器			直流发电机	
D 二进制元件	与门			电池	
	或门		H 信号器件	电喇叭	
	非门			蜂鸣器	优选形　一般形
E 其他	照明灯			信号灯	
			I		（不使用）
			J		（不使用）
F 保护器件	欠电流继电器		K 继电器，接触器	中间继电器	

续表

分类	名称	图形符号、文字符号	分类	名称	图形符号、文字符号
K 继电器，接触器	通用继电器		M 电动机	笼型电动机	
	接触器			绕线型电动机	
	通电延时型时间继电器			他励直流电动机	
				并励直流电动机	
				串励直流电动机	
	断电延时型时间继电器			三相步进电动机	
				永磁直流电动机	
L 电感器，电抗器	电感器		N 模拟元件	运算放大器	
				反相放大器	
	可变电感器			数-模转换器	
	电抗器		N	模-数转换器	
			O		（不使用）

分类	名称	图形符号、文字符号	分类	名称	图形符号、文字符号
P 测量设备，试验设备	电流表	PA	R 电阻器	频敏变阻器	RF
	电压表	PV	S 控制、记忆、信号电路开关器件选择器	按钮	SB
	有功功率表	kW PW		急停按钮	SB
	有功电度表	kWh PJ		行程开关	SQ
Q 电力电路的开关器件	断路器	QF		压力继电器	P SP P
	隔离开关	QS		液位继电器	SL SL SL SL
	刀熔开关	QS		速度继电器	SV n SV n SV
	手动开关	QS QS		选择开关	SA
	双投刀开关	QS		接近开关	SQ
	组合开关旋转开关	QS		万能转换开关，凸轮控制器	SA 2 1 0 1 2
	负荷开关	QL	T 变压器互感器	单相变压器	T
R 电阻器	电阻	R		单相自耦变压器	T 形式1　形式2
	固定抽头电阻	R			
	可变电阻	R			
	电位器	RF			

续表

分类	名称	图形符号、文字符号	分类	名称	图形符号、文字符号
T 变压器互感器	三相变压器（星形/三角形接线）	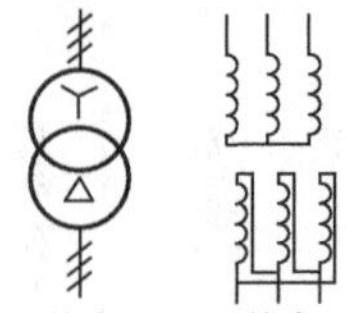 形式1　形式2	X 端子 插头 插座	插头	 优选型　其他型 XP
	电压互感器	电压互感器与变压器图形符号相同，文字符号为 TV		插座	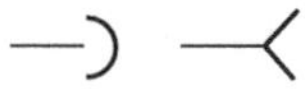 优选型　其他型 XS
	电流互感器	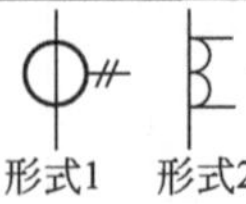 形式1　形式2 TA		插头插座	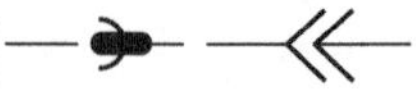 优选型　其他型 X
U 调制器变换器	整流器	 U		连接片	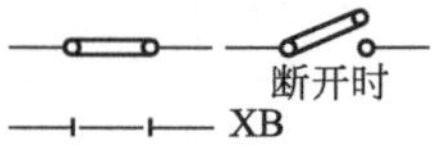 断开时 接通时 XB
	桥式全波整流器	 U	Y 电器操作的机械器件	电磁铁	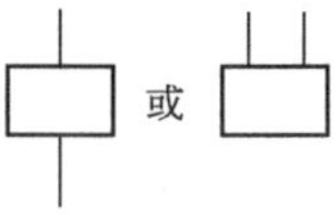 或 YA
	逆变器	 U		电磁吸盘	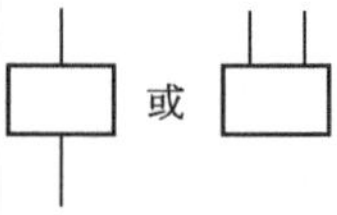 或 YH
	变频器	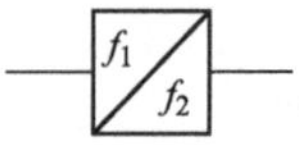 f_1 f_2 U		电磁制动器	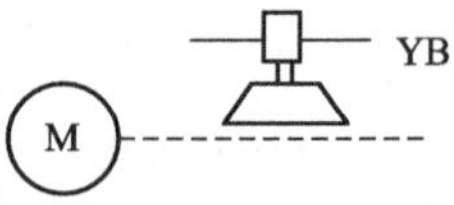 M YB
V 电子管 晶体管	二极管	 V		电磁阀	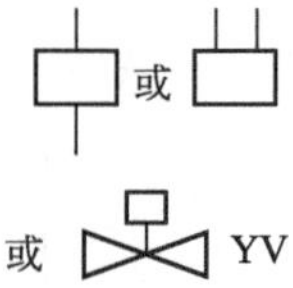 或 或 YV
	三极管	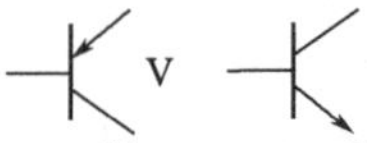 PNP型 V　NPN型 V	Z 滤波器、限幅器、均衡器、终端设备	滤波器	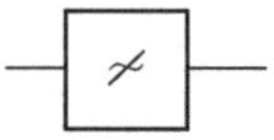 Z
	晶闸管	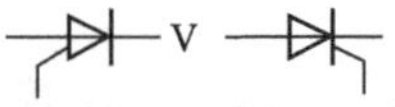 阳极侧受控 V　阴极侧受控 V		限幅器	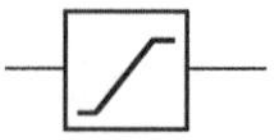 Z
W 传输通道，波导，天线	导线，电缆，母线	 W		均衡器	 Z
	天线	 W			

国家标准 GB/T 4728—2005～2008《电气简图用图形符号》的一个显著特点就是图形符号可以根据需要进行组合，在该标准中除了提供了大量的一般符号之外，还提供了大量的限定符号和符号要素，限定符号和符号要素不能单独使用，它相当于一般符号的配件。将某些限定符号或符号要素与一般符号进行组合就可组成各种电气图形符号，例如图 1-9 所示的断路器的图形符号就是由多种限定符号、符号要素和一般符号组合而成的，如图 1-28 所示。

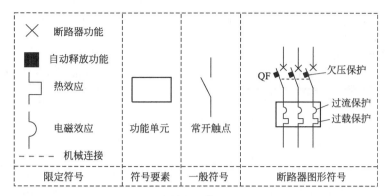

图 1-28　断路器图形符号的组成

1.3　电气控制电路图绘制原则

电气控制电路是用导线将电动机、电气、仪表等元器件按一定的要求连接起来，并实现某种特定控制要求的电路。为了表达生产机械电气控制系统的结构、原理等设计意图，便于电气系统的安装、调试、使用和维修，将电气控制系统中各电气元件及其连接线路用一定的图形表达出来，就是所谓的电气控制电路图。

而电气图是根据国家电气制图标准，使用电气图例符号和文字符号以及规定的画法绘制而成的技术图纸。它包括电气控制电路图、电气平面图、设备布局图、安装施工图、电气图例说明、设备材料明细表等。电气控制电路图一般有三种：电气原理图、电气接线图、电气元件布置图。

（1）电气原理图

电气原理图表示电气控制线路的工作原理以及各电气元件的作用和相互关系，而不考虑各电气元件实际安装位置和实际连线情况，具有结构简单、层次分明、便于研究和电路分析等优点，如图 1-29 所示。

电气原理图根据控制对象的不同可分为主电路和控制电路。主电路是将电源与电气设备（电动机或电负荷）借助于低压电器进行可靠连接的电路，涉及的低压电器有低压断路器、熔断器、接触器（智能控制单元）、热过载保护器、接线端子等。控制电路是由主令电器、接触器和继电器的线圈、各种电器的常开和常闭辅助触点、电磁阀、电磁铁等按控制要求和控制逻辑进行的组合。

绘制电气原理图时，一般遵循下面的规则：

① 电气控制线路分主电路和辅助电路。主电路一般是电气控制线路中大电流通过的部分，包括从电源到电动机之间相连的电气元件；一般由组合开关、主熔断器、接触器主触点、热继电器的热元件和电动机等组成。辅助电路是控制线路中除主电路以外的电路，其流过的电流比较小。辅助电路包括控制电路、照明电路、信号电路和保护电路。其中控制电路是由按钮、接触器和继电器的线圈及辅助触点、热继电器触点、保护电器触点等组成。通常主电路用粗实线绘出，而辅助线路用细实线画。一般主电路画在左侧或上部，辅助电路画在右侧或下部。

② 电气控制线路中，同一电器的各导电部分如线圈和触点常常不画在一起，但要用同一文字符号标注。若有多个同类电器，可在文字符号后加上数字序号，如 KM1、KM2 等。

③ 电气控制线路的全部触点都按"非激励"状态绘出。"非激励"状态对电操作元件如

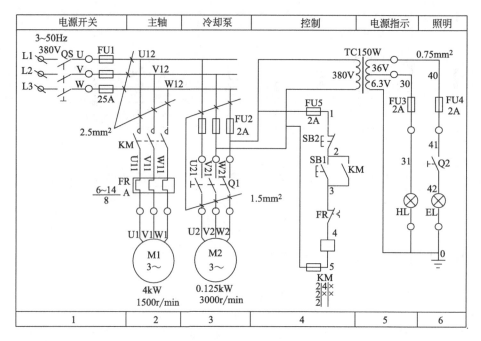

图 1-29　电气原理图

接触器、继电器等是指线圈未通电时的触点状态；对机械操作元件如按钮、行程开关等是指没有受到外力时的触点状态；对主令控制器是指手柄置于"零位"时各触点的状态；断路器和隔离开关的触点处于断开状态。

④ 控制电路的分支线路，原则上按照动作先后顺序排列，两线交叉连接的电气连接点须用黑点标出，两线连接的接线端子用空心圆画出。

（2）电气接线图

电气接线图是将分布在电控柜和现场的电气元件和设备进行线路连接（如图 1-30 所示），绘制接线图时应把各电器的各个部分（如触点与线圈）画在一起，文字符号、元件连接顺序、线路号码编制必须与电气原理图一致。以安装接线为主，基本不涉及电气设备的整体结构和工作原理，着重表达接线过程。

绘制电气安装图应遵循的主要原则如下：

① 必须遵循相关国家标准绘制电气安装接线图。

② 各电气元件的位置、文字符号必须和电气原理图中的标注一致，同一个电气元件的各部件（如同一个接触器的触点、线圈等）必须画在一起，各电气元件的位置应与实际安装位置一致。

③ 不在同一安装板或电气柜上的电气元件或信号的电气连接一般应通过端子排连接，并按照电气原理图中的接线编号连接。

④ 走向相同、功能相同的多根导线可用单线或线束表示。画连接线时，应标明导线的规格、型号、颜色、根数和穿线管的尺寸。对于控制装置的外部接线应在图上绘出或用接线表表示清楚，并注明电源的引入点。

（3）电气元件布置图

电气元件布置图是器件的布局和位置安装，主要用来表明电气设备或系统中所有电气元件的实际位置，为制造、安装、维护提供必要的参考资料。包括在电控柜和现场的分布，如

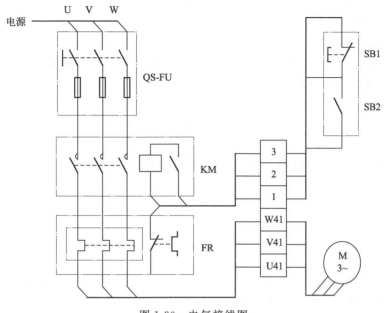

图 1-30　电气接线图

电控柜中器件的分布、控制操作盘中器件的分布、器件的间隔和排放顺序、安装方式和定位等。在进行元器件布局时要注意整齐、美观、对称、外形尺寸与结构类型类似的电器安装在一起，以利于加工、安装和配线。在电气元件布置图中，一般标有各元件间距尺寸、安装孔距和进出线的方式。

　　如图 1-31 所示为 CW6132 型车床电气元件布置图。图中各电器代号与有关电路图和电器清单上的所有元件代号相同，电气元件布置图不需要标注尺寸。图中 FU1～FU4 为熔断器，FR 为热继电器，TC 为照明变压器。

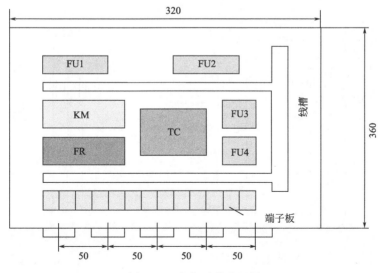

图 1-31　电气元件布置图

电气元件布置图的设计应遵循以下原则：
① 必须遵循相关国家标准设计和绘制电气元件布置图。

② 相同类型的电气元件布置时，应把体积较大和较重的安装在控制柜或面板的下方。

③ 发热的元器件应该安装在控制柜或面板的上方或后方，但热继电器一般安装在接触器的下面，以方便与电动机和接触器的连接。

④ 需要经常维护、整定和检修的电气元件、操作开关、监视仪器仪表，其安装位置应高低适宜，以便工作人员操作。

⑤ 强电、弱电应该分开走线，注意屏蔽层的连接，防止干扰的窜入。

⑥ 电气元件的布置应考虑安装间隙，并尽可能做到整齐、美观。

1.4 三相异步电动机的基本控制电路

1.4.1 基本控制环节

(1) 自锁控制

自锁控制电路如图 1-32 所示。

当按下 SB2 启动按钮时，电流经 SB1、SB2 到达线圈 KM，接触器动作，接触器的主触点和辅助触点均闭合，电动机开始运转。松开 SB2 时，电流经 SB1、KM 的辅助触点到达线圈 KM，线圈保持一直得电。这种依靠接触器的辅助触点使线圈保持一直得电的方式称为自锁控制。当按下 SB1 停止按钮时，线圈 KM 失电，所有触点返回，电动机停止转动。

这个电路是单向自锁控制电路，它的特点是启动、保持、停止，所以称为"启、保、停"控制电路。

(2) 点动控制

实际生产中，生产机械常需点动控制，如机床调整对刀和刀架、立柱的快速移动等。所谓点动，指按下启动按钮，电动机转动；松开按钮，电动机停止运动。与之对应的，若松开按钮后能使电动机连续工作，则称为长动。区分点动与长动的关键是控制电路中控制电器通电后能否自锁，即是否具有自锁触点。控制电路如图 1-33 所示。

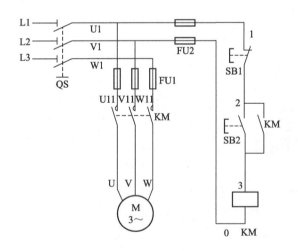

图 1-32　自锁控制线路

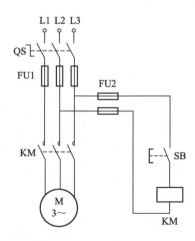

图 1-33　点动控制线路

(3) 点动/长动混合控制

生产实际中，有的生产机械既需要连续运转进行加工生产，又需要在进行调整工作时采用点动控制，这就产生了点动、长动混合控制电路。常用控制线路如图 1-34 所示。

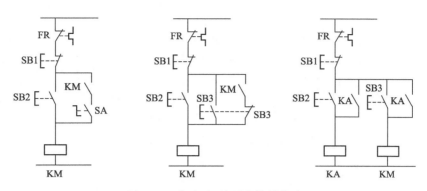

图 1-34　点动/长动混合控制线路

（4）多地点与多条件控制线路

多地点控制是指在两个或两个以上地点进行的控制操作，多用于规模较大的设备，为了操作方便常要求能在多个地点进行操作。在某些机械设备上，为保证操作安全，需要多个条件满足，设备才能工作。这样的控制要求可通过在电路中串联或并联电器的常闭触点和常开触点来实现。

多地点控制按钮的连接原则为：常开按钮均相互并联，组成"或"逻辑关系，常闭按钮均相互串联，组成"与"逻辑关系，任一条件满足，结果即可成立。遵循以上原则还可实现三地及更多地点的控制，电气控制线路如图 1-35(a) 所示。多条件控制按钮的连接原则为：常开按钮均相互串联，常闭按钮均相互并联，所有条件满足，结果才能成立，遵循以上原则还可实现更多条件的控制，电气控制线路如图 1-35(b) 所示。

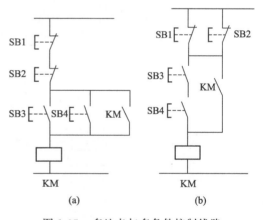

图 1-35　多地点与多条件控制线路

（5）顺序控制线路

有多台电动机拖动的机械设备，在操作时为了保证设备的运行和工艺过程的顺利进行，对电动机的启动、停止必须按一定顺序来控制，这就称为电动机的顺序控制。这种情况在机械设备中是常见的。例如，有的机床的油泵电动机要先于主轴电动机启动，主轴电动机又先于切削液电动机启动等。电气控制线路如图 1-36 所示。

（6）正反转控制线路

生产实践中，许多设备均需要两个相反方向的运行控制，如机床工作台的进退、升降以及主轴的正反向运转等。此类控制均可通过电动机的正转与反转来实现。由电动机原理可知，电动机三相电源进线中任意两相对调，即可实现电动机的反向运转，电气控制线路如图 1-37 所示。

接触器 KM1 和 KM2 触点不能同时闭合，以免发生相间短路故障，因此需要在各自的控制电路中串接对方的常闭触点，构成互锁。

电动机由正转到反转，需先按停止按钮 SB1，在操作上不方便，为了解决这个问题，可利用复合按钮进行控制，采用复合按钮，还可以起到联锁作用，这是由于按下 SB2 时，只有 KM1 可得电动作，同时 KM2 回路被切断。同理按下 SB3 时，只有 KM2 可得电动作，同

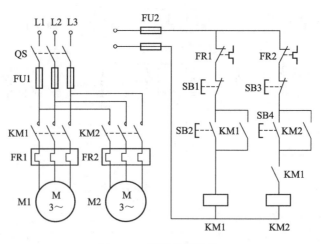

图 1-36　顺序控制线路

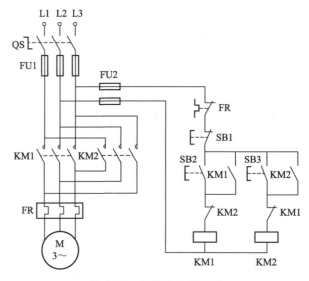

图 1-37　正反转控制线路

时 KM1 回路被切断。电气控制线路如图 1-38 所示。

但只用按钮进行联锁，而不用接触器常闭触点之间的联锁，是不可靠的。在实际中可能出现这样的情况，由于负载短路或大电流的长期作用，接触器的主触点被强烈的电弧"烧焊"在一起，或者接触器的机构失灵，使衔铁卡住总是在吸合状态。这都可能使主触点不能断开，这时如果另一接触器动作，就会造成电源短路事故。

如果用的是接触器常闭触点进行联锁，不论什么原因，只要一个接触器是吸合状态，它的联锁常闭触点就必然将另一接触器线圈电路切断，这就能避免事故的发生。

1.4.2　三相异步电动机启动控制

(1) 笼型异步电动机直接启动控制线路

对容量较小并且工作要求简单的电动机，如小型台钻、砂轮机、冷却泵的电动机，可用手动开关在动力电路中接通电源直接启动。

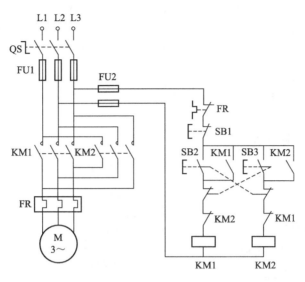

图 1-38　按钮联锁的正反转控制线路

　　一般中小型机床的主电动机采用接触器直接启动，接触器直接启动电路分为两部分，主电路由接触器的主触点接通与断开，控制电路由按钮和辅助常开触点控制接触器线圈的通断电，实现对主电路的通断控制。电气控制线路如图 1-39 所示。

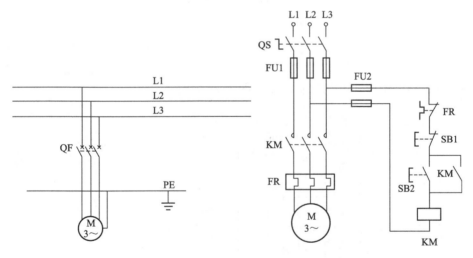

图 1-39　笼型异步电动机直接启动控制线路

　　直接启动的优点是电气设备少，线路简单。实际的直接启动电路一般采用空气开关直接启动控制。对于容量大的电动机来说，由于启动电流大，会引起较大的电网压降，因此必须采用减压启动的方法，以限制启动电流。

　　(2) 笼型异步电动机降压启动控制线路

　　容量大于 10kW 的笼型异步电动机直接启动时，启动冲击电流为额定值的 4～7 倍，故一般均需采取相应措施降低电压，即减小与电压成正比的电枢电流，从而在电路中不至于产生过大的电压降。常用的降压启动方式有定子电路串电阻降压启动、星形-三角形（Y-△）降压启动和自耦变压器降压启动。

　　① 星形-三角形降压启动控制电路　正常运行时，定子绕组为三角形连接的笼型异步电

动机，可采用星形-三角形的降压启动方式来达到限制启动电流的目的。启动时，定子绕组首先连接成星形，待转速上升到接近额定转速时，将定子绕组的连接由星形连接成三角形，电动机便进入全压正常运行状态。电气控制线路如图 1-40 所示。

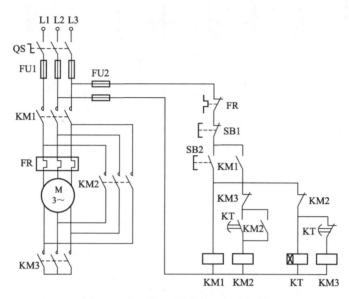

图 1-40　星形-三角形降压启动控制

② 定子串电阻降压启动控制电路　电动机串电阻降压启动是电动机启动时，在三相定子绕组中串接电阻分压，使定子绕组上的压降降低，启动后再将电阻短接，电动机即可在全压下运行。这种启动方式不受接线方式的限制，设备简单，常用于中小型设备和用于限制机床点动调整时的启动电流。电气控制线路如图 1-41 所示。

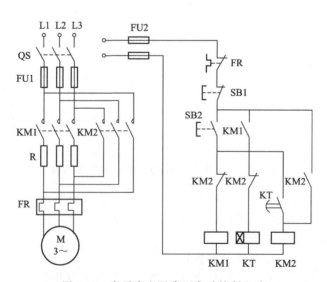

图 1-41　定子串电阻降压启动控制电路

③ 自耦变压器降压启动控制电路　在自耦变压器降压启动的控制线路中，电动机启动电流的限制，是依靠自耦变压器的降压作用来实现的。电动机启动的时候，定子绕组得到的电压是自耦变压器的二次电压。一旦启动结束，自耦变压器便被切除，额定电压通过接触

直接加于定子绕组，电动机进入全压运行的正常工作。电气控制线路如图 1-42 所示。

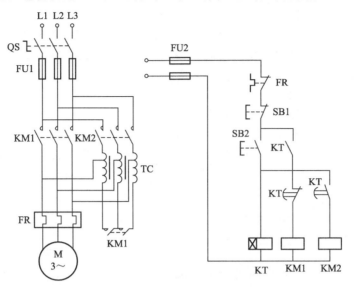

图 1-42　自耦变压器降压启动控制电路

1.4.3　三相异步电动机制动控制

三相异步电动机从切除电源到完全停止运转，由于惯性的关系，总要经过一段时间，这往往不能适应某些生产机械工艺的要求。如万能铣床、卧式镗床、电梯等，为提高生产效率及准确停位，要求电动机能迅速停车，对电动机进行制动控制。制动方法一般有两大类：机械制动和电气制动。电气制动中常用反接制动和能耗制动。

（1）反接制动控制线路

反接制动控制的工作原理：改变异步电动机定子绕组中的三相电源相序，使定子绕组产生方向相反的旋转磁场，从而产生制动转矩，实现制动。反接制动要求在电动机转速接近零时及时切断反相序的电源，以防止电动机反向启动。

反接制动过程为：当想要停车时，首先将三相电源切换，然后当电动机转速接近零时，再将三相电源切除。电气控制线路如图 1-43 所示。

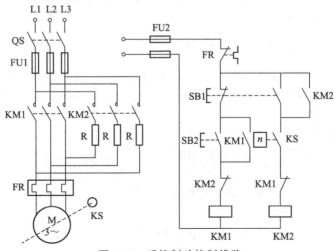

图 1-43　反接制动控制线路

控制线路中停止按钮使用了复合按钮 SB1，并在其常开触点上并联了 KM2 的常开触点，使 KM2 能自锁。这样在用手转动电动机时，虽然 KS 的常开触点闭合，但只要不按复合按钮 SB1，KM2 就不会通电，电动机也就不会反接于电源，只有按下 SB1，KM2 才能通电，制动电路才能接通。因电动机反接制动电流很大，故在主回路中串入电阻 R，可防止制动时电动机绕组过热。

(2) 能耗制动控制线路

能耗制动控制的工作原理：在三相电动机停车切断三相交流电源的同时，将一直流电源引入定子绕组，产生静止磁场。电动机转子由于惯性仍沿原方向转动，则转子在静止磁场中切割磁力线，产生一个与惯性转动方向相反的电磁转矩，实现对转子的制动。电气控制线路如图 1-44 所示。

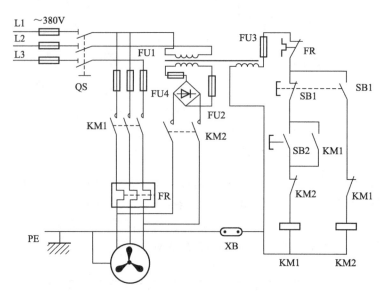

图 1-44　能耗制动控制线路

反接制动时，制动电流很大，因此制动力矩大，制动效果显著，但在制动时有冲击，制动不平稳且能量消耗大。能耗制动与反接制动相比，制动平稳，准确，能量消耗少，但制动力矩较弱，特别在低速时制动效果差，并且还需提供直流电源。在实际使用时，应根据设备的工作要求选用合适的制动方法。

1.4.4　三相异步电动机调速控制线路

实际生产中，对机械设备常有多种速度输出的要求，通常采用单速电动机时，需配有机械变速系统以满足变速要求。当设备的结构尺寸受到限制或要求速度连续可调时，常采用多速电动机或电动机调速。

根据三相异步电动机的转速公式：

$$n = \frac{60f_1}{p}(1-s)$$

得出三相异步电动机的调速可使用改变电动机定子绕组的磁极对数，改变电源频率或改变转差率的方式。

三相笼型电动机采用改变磁极对数调速。当改变定子极数时，转子极数也同时改变。笼型转子本身没有固定的极数，它的极数随定子极数而定。电动机变极调速的优点是，它既适用于恒功率负载，又适用于恒转矩负载，线路简单，维修方便；缺点是有级调速且价格昂贵。

改变定子绕组极对数的方法有：

① 装一套定子绕组，改变它的连接方式，得到不同的极对数。

② 定子槽里装两套极对数不一样的独立绕组。

③ 定子槽里装两套极对数不一样的独立绕组，而每套绕组本身又可以改变它的连接方式，得到不同的极对数，如图 1-45 所示。

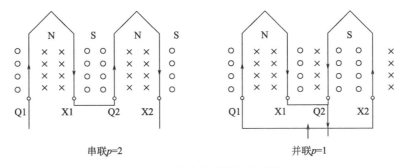

图 1-45　改变定子绕组极对数

调速控制线路如图 1-46 所示。

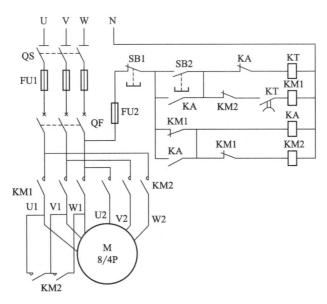

图 1-46　调速控制线路

习　题

1-1　常用的主令电器有哪些？它们的主要用途是什么？

1-2　选用接触器时应注意哪些问题？接触器和中间继电器有何差异？

1-3　热继电器在电路中可以起短路保护吗？为什么？

1-4　既然在电动机的主电路中装有熔断器，为什么还要装热继电器？装有热继电器是否就可以不装熔断器？为什么？

1-5　行程开关、万能转换开关及主令控制器在电路中各起什么作用?

1-6　什么是电气控制电路图? 电气控制电路图包括哪些?

1-7　简述绘制电气元件布置图的原则。

1-8　什么叫互锁? 如何实现?

1-9　电动机为什么要进行制动?

1-10　三相异步电动机调速的方法都有哪些?

第 ❷ 章

可编程控制器（PLC）概述

2.1 PLC 的介绍与特点

可编程控制器是新一代的工业控制装置，是工业自动化的基础平台，目前已被广泛应用到石油、化工、电力、机械制造、汽车、交通等各个领域。早期的可编程控制器只能用于进行逻辑控制，因此被称为可编程逻辑控制器（Programmable Logic Controller，PLC）。随着现代技术的发展，可编程控制器用微处理器作为其控制的核心部件，其控制的功能也远远超过了逻辑控制的范围，于是这种装置被称为可编程控制器（Programmable Controller，PC）。但是为了避免与个人计算机（Personal Computer，PC）相混淆，可编程控制器仍然被称为 PLC。

2.1.1 PLC 的产生

PLC 产生之前，继电器控制系统广泛应用于工业生产的各个领域，起着不可替代的作用。随着生产规模的逐步扩大，继电器控制系统已越来越难以适应现代工业生产的要求。继电器控制系统通常是针对某一固定的动作顺序或生产工艺而设计的，它的控制功能仅局限于逻辑控制、定时、计数等一些简单的控制，一旦动作顺序或生产工艺发生变化，就必须重新进行设计、布线、装配和调试，造成时间和资金的严重浪费。另外继电器控制系统体积大、耗电多、可靠性差、寿命短、运行速度慢、适应性差。在 PLC 发明之前，全世界都是采用这种控制方式。

为了改变这一现状，人们在想能否使用计算机进行逻辑运算来替代由继电器搭配逻辑电路呢？1968 年美国最大的汽车制造商通用汽车公司（GM），为了适应汽车型号不断更新的需求，并能在竞争激烈的汽车工业中占有优势，提出要研制一种新型的工业控制装置来取代继电器控制装置，并拟定了 10 项公开招标的技术要求（GM10 条），这 10 项技术如下：

① 编程简单方便，可在现场修改程序；

② 硬件维护方便，最好是插件式结构；

③ 可靠性高于继电器控制系统；

④ 体积小于继电器控制柜；

⑤ 可将数据直接送入管理计算机；

⑥ 在成本上可与继电器控制柜竞争；

⑦ 输入可以是 AC 115V；

⑧ 输出是交流 115V，2A 以上，可直接驱动电磁阀等；

⑨ 在扩展时，原系统只要很小变更；

⑩ 用户程序存储器容量至少可以扩展到 4KB。

根据这些要求，1969 年美国数字设备公司（DEC）研制出了世界上第一台 PLC，并在美国通用汽车公司自动装配生产线上试用成功。这种新型的工控装置，以其体积小、可靠性高、使用寿命长、简单易懂、操作维护方便等一系列优点，很快就在美国许多行业里得到推广和应用，同时也受到了世界上许多国家的高度重视。1971 年，日本从美国引进了这项新技术，并研制出了日本第一台 PLC。1973 年西欧一些国家也研制出了自己的 PLC。我国从 20 世纪 70 年代中期开始研制 PLC，1977 年我国采用美国 Motorola 公司的集成芯片研制成功了国内第一台有实用价值的 PLC。

2.1.2 PLC 的定义

1987 年国际电工委员会（International Electrotechnical Commission，IEC）在可编程控制器国际标准草案中对可编程控制器作出如下定义。可编程控制器是一种数字运算操作的电子系统，专为在工业环境下应用而设计。它采用了可编程序的存储器，用来在其内部存储执行逻辑运算、顺序控制、定时、计数和算术运算等操作的指令，并通过数字式、模拟式的输入和输出，控制各种类型的机械或生产过程。可编程控制器及其有关的外围设备都应按易于与工业控制系统形成一个整体、易于扩充其功能的原则设计。

由 PLC 的定义可以看出，PLC 具有和计算机相类似的结构，也是一种工业通用计算机，只不过 PLC 为适应各种较为恶劣的工业环境而设计，具有很强的抗干扰能力，这也是 PLC 区别于一般微机控制系统的一个重要特征，并且 PLC 必须经过用户二次开发编程才能使用。

2.1.3 PLC 的分类

PLC 是根据现代化大生产的需要而产生的，PLC 的分类也必然要符合现代化生产的需求。PLC 产品的种类繁多，其功能、内存容量、控制规模、外形等方面均存在较大差异，型号规格不统一，还没有一个权威的统一分类标准，准确分类也是困难的。目前，一般按照控制规模、结构形式和实现的功能粗略地对 PLC 进行分类。

(1) 按 PLC 的控制规模分类

控制规模主要指 PLC 可控制的最大 I/O 点数。通常而言，PLC 能控制的 I/O 点数越多，其控制的对象就越复杂，控制系统的规模也越大。PLC 按控制规模分，可以分为小型机、中型机和大型机 3 类。

① 小型机　小型机的控制点数一般在 256 点以内，通常采用整体式结构，适用于机电一体化设备或各种自动化仪表的单机控制。如日本 OMRON 公司生产的 CQM1、三菱公司生产的 FX2 和德国西门子公司生产的 S7-200。这类 PLC 由于控制点数不多，控制功能有一定局限性。但它价格低廉，并且小巧、灵活，可以直接安装在电气控制柜内，很适合用于单机控制或小型系统的控制。

② 中型机　中型机的控制点数一般在 256～2048 点之间，一般采用模块式结构，常用于大型机电一体化设备的控制。如日本 OMRON 公司生产的 C200H、日本富士公司生产的 HDC-100 和德国西门子公司生产的 S7-300。这类 PLC 由于控制点数较多，控制功能较强，

有些 PLC 还有较强的计算能力，不仅可用于对设备进行直接控制，也可以对多个下一级的 PLC 进行监控，适用于中型或大型控制系统的控制。

③ 大型机　大型机的控制点数一般大于 2048 点，大型 PLC 使用 32 位微处理器，多 CPU 并行工作，并具有大容量存储器。均采用模块式结构，具有较强的网络通信功能，可用于大型自动化生产过程，组成分布式控制系统。如日本 OMRON 公司生产的 C2000H、日本富士公司生产的 F200 和德国西门子公司生产的 S7-400。这类 PLC 控制点数多，控制功能很强，有很强的计算能力。同时，这类 PLC 运行速度很高，不仅能完成较复杂的算术运算，还能进行复杂的矩阵运算，它不仅可以用于对设备进行直接控制，可以对多个下一级的 PLC 进行监控，还可以完成现代化工厂的全面管理和控制任务。

上述划分方式并不十分严格，也不是一成不变的。

（2）按 PLC 的结构分类

为了方便在工业现场安装，便于扩展，方便接线，其结构与普通计算机有很大区别。通常从组成结构形式上将 PLC 分为整体式和模块式两大类。

① 整体式　整体式结构的 PLC 把电源、CPU、存储器和 I/O 系统都集成在一个单元内，该单元叫作基本单元。一个基本单元就是一台完整的 PLC。控制点数不满足需要时，可再接扩展单元，扩展单元不带 CPU，在安装时不用基板，仅用电缆进行单元间的连接，由基本单元和若干扩展单元组成较大的系统。整体式结构的特点是紧凑、体积小、成本低、安装方便，其缺点是各个单元输入与输出点数有确定的比例，使 PLC 的配置缺少灵活性，有些 I/O 资源不能充分利用。早期的小型机多为整体式结构。

② 模块式　PLC 的模块式结构通常也叫作组合式结构。模块式结构的 PLC 是把 PLC 系统的各个组成部分按功能分成若干个模块，如 CPU 模块、输入模块、输出模块和电源模块等，其中各模块功能比较单一，模块的种类却日趋丰富。例如，一些 PLC 除了一些基本的 I/O 模块外，还有一些特殊功能模块，如温度检测模块、位置检测模块、PID 控制模块和通信模块等。模块式结构的 PLC 采用搭积木的方式，在一块基板插槽上插上所需模块组成控制系统（又叫作组合式结构）。有的 PLC 没有基板而是采用电缆把模块连接起来组成控制系统（又叫作叠装式结构）。模块式结构的 PLC 特点是 CPU、输入和输出均为独立的模块，模块尺寸统一、安装整齐、I/O 点选型自由，并且安装调试、扩展和维修方便。中型机和大型机多为模块式结构。

（3）按 PLC 的功能分类

PLC 按功能强弱来分，可以分为低档机、中档机和高档机 3 类。

① 低档机　低档机具有基本的控制功能和一般的运算能力。工作速度比较低，能带的输入/输出模块的数量比较少，种类也比较少。这类可编程控制器只适合于小规模的简单控制，在联网中一般适合做从站使用。如日本 OMRON 公司生产的 C60P 就属于低档机。

② 中档机　中档机具有较强的控制功能和较强的运算能力，它不仅能完成一般的逻辑运算，还能完成比较复杂的三角函数、指数运算和 PID 运算，工作速度比较快，能带的输入/输出模块的数量和种类也比较多。这类可编程控制器不仅能完成小型系统的控制，还可以完成较大规模的控制任务，在联网中可以做从站，也可以做主站。如德国西门子公司生产的 S7-300 就属于中档机。

③ 高档机　高档机具有强大的控制功能和强大的运算能力，它不仅能完成逻辑运算、三角函数运算、指数运算和 PID 运算，还能进行复杂的矩阵运算，工作速度很快，能配带的输入/输出模块的数量很多，种类也很全面。这类可编程控制器不仅能完成中等规模的控制工程，还可以完成规模很大的控制任务，在联网中一般做主站使用。如德国西门子公司生

产的 S7-400 就属于高档机。

2.1.4 PLC 的发展

可编程控制器（PLC）自问世以后就凭借其优越的性能得到了迅速的发展，现在 PLC 已经成为一种最重要的也是应用场合最多的工业控制器。

最初的 PLC 限于当时元器件的条件及计算机的发展水平，主要由分立元件和中小规模集成电路组成，存储器采用的是磁芯存储器。它只能完成简单的开关量逻辑控制以及定时、计数功能。这时的 PLC 主要是被用作继电器控制装置的替代品，但它的性能要优于继电器，其主要优点包括体积小、易于安装、能耗低、简单易学等。为了方便熟悉继电器、接触器系统的工程技术人员使用，可编程控制器在软件编程上采用和继电器控制电路相似的梯形图作为主要的编程语言。

20 世纪 70 年代出现的微处理器使可编程控制器发生了巨大的变化。欧美及日本的一些厂家以微处理器和大规模集成电路芯片作为 PLC 的中央处理单元（CPU），使 PLC 增加了运算、数据传送及处理通信、自诊断等功能，可靠性也得到了进一步的提升。PLC 成为真正具有计算机特征的工业控制装置。70 年代中后期，可编程控制器进入实用化发展阶段，计算机技术已全面引入可编程控制器中，使其功能发生了飞跃。更高的运算速度、更小的体积、更可靠的工业抗干扰设计、模拟量运算、PID 功能以及极高的性价比奠定了 PLC 在现代工业中的地位。

20 世纪 80 年代至 90 年代中期，可编程控制器在先进工业国家中已获得广泛应用。这个时期可编程控制器发展的特点是大规模、高速度、高性能、产品系列化。PLC 在处理模拟量能力、数字运算能力、人机接口能力和网络能力等方面得到大幅度提高，PLC 逐渐进入过程控制领域，在某些应用上取代了在过程控制领域处于统治地位的 DCS 系统。这个时期 PLC 的另一个特点是世界上生产可编程控制器的国家日益增多，产量日益上升。这标志着可编程控制器已步入成熟阶段。

20 世纪末至今，可编程控制器的发展更加适应于现代工业的需要。从产品规模上来看，PLC 会进一步向超小型及超大型方向发展；从控制能力上来看，诞生了各种各样的特殊功能单元，用于压力、温度、转速、位移等各式各样的控制场合；从产品的配套能力来看，生产了各种人机界面单元、通信单元，使应用可编程控制器的工业控制设备的配套更加容易。目前，可编程控制器在机械制造、石油化工、冶金钢铁、汽车、轻工业等领域的应用都得到了长足的发展。伴随着计算机网络的发展，可编程控制器作为自动化控制网络和国际通用网络的重要组成部分，将在工业及工业以外的众多领域发挥越来越大的作用。

2.1.5 PLC 的特点

PLC 具有通用性强、使用方便、适应面广、可靠性高、抗干扰能力强、编程简单等优越的性能，这些特点使其在工业自动化控制特别是顺序控制领域拥有无法取代的地位。

(1) 可靠性高、抗干扰能力强

在传统的继电器控制系统中，由于器件的老化、脱焊、触点的抖动、触点的电弧、接触不良等现象，大大降低了系统的可靠性。继电器控制系统的维修不仅耗费时间金钱，重要的是由于维修停产所带来的经济损失更是不可估量的。在 PLC 控制系统中，由于大量的开关动作是由无触点的半导体电路完成的，而且 PLC 在硬件和软件方面都采取了强有力的措施，使得产品具有极高的可靠性和抗干扰性。

在硬件方面，PLC 对所有的 I/O 接口电路都采用光电隔离措施，使工业现场的外部电路与 PLC 内部电路之间被有效地隔离开来，以减少故障和误动作；电源、CPU、编程器等都采用屏蔽措施，防止外界的干扰；供电系统及输入电路采用多种形式的滤波，以消除或抑制高频干扰，也削弱了各个部分之间的相互影响；采用模块式结构，当某一模块出现故障时，可以迅速更换该模块，从而尽可能缩短系统的故障停机时间。

在软件方面，PLC 设置了监视定时器，如果程序每次循环的执行时间超过了设定值，则表明程序已经进入死循环，可以立即报警。PLC 具有良好的自诊断功能，一旦电源或其他软件、硬件发生异常情况，CPU 会立即把当前状态保存起来，并禁止对程序的任何操作，以防止存储信息被冲掉，等故障排除后则会立即恢复到故障前的状态继续执行程序。另外 PLC 还加强对程序的检查和校验，当发现错误时会立即报警，并停止程序的执行。

（2）编程方法简单易学

大多数的 PLC 采用梯形图语言编程，其电路符号和表达方式与继电器电路原理图相似。只用少量的开关量逻辑控制指令就可以很方便地实现继电器电路的功能。另外梯形图语言形象直观、编程方便、简单易学，熟悉继电器控制电路图的电气技术人员很快就可以熟悉梯形图语言，并用来进行编写程序。

（3）灵活性和通用性强

PLC 是利用程序来实现各种控制功能的。在 PLC 控制系统中，当控制功能改变时只需修改控制程序即可，PLC 的外部接线一般只需做少许改动。一台 PLC 可以用于不同的控制系统，只要加载相应的程序就行了。而继电器控制系统中当工艺要求稍有改变时，控制电路就必须随之做相应的变动，耗时又费力。所以说 PLC 的灵活性和通用性是继电器电路所无法比拟的。

（4）丰富的 I/O 接口模块

PLC 针对不同的工业现场信号，如交流或直流、开关量或模拟量、电压或电流、脉冲或电位、强电或弱电信号，都能选择到相应的 I/O 模块与之相匹配。对于工业现场的器件或设备，如按钮、行程开关、接近开关、传感器及变送器、电磁线圈、控制阀等设备都有相应的 I/O 模块与之相连接。另外，为了提高 PLC 的操作性能，还有多种人机对话的接口模块；为了组成工业局域网络，还有多种通信联网的接口模块。

（5）采用模块化结构

为了适应各种工业控制的需求，除了单元式的小型 PLC 以外，绝大多数 PLC 都采用模块化结构。PLC 的各个部件，包括 CPU、电源、I/O 接口等均采用模块化结构，并由机架及电缆将各模块连接起来。系统的规模和功能可以根据用户自己的需要自行组合。

（6）控制系统的设计、调试周期短

由于 PLC 是通过程序来实现对系统的控制的，因此设计人员可以在实验室里设计和修改程序。还可以在实验室里进行系统的模拟运行和调试，使工作量大大减少。而继电器控制系统是靠调整控制电路的接线来改变其控制功能的，调试时费时又费力。

（7）体积小、能耗低、易于实现机电一体化

小型 PLC 的体积仅相当于几个继电器的大小，其内部电路主要采用半导体集成电路，具有结构紧凑、体积小、重量轻、功耗低的特点。PLC 还具有很强的抗干扰能力，能适应各种恶劣的环境，并且其易于装入机械设备内部，因此 PLC 是实现机电一体化的理想控制装置。

2.1.6　PLC 性能指标

PLC 的主要性能指标包括以下几个方面。

(1) 输入/输出（I/O）点数

I/O 点数即 PLC 面板上的输入、输出端子的个数，这是一项重要的技术指标。I/O 点数越多，外部可接的输入器件和输出器件就越多，控制规模也就越大。通常小型机最多有几十个点，中型机有几百个点，大型机超过千点。

(2) 存储容量

PLC 中的存储器包括系统存储器和用户程序存储器。这里的存储容量是指用户程序存储器的容量。用户程序存储器容量越大，可存储的程序就越大，可以控制的系统规模也就越大。一般以字节（B）为单位。

(3) 扫描速度

扫描速度是指 PLC 执行程序的速度，是衡量 PLC 性能的重要指标之一，主要取决于所用芯片的性能。一般以执行 1000 步指令所需的时间来衡量，单位为 ms/千步。有时也以执行 1 步指令的时间计算，单位为 μs/步。扫描速度越快，PLC 的响应速度也越快，对系统的控制也就越及时、准确、可靠。

(4) 指令的数量和功能

用户编写的程序所完成的控制任务，取决于 PLC 指令的多少。编程指令的数量和功能越多，PLC 的处理能力和控制能力就越强。

(5) 内部器件的种类和数量

内部器件包括各种继电器、计数器、定时器、数据存储器等。其种类和数量越多，存储各种信息的能力和控制能力就越强。

(6) 扩展能力

在选择 PLC 时，需要考虑其可扩展性。它主要包括输入、输出点数的扩展，存储容量的扩展，联网功能的扩展和可扩展模块的多少。

2.2 PLC 硬件组成

PLC 本身就是一台适合工业现场使用的专用计算机，其硬件结构如图 2-1 所示。

PLC 是一种以微处理器为核心的专用于工业控制的特殊计算机，其硬件组成与一般的微型计算机相类似，虽然不同厂家 PLC 的结构多种多样，但其基本结构是相同的，即主要是由中央处理器（CPU）、存储器、输入/输出单元、电源、I/O 扩展端口、通信单元等有机组合而成的。根据结构的不同，PLC 可以分为整体式和组合式（也称模块式）两类。整体式 PLC 所有部件都装在同一机壳内，结构紧凑、体积小。小型机常采用这种结构，如德国西门子（SIEMENS）公司的 S7-200 系列 PLC。组合式 PLC 是将组成 PLC 的多个单元分别做成相应的模块，各模块在导轨上通过总线连接起来。大中型 PLC 常采用这种方式，如西门子公司的 S7-300/400 系列 PLC。西门子公司整体式 PLC 如图 2-2 所示，组合式 PLC 如图 2-3 所示。

(1) 中央处理器单元（CPU）

CPU 是 PLC 的核心部件，能使 PLC 按照预先编好的系统程序来完成各种控制。小型 PLC 多用 8 位微处理器或单片机；中型 PLC 多用 16 位微处理器或单片机；大型 PLC 多用双极型位片机。其作用主要有：

① 接收并存储用户程序和数据。

② 接收、调用现场输入设备的状态和数据。先将现场输入的数据保存起来，在需要用的时候调用该数据。

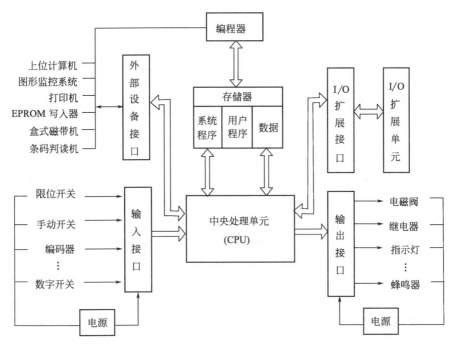

图 2-1 PLC 硬件结构图

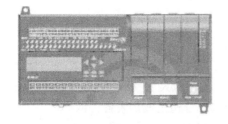

图 2-2 整体式 PLC

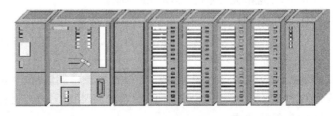

图 2-3 组合式 PLC

③ 诊断电源及 PLC 内部电路的工作状态和编程过程中的语法错误，发现错误时会立即报警。

④ 当 PLC 进入运行（Run）状态时，CPU 根据用户程序存放的先后顺序依次执行，完成程序中规定的操作。

⑤ 根据程序运行的结果更新有关标志位的状态和输出映像寄存器的内容，再经输出部件实现输出控制或数据通信功能。

（2）存储器

PLC 的存储器是用来存储数据和程序的，可以分为系统程序存储器（ROM 或 EPROM）、用户程序存储器（RAM）、工作数据存储器（RAM/FLASH）。系统程序存储器决定了 PLC 的功能，它是只读存储器，用户不能更改其内容。PLC 中常用 RAM 来存储用户程序，RAM 工作速度快，价格便宜，改写方便，同时在 PLC 中配有锂电池，当外部电源断电时，可以保存 RAM 中的信息。用来存储工作数据的区域称为工作数据区。工作数据是经常变化和存取的，所以工作数据存储器必须是可读写的。

（3）输入/输出单元

输入/输出单元是 PLC 与外部设备互相联系的窗口。实际的生产中信号电平是多样的，外部执行机构所需要的电平也是不同的。但是 CPU 所处理的信号只能是标准电平，因此需要通过输入/输出单元来实现对这些信号电平的转换。它实质上是 PLC 与被控对象之间传送信号的接口部件。输入单元接收现场设备向 PLC 提供的信号，如按钮、开关、继电器触点、拨码器等开关量信号。这些信号经过输入电路的滤波、光电隔离、电平转换等处理后变成 CPU 能够接收和处理的信号。输出单元将经过 CPU 处理的微弱电信号通过光电隔离、功率放大等处理后转换成外部设备所需要的强电信号，从而来驱动各种执行元件，如接触器、电磁阀、调节器、调速装置等。

(4) 电源

一般情况下 PLC 使用 220V 的交流电源或 24V 的直流电源。电源部件将外部输入的交流电经整流滤波处理后转换成供 PLC 的中央处理器、存储器等内部电路工作所需要的 5V、12V、24V 等不同电压等级的直流电源，使 PLC 能正常工作。许多 PLC 的直流电源多采用直流开关稳压电源，不仅可以提供多路独立的电压供内部电路使用，还可以向外部提供 24V 的直流电源，给输入单元所连接的外部开关或传感器供电。

一般对于整体式 PLC，电源部件封装在主机内部，对于模块式 PLC，电源部件一般采用单独的电源模块。

(5) I/O 扩展端口

PLC 的 I/O 端口是十分重要的资源，扩展 I/O 端口是提高 PLC 控制系统经济性能指标的重要手段。当 PLC 主控单元的 I/O 点数不能满足用户的需求时，可以通过 I/O 扩展端口用扁平电缆将 I/O 扩展单元与主控单元相连，以增加 I/O 点数。大部分的 PLC 都有扩展端口。主机可以通过扩展端口连接 I/O 扩展单元来增加 I/O 点数，也可以通过扩展端口连接各种特殊功能单元以扩展 PLC 的功能。

(6) 外设端口

PLC 可以通过外设端口与各种外部设备相连接。例如连接终端设备 PT 进行程序的设计、调试和系统监控；连接打印机可以打印用户程序、打印 PLC 运行过程中的状态、打印故障报警的种类和时间等；连接 EPROM 写入器，将调试好的用户程序写入 EPROM，以免被误改动等；有的 PLC 还可以通过外部设备端口与其他 PLC、上位机进行通信或加入各种网络。

(7) 编程工具

编程工具是开发应用和检查维护 PLC 以及监控系统运行不可或缺的外部设备。利用编程工具可以将用户程序输入到 PLC 的存储器，还可以检查、修改、调试程序以及监视程序的运行。PLC 的编程工具有两种形式：一种是手持编程器，它由键盘、显示器和工作方式选择开关等组成，主要用于调试简单的程序、现场修改参数以及监视 PLC 自身的工作情况；另一种是利用上位计算机中的专业编程软件（如西门子 S7-300 PLC 用的 STEP 7 软件），它主要用于编写较大型的程序，并能够灵活地修改、下载、安装程序以及在线调试和监控程序。编程软件的应用更为广泛。

(8) 智能单元

智能单元是 PLC 中的一个模块，它与 CPU 通过系统总线连接，并在 CPU 的协调管理下独立地进行工作。常用的智能单元包括高速计数器单元、A/D 单元、D/A 单元、位置控制单元、PID 控制单元、温度控制单元等。

2.3 PLC 开发环境和工作原理

2.3.1 PLC 编程语言及编程软件

可编程控制器是通过程序来实现控制的，编写程序时所用的语言就是 PLC 的编程语言，

PLC 编程语言有多种，它是用 PLC 的编程语言或某种 PLC 指令的助记符编制而成的。各个元件的助记符随 PLC 型号的不同而略有不同。PLC 编程语言根据生产厂商的不同而不同。因为目前没有统一的通用编程语言，所以在使用不同厂商的 PLC 时，同一种编程语言也有所不同。在 PLC 控制系统设计中，要求设计人员不但要了解 PLC 的硬件性能，还要了解 PLC 对编程语言支持的种类。

国际电工委员会（IEC）1994 年 5 月公布的 IEC6 1131-3 标准（PLC 的编程语言标准，也是至今唯一的工业控制系统的编程语言标准）中详细地说明了句法、语义和下述 5 种编程语言：语句表（Statement List，STL）、梯形图（Ladder Diagram，LAD）、功能块图（Function Block Diagram，FBD）、结构文本（Structured Text，ST）、顺序功能图（Sequential Function Chart，SFC）。其中梯形图和语句表编程语言在实际中用得最多，下面着重介绍这两种语言。

（1）梯形图（LAD）

梯形图（LAD）是最常用的 PLC 编程语言。梯形图与继电器的电路图很相似，它是从继电器控制系统原理图演变而来的，是一种类似于继电器控制线路图的一种语言。其画法是从左母线开始，经过触点和线圈，终止于右母线，具有直观、易学、易懂的优点，而且很容易被熟悉继电器控制的工厂电气技术人员所掌握。西门子 PLC 的梯形图具有以下几个特点：

① 梯形图是一种图形语言，沿用继电器控制中的触点、线圈、串并联等专业术语和图形符号；

② 梯形图中的触点有常开触点和常闭触点两种，触点可以是 PLC 输入点接的开关，也可以是内部继电器的触点或内部寄存器、计数器的状态；

③ 触点可以串联或并联，但线圈只能并联，不能串联；

④ 触点和线圈等组成的独立电路称为网络（Network）或程序段；

⑤ 在程序段号的右边可以加上程序段的标题，在程序段号的下边可以加上注释；

⑥ 内部继电器、计数器、寄存器都不能直接控制外部负载，只能作为中间结果供 CPU 内部使用。图 2-4 是启保停电路的梯形图表示。

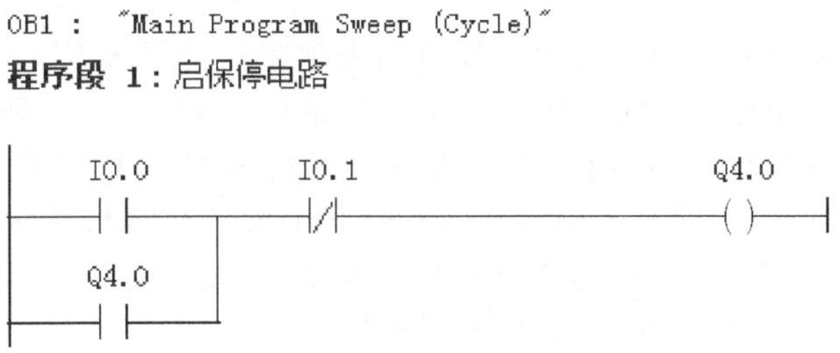

OB1：〝Main Program Sweep (Cycle)〞
程序段 1：启保停电路

图 2-4　启保停电路梯形图

（2）语句表（STL）

语句表（STL）类似于计算机的汇编语言，但比汇编语言通俗易懂，是 PLC 的基本编程语言。它用助记符来表示各种指令的功能，指令语句是 PLC 程序的基本元素，多条语句组合起来就构成了语句表。在编程器的键盘上或利用编程软件的语句表格式都可以进行语句表编程。一般情况下语句表和梯形图是可以相互转换的，例如西门子 S7-300 PLC 的 STEP 7 编程软件在视图选项中就可以进行语句表和梯形图的相互转换。或者用快捷键“Ctrl＋1/2”就可以实现语句表和梯形图的相互转换。要说明的是部分语句表是没有梯形图与之相对应的。启保停电路的梯形图所对应的语句表如图 2-5 所示。

```
OB1 :  "Main Program Sweep (Cycle)"
```

程序段 1：启保停电路

```
A(
O     I      0.0
O     Q      4.0
)
AN    I      0.1
=     Q      4.0
```

图 2-5 语句表

(3) 编程软件

编程器是 PLC 重要的编程设备，它不仅可以用来编写程序，还可以用来输入数据，以及检查和监控 PLC 的运行。一般情况下，编程器只在 PLC 编程和检查时使用，在 PLC 正式运行后往往把编程器卸掉。

随着计算机技术的发展，PLC 生产厂家越来越倾向于设计一些满足某些 PLC 的编程、监控和设计要求的编程软件，这类编程软件可以在专用的编程器上运行，也可以在普通的个人计算机上运行。这类编程软件利用了计算机的屏幕大、输入/输出信息量多的优势，使 PLC 的编程环境更加完美。在很多情况下，装有编程软件的计算机在 PLC 正式运行后还可以挂在系统上，作为 PLC 的监控设备使用。比如有下列编程软件。

① OMRON 公司设计的 CX-P 编程软件可以为 OMRON C 系列 PLC 提供很好的编程环境。

② 松下电工设计的 FPWin _ GR 编程软件可以为 FP 系列 PLC 提供很好的编程环境和仿真。

③ 西门子公司设计的 STEP 7 Micro/WIN 32 编程软件可以为 S7-200 系列 PLC 提供编程环境。

④ 西门子公司设计的 SIMATIC Manager 编程软件可以为 S7-300/400 系列 PLC 提供编程环境。

编程软件在使用前一定要把其装入满足条件的计算机中，同时要用专用的通信电缆把计算机和 PLC 连接好，在确认通信无误的情况下才能运行编程软件。

在编程环境中，可以打开编程窗口、监控程序运行窗口、保存程序窗口和设定系统数据窗口，并进行相应的操作。

(4) 仿真软件

随着计算机技术的发展，PLC 的编程环境越来越完善。很多 PLC 生产厂家不仅设计了方便的编程软件，而且设计了相应的仿真软件。只要把仿真软件嵌入到编程软件当中，就可以在没有具体的 PLC 的情况下利用仿真软件直接运行和修改 PLC 程序，使 PLC 的学习、设计和调试更方便、快捷。西门子公司设计的 S7-PLCSIM 仿真软件就是专门为 S7-300/400 PLC 设计的仿真软件，S7-200SIM 是专门为 S7-200 PLC 设计的仿真软件，利用这些仿真软件可以直接运行 S7-200 和 S7-300/400 的 PLC 程序。

2.3.2 PLC 的工作原理

PLC 是一种工业控制用的计算机，它的外形不像个人计算机，工作方式也与计算机差别很大。编程语言甚至工作原理都与个人计算机有所不同。

PLC 上电后首先要对硬件和软件进行初始化，当其进入运行状态后，PLC 则采用循环扫描的方式工作。在 PLC 执行用户程序时，CPU 对程序采取自上而下、自左向右的顺序逐次进行扫描，即程序的执行是按语句排列的先后顺序进行的。每一次循环扫描所经历的时间称为一个扫描周期。每个扫描周期又主要包括输入刷新、用户程序执行、输出刷新三个阶段。当 PLC 初始化后，就会重复执行以上三个阶段。在进行用户程序执行阶段时，还包括系统自诊断、通信处理、中断处理、立即 I/O 处理等过程。图 2-6 所示为 PLC 的循环扫描

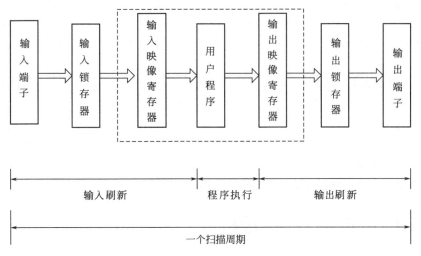

图 2-6　PLC 的循环扫描工作过程图

工作过程图。

（1）输入刷新（采样）阶段

在输入刷新阶段，PLC 以扫描的方式顺序读入所有输入端子的状态，并将此状态存入输入锁存器。如果输入端子上外接电器的触点闭合，锁存器中与端子编号相同的那一位就置"1"，否则为"0"。把输入各端子的状态全部扫描完毕后，PLC 将输入锁存器的内容输入到输入映像寄存器中。输入映像寄存器中的内容则直接反映了各输入端子此刻的状态。这一过程就是输入刷新阶段。随着输入数据输入到输入映像寄存器，标志着输入刷新阶段的结束。所以输入映像寄存器中的内容只是本次输入刷新时各端子的状态。在输入刷新阶段结束后，PLC 接着进入执行用户程序阶段。在用户程序执行和输出刷新期间，输入端子与输入锁存器之间的联系被中断，在下一个扫描周期的输入刷新阶段到来之前，无论输入端子的状态如何变化，输入锁存器的内容都始终保持不变。

（2）用户程序执行阶段

输入刷新阶段结束后，PLC 进入用户程序执行阶段。在用户程序执行阶段，PLC 总是按照自上而下、自左向右的顺序依次执行用户程序的每条指令。从输入映像寄存器中读取输入端子和内部元件寄存器的状态，按照控制程序的要求进行逻辑运算和算术运算，并将运算的结果写入输出映像寄存器中，如果此时程序运行过程中需要读入某输出状态或中间状态，则会从输出映像寄存器中读入，然后进行逻辑运算，运算后的结果再存入输出映像寄存器中。对于每个元件，反映各输出元件状态的输出映像寄存器中所存储的内容，会随着程序的执行而发生变化，当所有程序都执行完毕后，输出映像寄存器中的内容也就固定了下来。

（3）输出刷新阶段

当用户程序的所有指令都执行完后，PLC 就进入输出刷新阶段。输出刷新阶段将输出映像寄存器中的内容存入输出锁存器后，再驱动外部设备工作。与输入刷新阶段一样，PLC 对所有外部信号的输出是统一进行的。在用户程序执行阶段，如果输出映像寄存器的内容发生改变，将不会影响外部设备的工作，直到输出刷新阶段将输出映像寄存器的内容集中送出，外部设备的状态才会发生相应的改变。

由 PLC 的工作过程可以看出，在输入刷新期间，如果输入变量的状态发生变化，则在本次扫描过程中，改变的状态会被扫描到输入映像寄存器中，在 PLC 的输出端也会发生相应的变化。如果变量的状态变化不是发生在输入刷新阶段，则在本次扫描期间 PLC 的输出保持不变，等到下一次扫描后输出才会发生变化。也就是说只有在输入刷新阶段，输入信号才被采集到输入映像寄存器中，其他时刻输入信号的变化不会影响输入映像寄存器中的内容。

由于 PLC 采用循环扫描的工作方式，并且对输入、输出信号只在每个扫描周期的 I/O 刷新阶段集中输入和集中输出，因此必然会产生输出信号相对输入信号的滞后现象。扫描周期越长，滞后现象就越严重。但是一般扫描周期只有十几毫秒，因此在慢速控制系统中，可以认为输入信号一旦发生变化就能立即进入输入映像寄存器中，其对应的输出信号也可以认为是会及时发生变化的。当某些设备需要输出对输入做出快速响应时，可以采取快速响应模块、高速计数模块以及中断处理等措施来尽量减少滞后时间。

2.4　PLC 应用及发展趋势

目前 PLC 已经广泛应用到石油、化工、机械、钢铁、交通、电力、采矿、环保等各个领域中，还包括从单机自动化到工厂自动化，从机器人、柔性制造系统到工业控制网络等等。从功能上看，PLC 的应用范围大致包括以下几个方面。

(1) 开关量的逻辑控制

开关量逻辑控制是 PLC 最基本最广泛的应用领域，它取代了传统的继电器电路实现逻辑控制，既可以用于单机控制，也可以用于多机控制及自动化生产线检测。如机床、装配生产线、电镀流水线、运输与检测等方面。

(2) 运动控制

通过利用 PLC 的单轴或多轴等位置控制模块、高速计数模块等来控制步进电机或伺服电机，使运动部件以适当的速度来实现平滑的直线运动或圆弧运动。可以用于精密的金属切削机床、装配机械、成型机械、机器人等设备的控制。

(3) 模拟量处理和 PID 控制

利用 A/D、D/A 转换模块和智能 PID 模块，实现对生产过程中的温度、压力、液位、流量等连续变化的模拟量进行闭环调节控制。

(4) 数据处理

PLC 具有数据处理能力，可以完成算术运算、逻辑运算、数据比较、数据传送、数制转换、数据移位、数据显示和打印、数据通信等功能，还可以完成数据采集、分析和处理任务。数据处理一般应用于大型控制系统，如无人控制的柔性制造系统等。

(5) 通信联网

PLC 具有通信功能，既可以对远程 I/O 进行控制，又能实现 PLC 与 PLC、PLC 与计算机之间的通信。PLC 与其他智能设备一起可以构成"集中管理，分散控制"的分布式控制系统，以满足计算机集成制造系统及智能化工厂发展的需要。

PLC 自问世以来经过几十年的发展，已经成为很多国家的重要产业。另外在国际市场中，PLC 已经成为最受欢迎的工业控制产品。随着科学技术的发展以及市场需求量的增加，PLC 的结构和功能也在不断地改进。生产厂家不停地将功能更强的 PLC 推入市场，平均 3～5 年就更新一次。PLC 的发展趋势主要有以下几个方面。

① 向高速度、大容量方向发展　为了提高 PLC 的处理能力，要求 PLC 具有更好的响应速度和更大的存储容量。目前，有的 PLC 的扫描速度可以达到 0.1ms/千步左右。在存储容量方面，有的 PLC 最多可以达到几十兆字节。

② 向超大型和超小型方向发展　当今中小型 PLC 比较多，为了适应市场的需求，PLC 今后会向着多方向发展，特别是超大型机和超小型机两个方向。现在已经有 I/O 点数达到 14336 点的超大型 PLC，它使用 32 位微处理器，多 CPU 并行工作。小型机由整体式结构向小型模块化结构发展，使之配置更加灵活。为了适应市场的需求，现在已经开发出了超小型 PLC，其最小配置的 I/O 点数为 8～16 点，以适应单机及小型自动控制的需求。

③ 大力开发智能模块，加强联网通信能力　为了满足各种控制系统的要求，近年来不断开发出许多功能模块，如高速计数模块、温度控制模块、远程 I/O 模块、通信和人机接口模块等等。这些智能模块既扩展了 PLC 的功能，又扩大了 PLC 的使用范围。加强 PLC 的联网通信能力是 PLC 技术进步的潮流。PLC 的联网通信分为两类：一类是 PLC 之间的联网通信，另一类是 PLC 与计算机之间的联网通信。

④ 加强故障检测与处理能力　在 PLC 的控制系统故障中，由于 CPU、I/O 接口导致的故障占 20% 左右，它可以通过 PLC 本身的软硬件来检测和处理。由输入/输出设备和线路等外部设备导致的故障占 80% 左右，所以 PLC 的厂家都致力于研制用于检测外部故障的专用智能模块，进一步提高系统的可靠性。

⑤ 编程语言的多样化　在 PLC 系统结构不断发展的同时，PLC 的编程语言也越来越丰富，功能也不断提高。除了常用的梯形图、语句表语言之外，又出现了面向顺序控制的步进编程语言、面向过程控制的流程图语言、与计算机兼容的高级语言（C 语言、BASIC 语言）等。多种编程语言的并存、互补与发展是 PLC 进步的一种趋势。

⑥ 功能模块的多样化　随着科技的发展，对工业控制领域将提出更高的、更特殊的要求，因此，必须开发特殊功能模块来满足这些要求。

2.5　PLC 在工业自动化中的地位

工业自动化系统通常分成三类：第一类是控制开关量的逻辑装置，第二类是控制慢连续量的过程控制系统，第三类是控制快连续量的运动控制系统。在传统上对于这三种控制系统用不同的控制装置。逻辑控制系统通常使用电控装置（电气控制装置即继电器接触器控制柜），过程控制系统通常使用电仪装置（电动单元组合仪表），运动控制系统通常使用电传装置（电气传动控制装置）。所谓"三电"就是指电控、电仪、电传。

PLC 集三电于一体，是一种同时具备逻辑控制功能、过程控制功能、运动控制功能、数据处理功能和联网通信功能的多功能控制器。因此 PLC 及其网络被公认是现代工业自动化三大支柱（PLC、机器人、CAD/CAM）之一。

2.6　PLC 产品概况

2.6.1　国外 PLC 品牌

① 美国是 PLC 生产大国，有 100 多家 PLC 生产厂家。其中著名的厂家有 A-B 公司、通用电气（GE）公司、莫迪康（MODICON）公司、德州仪器（TI）公司、西屋电气公司等。A-B 公司是美国最大的 PLC 制造商，其产品约占美国 PLC 市场份额的 50%，主推大中型 PLC，主要产品系列是 PLC-5。通用电气也是知名的 PLC 生产厂商，大中型 PLC 产品系列有 RX3i 和 RX7i 等。

② 欧洲的 PLC 产品也久负盛名。德国的西门子（SIEMENS）公司、AEG 以及法国的

施耐德（TE）公司、瑞士的 SELECTRON 公司等是欧洲著名的 PLC 制造商。西门子公司的产品以其优良的性能与美国 A-B 公司的 PLC 产品齐名，主要有 S5、S7 系列，其 S7 系列的主要产品有 S7-200（小型机）、S7-300（中型机）、S7-400（大型机）等。

③ 日本的小型 PLC 具有一定的特色，性价比比较高。1971 年，日本从美国引进了这项新技术，由日立公司研制出日本第一台可编程控制器 DSC-8。日本的 PLC 生产厂家有 40 余家。其中以小型机最具代表性，如欧姆龙、三菱、松下、富士、日立、东芝等。在世界小型 PLC 市场中，日本的产品约占有 70% 的份额。在中国，欧姆龙（OMRON）的产品销量居于首位。

2.6.2 国产 PLC 品牌

我国在 1974 年开始引进 PLC，1977 年开始用于工业应用，但仅仅是初步认识与消化阶段。我国 PLC 的发展过程大致可分为 4 个阶段：20 世纪 70 年代初步认识；80 年代引进试用；90 年代后推广应用；2000 年以后 PLC 生产有一定的发展，小型 PLC 已批量生产，中型 PLC 已有产品，大型 PLC 已开始研制。国内产品在价格上占有明显的优势，而在质量上还稍欠缺或不足。

我国自主品牌的 PLC 生产厂家有 30 余家，国内产品市场占有率不超过 10%。目前已经上市的众多 PLC 产品中，还没有形成规模化的生产和品牌产品，甚至还有一部分是以仿制、来件组装或"贴牌"方式生产。主要生产单位有：北京和利时系统工程股份有限公司、深圳汇川和无锡信捷等。目前，国产小型 PLC 与国际知名品牌小型 PLC 的差距正越来越小，其可靠性在许多低端应用中得到了验证，并具有和国外同类产品进行竞争的能力，相信在不久的将来，国产 PLC 将占市场更大份额。

总的说来，我国使用的小型可编程控制器以日本的品牌为主，而大中型可编程控制器以欧美的品牌为主。目前国内的 PLC 市场 95% 以上被国外品牌所占领。

2.7 西门子自动化产品介绍

2.7.1 西门子 PLC 系列

德国的西门子（SIEMENS）公司是欧洲最大的电子和电气设备制造商之一，其注册商标 SIMATIC（Siemens Automatic）即西门子自动化，是由一系列的部件组合而成的，包括 SIMATIC PLC、PROFIBUS-DP 分布式 I/O、PROFINET I/O 系统中的分布式 I/O、SIMATIC HMI、SIMATIC NET 和标准工具 STEP 7 等，其中 PLC 是它的核心部件。

西门子公司是全世界最大的生产 PLC 产品的厂家之一，经历了 C3、S3、S5 及 S7 系列，其中产品发展至今，S3、S5 系列 PLC 已逐步退出市场，而 S7 系列 PLC 已发展成为西门子自动化系统的控制核心。1975 年，西门子 S3 系列 PLC 正式进入自动化领域，它实际上是带有简单操作接口的二进制控制器。1979 年，S3 系统被 SIMATIC S5 系列所取代，该系统广泛地使用了微处理器。20 世纪 80 年代初，S5 系统进一步升级为 U 系列 PLC，当时比较常用机型有 S5-90U、95U、100U、115U、135U、155U。1994 年 4 月，S7 系列诞生，它具有更国际化、更高性能等级、安装空间更小、更良好的 Windows 用户界面等优势。

S7 系列是传统意义的 PLC 产品，它包括通用逻辑模块（LOGO!）、S7-200 系列、S7-200 SMART 系列、S7-300 系列、中/高性能要求的 S7-400 系列、S7-1200 和 S7-1500 系列等。S7-200 是在德州仪器公司的小型 PLC 的基础上发展而来的，因此其指令系统、程序结构和编程软件与 S7-300/400 有较大的区别，在西门子 PLC 产品系列中是一个特殊的产品。S7-200 SMART 是 2012 年 7 月推出的，是 S7-200 的升级版，是西门子家族的新成员，其绝大多数的指令和使用方法与 S7-200 类似。S7-1200 系列是在 2009 年才推出的新型小型 PLC，定位于 S7-200 和 S7-300 产品之间。S7-300/400 是由西门子的 S5 系列发展而来的，是西门子公司的最具竞争力的 PLC 产品。2013 年西门子在汉诺威发布了 S7-1500，现已有产品出售。

S7-200 PLC 是超小型化的 PLC，是西门子专门应用于小型自动化设备的控制装置，主要包括 CPU 22X 系列。它适用于各行各业，各种场合中的自动检测、监测及控制等。S7-200 PLC 的强大功能使其无论单机运行还是连成网络都能实现复杂的控制功能。S7-300 是模块化小型 PLC 系统，能满足中等性能要求的应用。各种单独的模块之间可进行广泛组合构成不同要求的系统。图 2-7 为某款 S7-200 PLC 的外观。

与 S7-200 PLC 相比，S7-300 PLC 是模块化的中小型 PLC 系统，能满足中等性能要求的应用，具备高速的指令运算速度；用浮点数运算，有效地实现了更为复杂的算术运算；带有用户接口的软件工具，方便用户给所有模块进行参数赋值；方便的人机界面服务已经集成在 S7-300 操作系统内，人机对话的编程要求大大减少。图 2-8 为某款 S7-300 PLC 的 CPU 外观。

图 2-7　S7-200 PLC 产品图片

图 2-8　S7-300 PLC 产品图片

S7-400 PLC 是中、高档性能的可编程控制器。它采用模块化无风扇的设计，可靠耐用，易于扩展，同时可以选用多种级别的 CPU，并配有多种功能模板，这使用户能根据需要组合成不同的专用系统。当控制系统规模扩大或升级时，只要适当地增加一些模板，便能使系统升级以充分满足需要。它适合于对可靠性要求极高的大型复杂的控制系统。

SIMATIC S7-1200 和 SIMATIC S7-1500 控制器是 SIMATIC PLC 产品家族的旗舰产品。SIMATIC S7-1200 是 2009 年西门子公司最新推出的面向离散自动化系统和独立自动化系统的紧凑型自动化产品，定位在原有的 SIMATIC S7-200 PLC 和 S7-300 PLC 产品之间，主要应用在简单控制和单机应用，而 SIMATIC S7-1500 产品家族为中高端工厂自动化控制任务量身定制，适合较复杂的应用。SIMATIC S7-1200 是西门子低端 PLC 产品的重磅产品，西门子已经停止除在中国的 S7-200 CN 系列以外的 S7-200 生产线，S7-200 CN 以其低廉的价格还要争夺第三发展中国家的自动化市场份额，而在欧美低端市场将全部被 S7-1200

产品覆盖。在中国有很多厂商相继推出兼容 S7-200 的模块，这也使得西门子在低端市场的份额占去一部分，所以为了降低成本而保住市场还要延续 S7-200 CN 系列的辉煌，而西门子将会把最新的通信和控制技术应用在 S7-1200 这款产品上，同样西门子也将会用 S7-1200 这款产品强力打造全球 PLC 中低端市场。图 2-9 和图 2-10 分别为某款 S7-1200 PLC 和 SI-MATIC S7-1500 的外观。

图 2-9　S7-1200 PLC 产品图片

图 2-10　S7-1500 PLC 产品图片

2.7.2　全集成自动化

"全集成自动化（Totally Integrated Automation，TIA）"是西门子公司于 1997 年提出的崭新的革命性的概念，是西门子自动化为响应市场对工业自动化过程控制系统的可靠性、复杂性，功能的完善性，人机界面的友好性，数据分析、管理的快速性，系统安装调试和运行与维护的方便性提出了愈来愈高的需求而提出的概念。它将所有的设备和系统都完整地嵌入到一个彻底的自动控制解决方案中，采用共同的组态和编程、共同的数据管理和共同的通信。全集成自动化思想就是用一种系统完成原来由多种系统搭配起来才能完成的所有功能。应用这种解决方案，可以大大简化系统的结构，减少了大量接口部件，应用全集成自动化可以克服上位机和工业控制器之间，连续控制和逻辑控制之间，集中与分散之间的界限。全集成自动化 TIA 是统一的组态和编程、统一的数据库管理和统一的通信，是集统一性和开放性于一身的自动化技术。全集成自动化的特征主要包括统一的数据管理、统一的组态和编程、统一的通信等。

以 STEP 7 为操作平台，所有软件组态都访问同一个数据库。这种统一的数据库管理机制不仅可以减少系统开发的费用，还可以减少出错的概率，提高系统诊断的效率。各软件可以通过全局变量共享一个统一的符号表。在一个项目中只需在一点对变量进行输入和修改。这不仅降低了系统集成的工作量，而且可以避免出现错误。在工程系统中定义的参数可以通过网络向下传输到现场传感器、执行器或驱动器。

　　在全集成自动化中所有的西门子工业软件都是可以互相配合的，从而实现了高度统一和高度集成。STEP 7 使系统具有统一的组态和编程方式，统一的数据管理和数据通信方式。全集成自动化还采用统一的集成通信技术，使用国际通行的开放的通信标准。TIA 支持基于互联网的全球信息流动，实现了从现场级、控制级到管理级协调一致的通信。

　　TIA Portal（TIA 博途）是未来西门子全集成自动化系列所有用于工程、编程和调试自动化设备和驱动系统的基础。它包括用于 SIMATIC 控制器的全新工程师站 SIMATIC STEP 7 V14，以及用于 SIMATIC HMI（人机界面）以及过程可视化应用的 SIMATIC WinCC V14。

习　　题

2-1　PLC 的定义及特点是什么？

2-2　简述工业自动化与 PLC 的关系。

2-3　简述 PLC 的分类。

2-4　PLC 主要由哪些部分组成？简述每一部分的作用。

2-5　PLC 的编程语言有几种？

2-6　简述 PLC 的工作原理。

2-7　简述 PLC 的应用以及发展趋势。

2-8　SIMATIC 的组成及各主要作用有哪些？

2-9　什么是西门子全集成自动化系统，有哪些优点？

第❸章

S7-300/400 PLC 硬件系统

前面主要介绍了可编程控制器的基本原理,本章主要介绍 S7-300/400 PLC 的硬件组成、电源模块、CPU 模块、接口模块、信号模块、编程设备 PG/PC、人机操作界面、硬件模块的安装、S7-300 的扩展及 I/O 地址分配等内容。通过本章的学习,读者应该掌握 S7-300/400 PLC 的硬件系统知识,为以后的深入学习打下基础。

3.1 S7-300 PLC 硬件简介

SIMATIC S 系列 PLC 是德国西门子公司在 S5 系列 PLC 基础上于 1995 年陆续推出的性能价格比较高的 PLC 系统。它是带有电源、CPU 和 I/O 的一体化单元设备,也可以选择不同类型的扩展模块,通过选择不同的扩展模块可以将 S7-300 接入 MPI(多点接口)网络、PROFIBUS 网络或以太网中。S7-300 是针对中低性能要求设计的模块化中的小型 PLC,最

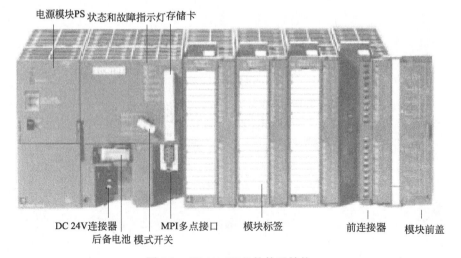

图 3-1　S7-300 PLC 的外观结构

多可扩展 32 个模块。

S7-300 PLC 功能强、速度快、扩展灵活，它具有紧凑的、无槽位限制的模块化结构，其系统构成如图 3-1 所示。它的主要组成部分有导轨（RACK）、电源模块（PS）、中央处理单元 CPU 模块、接口模块（IM）、信号模块（SM）、通信模块（CP）和功能模块（FM）等。CPU 是 PLC 的核心，输入单元和输出单元是连接现场输入/输出设备与 PLC 之间的接口，通信接口用于与编程器、上位计算机等外设连接。

3.2　S7-300 机架

机架用于安装和连接 PLC 系统的所有模块。S7-300 PLC 的机架是一种 DIN 标准导轨，它是特制不锈钢异型板，其长度有 160mm、482mm、530mm、830mm、2000mm 五种，机架的选型由所使用的模块的总宽度决定，可根据实际需要选择。电源模块、CPU 及其他信号模块都可方便地安装在导轨上，并用螺钉固定。机架中没有背板总线，背板总线集成在模块上，S7-300 采用背板总线的方式将各模块从物理上和电气上连接起来。除了电源、CPU 和接口模块外，每个机架上最多只能安装 8 个信号模块或功能模块，每个模块只占用一个槽号。如图 3-2 所示为 S7-300 各模块的连接示意图。

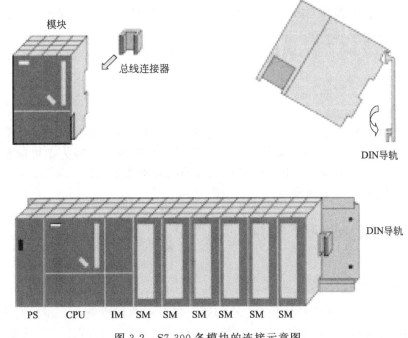

图 3-2　S7-300 各模块的连接示意图

DIN 导轨用螺钉紧固安装在墙上或机柜中，S7-300 的所有模块均直接用紧定螺钉紧固在导轨上。即使在有可能发生机械问题的场合，有了 DIN 导轨可以安全使用 SIMATIC S7-300 可编程控制器。安装导轨时，其周围应留有足够的空间，用于散热和安装其他元器件及模块。尤其在系统中有扩展机架时，更应注意每个机架的位置安排。

S7-300 用背板总线将除电源模块之外的各个模块连接起来。背板总线集成在模块上，除了电源模块，其他模块之间通过 U 形总线连接器相连，U 形总线连接器插在各模块的背后。安装时先将总线连接器插在 CPU 模块上，将 CPU 模块固定在导轨上，然后依次安装各个模块。

3.3　S7-300 电源模块

S7-300 PLC 的电源模块（Power Supply，PS）将电源电压转换为 DC 24V 工作电压，为 CPU 和外围控制电路甚至负载提供可靠的电源。电源模块不仅可以单个供电，还可并联冗余扩充系统容量，进一步提高系统的可靠性。CPU 和扩展接口模块将 24V 电源转换为 5V 电源，给背板总线供电，通过背板总线，CPU 监控所有与背板总线连接的接口模块。

电源模块提供了机架和 CPU 内部的供电电源，必须配置于 1 号机架的位置。电源模块用于将 SIMATIC S7-300 连接到 120/230V 交流电源，或者连接到直流电源。电源模块将 120/230V 交流电压或者 24/48/72/96/110V 直流电源转换为 PLC 所需要的 24V 直流工作电压。

S7-300 PLC 的电源模块具有 4 种型号：PS305（2A）、PS307（2A）、PS307（5A）和 PS307（10A）。其中 PS305 电源模块为户外型电源模块，输入电压分别为直流 24V、48V、72V、96V、110V，输出电压为直流 24V。电源模块 PS307 为普通型电源模块，输入电压分别为交流 120V、230V，输出电压为直流 24V，比较适合大多数应用场合。PS307 电源模块的输入和输出之间有可靠的隔离。

电源模块是通过电缆和 CPU 及其他模块之间进行连接供电的，而不是通过背板总线与其他模块进行连接。也就是说，背板总线不和电源连接。

S7-300 中，除了使用 CPU 模块的电源外，其他模块所需的电源是由背板总线提供的，一些模块还须从外部负载电源供电。在组建 S7-300 应用系统时，考虑每个模块的电流耗损量和功率损耗是非常重要的，选用时需要注意其驱动能力（电流值）。

一个实际的 S7-300 PLC 系统，在确定了所有的模块后，要选择合适的电源模块。所选定的电源模块的输出功率必须大于 CPU 模块、所有 I/O 模块、各种智能模块等总消耗的功率之和，并且要留有 30% 左右的裕量。而且，当同一电源模块同时为主机单元和扩展电源供电时，要保证从主机电源到最远一个扩展电源的线路压降不超过 0.25V。通常，对于多机架系统，每个机架有一个电源模块。

3.4　S7-300 CPU 模块

3.4.1　CPU 模块的分类

S7-300 系列的 CPU 元器件封装在一个牢固而紧凑的塑料机壳内，面板上有状态和故障指示 LED、模式选择开关和通信接口。存储器插槽可以插入多达数兆字节的 Flash EPROM 微存储器卡（简称为 MMC），用于掉电后程序和数据的保存。

S7-300 PLC 有许多种不同型号的 CPU，不同类型的 CPU 具有不同的技术规范和性能参数。每种 CPU 都对应一个型号，比如 CPU31×C-2DP，其中 31× 表示 CPU 序号，由低到高功能逐渐增强；31× 后面的那位字母表示 CPU 类型，C 表示紧凑型，T 表示技术功能型，F 表示故障安全型；2 代表 CPU 所具有的通信接口个数；最后的 DP 表示通信接口类型，DP 表示 PROFIBUS DP 接口，PN 表示 PROFINET 接口，PtP 表示点对点接口。按性能等级划分，可以涵盖各种应用范围。

S7-300 系列的 CPU 按照功能主要有以下几种。

(1) 紧凑型 CPU

S7-300 PLC 有 6 种紧凑型 CPU，分别是 CPU312C、CPU313C、CPU313C-PtP、CPU313C-2DP、CPU314C-PtP 和 CPU314C-2DP。这些 CPU 的共同特点是带有集成的数字量输入和输出或兼有模拟量的输入和输出，CPU 运行时需要存储卡。多数 CPU 都适用于具备较高要求的系统。型号中带 "PtP" 的 CPU 除编程端口外还带有第二个串口；型号中带有 "2DP" 的 CPU 带有 PROFIBUS DP 主站/从站接口。紧凑型 CPU 模块如图 3-3 所示，非紧凑型 CPU 模块如图 3-4 所示。

图 3-3　紧凑型 CPU 模块

图 3-4　非紧凑型 CPU 模块

(2) 标准型 CPU

它适用于大中规模的 I/O 配置的系统，对二进制和浮点数有较高的处理性能。标准型 CPU 包括 CPU312、CPU313、CPU314、CPU315-2DP、CPU315-2PN/DP、CPU317-2DP、CPU317-2PN/DP 和 CPU319-3PN/DP。型号中带有 PN/DP 的 CPU 有一个 PROFINET 接口和一个 MPI/DP 接口。标准型 CPU 模块如图 3-5 所示。

图 3-5　标准型 CPU 模块

(3) 技术功能型 CPU

CPU315T-2DP 和 CPU317T-2DP 有极高的处理速度，用于对 PLC 性能以及运动控制功能具有较高要求的设备。除了准确的单轴定位功能以外，还适用于复杂的同步运动控制，一个通信接口是 DP/MPI 接口，另一个是 DP（DRIVE）接口用于连接带 PROFIBUS 接口的驱动系统。技术功能型 CPU 还有本机集成的 4 点数字量输入和 8 点数字量输出，使用标准的编程语言编程，无需专用的运动控制系统语言。

(4) 故障安全型 CPU

故障安全型 CPU 包括 CPU315F-2DP、CPU315F-2PN/DP、CPU317F-2DP 和 CPU317F-2PN/DP。它们用于组成故障安全型自动化系统，以满足安全运行的需要，使用内置的 DP 接口和 PROFISAFE 协议，可以在标准数据报文中传输带有安全功能的用户数据。不需要对故障安全 I/O 进行额外的布线，就可以实现与故障安全有关的通信。

(5) SIPLUS 户外型 CPU

SIPLUS 户外型 CPU 包括 SIPLUS 紧凑型 CPU、SIPLUS 标准型 CPU 和 SIPLUS 故障安全型 CPU。这些模块可以在环境温度 −25～＋70℃ 和有害气体的环境中运行。

(6) 高端型 CPU

高端型 CPU 包括 CPU317-2DP、CPU318-2DP 等，具有大容量程序存储器以及 PROFI-

BUS-DP 主/从接口，可以用于大规模的 I/O 配置，建立分布式 I/O 结构。

各种不同型号 CPU 的具体性能指标请参考手册《SIMATIC S7-300 可编程控制器》，在使用时需要进行查阅。

3.4.2 CPU 面板介绍

S7-300 的 CPU 种类繁多，具有不同的功能，所以面板也不是完全相同。如图 3-6 所示分别为不同时期的 CPU314 面板，图 3-6(a) 是 2002 年 10 月之前的 CPU314，图 3-6(b) 是 2002 年 10 月之后的 CPU314。

(a)　　　　　　　　　　　　　(b)

图 3-6　不同时期的 CPU314 面板

S7-300 系列 PLC CPU 模块的面板上有状态和故障指示 LED、模式选择开关和通信接口等。大多数 CPU 还有后备电池盒，存储器卡插座可以插入多达数兆字节的 Flash EPROM 微存储卡（简称为 MMC），用于掉电后程序和数据的保存。

（1）卡槽

Flash EPROM 微存储卡用于在断电时保存用户程序和某些数据，它可以扩展 CPU 的存储器容量，也可以将有些 CPU 的操作系统包括在 MMC 中，这对于操作系统的升级是非常方便的。MMC 用作装载存储器或便携式保存媒体，它的读写直接在 CPU 内进行，不需要专用的编程器。由于 CPU 31×C 没有安装集成的装载存储器，在使用 CPU 时必须插入 MMC，因此必须在购买 CPU 的同时也配置 MMC，CPU 与 MMC 是分开订货的，否则 CPU 将无法工作。插入存储卡前，把 CPU 切换到 STOP 状态，或关断电源。存储卡如图 3-7 所示。

（2）状态与故障指示灯 LED

CPU 模块面板上的 LED（发光二极管）的意义如表 3-1 所示。

CPU 处于 RUN 模式时 RUN LED 亮；启动期间以 2Hz 的频率闪亮；HOLD 状态时以 0.5Hz 的频率闪亮。CPU 处于 STOP、HOLD 状态或重新启动时 STOP LED 常亮；请求存储器复位时以

图 3-7　MMC 卡外观

0.5Hz 的频率闪动，正在执行存储器复位时以 2Hz 的频率闪动。

表 3-1　S7-300 CPU 的 LED

指示灯	颜色	说明	指示灯	颜色	说明
SF	红色	系统出错/故障显示	FRCE	黄色	有输入/输出处于强制的状态
BF	红色	通信接口的总线故障	RUN	绿色	CPU 处于运行模式
DC 5V	绿色	5V 电源正常	STOP	黄色	CPU 处于停止模式

(3) CPU 的操作模式

CPU 有四种操作模式：STOP（停机）、STARTUP（启动）、RUN（运行）和 HOLD（保持）。在所有的模式中，都可以通过 MPI 接口与其他设备通信。

① STOP（停机）模式：可以用模式选择开关在 STOP 位置时，PLC 上电后自动进入 STOP 模式。在该模式下不执行用户程序，可以接收全局数据和检查系统。

② RUN（运行）模式：执行用户程序，刷新输入和输出，处理中断和故障信息服务。

③ HOLD 模式：在启动和 RUN 模式执行程序时遇到调试用的断点，用户程序的执行被挂起（暂停），定时器被冻结。

④ STARTUP（启动）模式：可以用模式选择开关或 STEP 7 启动 CPU。如果模式选择开关在 RUN 或 RUN-P 的位置，通电时自动进入启动模式。

老式的 CPU 使用钥匙开关来选择操作模式，它还有一种 RUN-P 模式，允许在运行时读出和修改程序。操作时需要插入钥匙，用来设置 CPU 当前的运行方式。钥匙拔出后，就不能改变操作方式。这样可以防止未经授权的人员非法删除或改写用户程序。仿真软件 PLCSIM 的仿真 CPU 也有 RUN-P 模式，这些监控功能只能在 RUN-P 的模式下进行。

(4) CPU 模式选择开关

① RUN（运行）位置：CPU 执行用户程序。

② STOP（停止）位置：CPU 不执行用户程序。

③ MRES（复位存储器）：可使 CPU 复位。

有以下情况执行 CPU 存储器复位：

a. 当第一次启动前。

b. 当新的完整的用户程序下载前。

c. 如果 CPU 要求存储器复位时（STOP LED 闪烁）。

用模式开关执行 CPU 存储器复位的操作步骤如下：

a. 合上电源开关。

b. 把开关转到 STOP 位置。

c. 把开关转到 MRES 位置，并保持在这个位置直到 STOP 指示灯再次变亮（大约 3s）。

d. 把钥匙开关转回 STOP 位置，然后转到 MRES，直到 STOP 指示灯再次亮 1s。

(5) 电源接线端子

电源模块上的 L+ 和 M 端子分别是 DC 24V 输出电压的正极和负极。用专用的电源连接器或导线分别连接电源模块和 CPU 模块的 L+ 和 M 端子。

(6) CPU 模块的集成 I/O

CPU31×C 模块上有集成的 I/O，集成 I/O 的点数见表 3-2。

表 3-2 紧凑型 CPU 部分技术参数

参数 \ CPU	CPU312C	CPU313C	CPU313C-2PtP	CPU313C-2DP	CPU314C-2DP	CPU314C-PtP
用户内存/KB	16	32	32	32	48	48
最大 MMC/MB	4	8	8	8	8	8
自由编址	YES	YES	YES	YES	YES	YES
DI/DO	256/256	992/992	992/992	992/992	992/992	992/992
AI/AO	64/32	246/124	248/124	248/124	248/124	248/124
处理时间(1K 指令)/ms	0.1	0.1	0.1	0.1	0.1	0.1
位存储器	1024	2048	2048	2048	2048	2048
计数器	128	256	256	256	256/256	256
定时器	128	256	256	256	256	256
集成通信连接 MPI/DP/PtP	Y/N/N	Y/N/N	Y/N/Y	Y/Y/N	Y/Y/N	Y/N/Y
集成 DI/DO	10/6	24/16	16/16	16/16	24/16	24/16
集成 AI/AO	0/0	4+1/2	0/0	0/0	4+1/2	4+1/2

3.4.3 CPU 模块通信接口

SIMATIC S7-300 的 CPU 中集成了 MPI、DP 等不同的通信接口。

(1) 多点 (MPI) 接口

多点 (MPI) 接口用于连接编程器、PC、人机界面系统及其他 SIMATIC S7/M7/C7 等自动化控制系统。它是一个经济而有效的解决方案,它为用户的 STEP 7 界面提供了通信组态功能,使得组态非常容易、简单。MPI 接口用于与其他西门子 PLC、PG/PC、OP 通过 MPI 网络通信。所有的 CPU 模块都有一个 MPI 通信接口 X1。

(2) 通过 PROFIBUS-DP 接口通信

部分 CPU 模块还可以通过配置的 DP X2 接口进行通信。PROFIBUS-DP 接口主要用于连接分布式 I/O。

(3) 通过 PROFINET (PN) 接口通信

部分带有 "PN" 后缀的 CPU 配有一个 PN X2 接口。使用 CPU 的集成 PROFINET (PN) 接口可与 "工业以太网" 建立连接。

3.4.4 CPU 模块存储器

PLC 的操作系统使 PLC 具有基本的智能,能够完成 PLC 设计者规定的各种工作。用户程序由用户设计,它使 PLC 能完成用户要求的特定功能。用户程序存储器的容量以字节 (Byte, B) 为单位。

(1) PLC 使用的物理存储器

① 随机存取存储器 (RAM) CPU 可以读出 RAM 中的数据,也可以将数据写入 RAM,因此,RAM 又叫作读/写存储器。RAM 具有易失性,即电源中断后,存储的信息会丢失。

RAM 的工作速度快,价格便宜,改写方便。在切断 PLC 的外部电源后,可以用锂电池来保存 RAM 中存储的用户程序和数据。需要更换锂电池时,由 PLC 发出信号,通知用户。

② 只读存储器（ROM）　ROM 的内容只能读出，不能写入。它具有非易失性，即电源消失后，仍能保存存储的内容。ROM 一般用来存放 PLC 的操作系统。

③ 快闪存储器（Flash EPROM）和 EEPROM　快闪存储器简称为 FEPROM，可电擦除、可编程的只读存储器简称为 EEPROM。它们具有非易失性，可以用编程装置对它们编程，兼有 ROM 的非易失性和 RAM 的随机存取优点，但是将信息写入它们所需的时间比 RAM 长得多。它们用来存放用户程序和断电时需要保存的重要数据。

（2）微存储卡

基于 FEPROM 的微存储卡简称为 MMC，用于在断电时保存用户程序和某些数据。

MMC 用来作为 S7、C7 和 ET200S 的 CPU 的装载存储器，程序和数据下载后保存在 MMC 内。如果 CPU 未插 MMC，不能下载 STEP 7 的程序和数据。应当注意，不能带电插拔 MMC，否则会丢失程序或损坏 MMC。西门子的 PLC 必须使用西门子专用的 MMC，不能使用数码产品使用的通用型 MMC。

如果对 MMC 中的项目加了密码，但是忘记了密码，只能用西门子专用编程器上的读卡槽或用西门子带 USB 接口的读卡器来删除 MMC 上的程序、数据和密码，这样 MMC 就可以作为一个未加密的空卡使用了。

（3）CPU 的存储区

CPU 的存储区由装载存储器、工作存储器和系统存储器组成。工作存储器类似于计算机的内存条，装载存储器类似于计算机的硬盘。

① 装载存储器　CPU 的装载存储器用于保存不包含符号地址和注释的逻辑块、数据块和系统数据（硬件组态、连接和模块的参数等）。下载程序时，用户程序（逻辑块和数据块）被下载到装载存储器，符号表和注释保存在编程设备中。在 PLC 上电时，CPU 把装载存储器中的可执行部分复制到工作存储器。在 CPU 断电时，需要保存的数据被自动保存在装载存储器中。

S7-300 将 MMC 用做装载存储器。现在生产的 S7-300 CPU 没有集成的装载存储器，必须插入 MMC 才能下载和运行用户程序。

S7-400 的 CPU 有集成的装载存储器（带后备电池的 RAM），也可以用 FEPROM 存储卡或 RAM 存储卡来扩展装载存储器。

系统存储区的分布如图 3-8 所示。

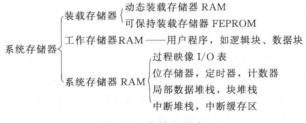

图 3-8　存储区分布

② 工作存储器　工作存储器是集成在 CPU 中的高速存取的 RAM 存储器，用于存储 CPU 运行时的用户程序和数据，例如组织块、功能块、功能和数据块。为了保证程序执行的快速性和不过多地占用工作存储器，只有与程序执行有关的块被装入工作存储器。用模式选择开关复位 CPU 的存储器时，RAM 中的程序被清除，FEPROM 中的程序不会被清除。

③ 系统存储器　系统存储器是 CPU 为用户程序提供的 RAM 区，用于存放用户程序的操作数据，例如过程映像输入、过程映像输出、位存储器、定时器和计数器、块堆栈、中断

堆栈和诊断缓冲区等。系统存储器还包括临时存储器（局部数据堆栈），在程序块被调用时用来存储临时变量。在执行程序块时它的临时变量才有效，执行完后可能被覆盖。

3.5　S7-300 接口模块

接口模块（Interface Module，IM）用于多机架配置时连接主机架 CR（Central Rack）和扩展机架 ER（Expansion Rack），有 IM360/361/365 三种型号。S7-300 通过分布式的主机架和 3 个扩展机架，可以操作多达 32 个模块，且运行时无需风扇。

接口模块 IM360 用于 S7-300 机架 0 的接口，通过连接电缆 368 将数据从 IM360 传送到 IM361，IM360 与 IM361 之间的最大距离为 10m，IM360 和 IM361 上有指示系统状态和故障的发光二极管，如果 CPU 不确认此机架，则 LED 闪烁，可能是连接电缆没有接好或是串行连接的 IM361 关闭。

接口模块 IM361 采用 24V DC 电源，用作 S7-300 机架 1 到机架 3 的接口，通过 S7-300 背板总线的最大电流输出为 0.8A，通过 368 连接电缆将数据从 IM360 传送到 IM361 或从 IM361 传送到 IM360。

接口模块 IM365 是为机架 0 和机架 1 预先组合好的配对模块，总电流为 1.2A，其中每个机架最大能使用 0.8A，长 1m 的接线电缆已经固定地连接好。S7-300 接口模块的主要特性如表 3-3 所示。

表 3-3　S7-300 接口模块的主要特性

应用 ＼ 模块	IM360 接口模块	IM361 接口模块	IM365 接口模块
适合于插入 S7-300 模块机架	0（用于发送数据）	1,2,3（用于接收来自 IM360 的数据）	0 和 1
数据传输	通过 368 连接电缆，从 IM360 到 IM361	通过 368 连接电缆，从 IM360 到 IM361 或从一个 IM361 到另一个 IM361	通过 368 连接电缆，从一个 IM365 到另一个 IM365
距离	最长 10m	最长 10m	1m，永久连接

3.6　S7-300 信号模块

输入/输出模块统称为信号模块（Signal Module，SM），其主要用于信号的输入和输出，使不同的过程信号电压或电流与 PLC 内部的信号电平匹配。对于没有集成 I/O 点或需要扩展 I/O 点的 CPU（如 CPU31× 系列 CPU），则必须用到信号模块进行 I/O 扩展。

按照信号的特性分类，信号模块可分为数字量模块和模拟量模块，主要有数字量（开关量）输入（DI）模块、数字量（开关量）输出（DO）模块、数字量（开关量）输入/输出（DI/DO）模块、模拟量输入（AI）模块、模拟量输出（AO）模块和模拟量输入/输出（AI/AO）模块。

S7-300 数字量信号模块包括数字量输入模块 SM321、数字量输出模块 SM322 和数字量输入/输出模块 SM323/ SM327 等，可用于连接数字传感器和执行元件数字 I/O，使 PLC 灵活地与任务相适应。模拟量信号模块包括模拟量输入模块 SM331、模拟量输出模块 SM332 和模拟量输入/输出模块 SM333/ SM337 等。通过这些模块可以将模拟传感器和执行元件与

S7-300 相连接。此外还有用于调试的 SM374，它是 16 点数字模块，通过旋动面板上的开关，可以自由实现三种输入/输出点数，即输入 16 点、输出 16 点和输入/输出各 8 点。

　　SIMATIC S7-300 的数字输入/输出模块用于连接开关、2 线接近开关、电磁阀、接触器、小功率电动机、灯和电动机启动等，将控制过程的外部数字量电平转化为 S7-300 的内部信号电平，并将 S7-300 内部信号电平转化为控制过程所需的外部信号电平。

　　模拟 I/O 模块具有下列优点：

　　① 优化配合。模块可以任意配合所需输入/输出点数量，没有必要增加投资。

　　② 强大的模拟技术。不同的 I/O 范围和高分辨率允许与众多不同的模拟传感器和执行元件相连。

　　信号模块结构紧凑，组装简单，接线方便。该模块安装在 DIN 标准导轨上并通过总线连接器与相邻模块相连接。

3.6.1　数字量模块

（1）数字量输入模块 SM321

数字量输入模块用于采集现场过程的数字信号电平，并把它转换为 PLC 内部的信号电平。一般数字量输入模块连接外部的机械触点和电子数字式传感器。数字量模块的输入输出电缆最大长度为 1000m（屏蔽电缆）或 600m（非屏蔽电缆）。

　　用于采集直流信号的模块称为直流输入模块，其名称含有 VDC，额定输入电压为直流 24V；用于采集交流信号的模块称为交流输入模块，其名称含有 VAC，额定输入电压为交流 120V/230V。如果信号线不是很长，PLC 所处的物理环境较好，电磁干扰较轻，应考虑优先选用以 DC 24V 的直流输入模块。交流输入方式适合于在有油雾、粉尘的恶劣环境下使用。

　　对于用户来说，数字量输入模块 SM321 有四种型号的模块可供选择，分别是：DC16 点输入、DC32 点输入、AC16 点输入和 AC8 点输入模块。

　　在把数字量输入模块与电源和 CPU 模块安装在导轨上后，需要连接电缆线为 SM321 供电。

　　模块上的每个输入点的输入状态是用一个绿色的发光二极管来显示的，输入开关闭合即有输入电压时，二极管点亮。图 3-9 所示为直流 32 点输入对应的端子连接及电气原理图。

（2）数字量输出模块 SM322

数字量输出模块将 PLC 内部信号电平转换成外部过程所需的信号电平，同时具有隔离和功率放大的作用。该模块能连接继电器、电磁阀、接触器、小功率电动机、指示灯和电动机软启动等负载。

　　按负载回路使用的电源不同，数字量输出模块可以分为直流输出模块、交流输出模块和交直流两用输出模块。按输出开关器件的种类不同，它又可分为晶体管输出方式、晶闸管输出方式和继电器输出方式。

　　以上两种分类方式又有密不可分的关系。晶体管输出方式的模块只能带直流负载，属于直流输出模块；晶闸管输出方式的模块属于交流输出模块；继电器输出方式的模块属于交直流两用输出模块。从响应的速度上看，晶体管响应最快，继电器响应最慢；从安全隔离效果及应用灵活性角度看，继电器输出型的性能最好。

　　一般情况下，用户多采用继电器型的数字量输出模块，而它的价格也相对高一些。继电器输出模块的额定负载电压范围较宽，输出直流最小是 DC 24V，最大可到 DC 120V；输出交流的范围是 AC 48～230V。

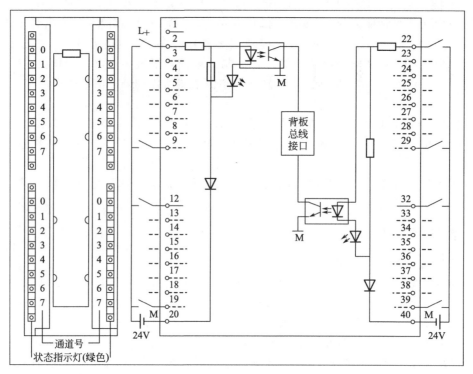

图 3-9　数字量输入模块 SM321 端子连接及电气原理图

数字量输出模块 SM322 有多种型号输出模块可供选择，常用的模块有 8 点晶体管输出、16 点晶体管输出、32 点晶体管输出、8 点晶闸管输出、16 点晶闸管输出、8 点继电器输出和 16 点继电器输出。模块的每个输出点有一个绿色发光二极管显示输出状态，输出逻辑"1"时，二极管点亮。

(3) 数字量 I/O 模块 SM323

SM323 模块有两种类型，一种是带有 8 个共地输入端和 8 个共地输出端，另一种是带有 16 个共地输入端和 16 个共地输出端，两种特性相同。图 3-10 是 8 个共地输入端、输出端 SM323 模块的端子连接及电气原理图，端子 1～10 用于输入，端子 11～20 用于输出。I/O 额定负载电压 24V DC，输入电压"1"信号电平为 11～30V，"0"信号电平为－3～＋5V，I/O 通过光耦与背板总线隔离。在额定输入电压下，输入延迟为 1.2～4.8ms。输出具有电子短路保护功能。

3.6.2 模拟量模块

在生产过程中，存在大量的物理量，例如速度、旋转速度、pH 值、黏度、有功功率和无功功率等。有的是非电量，例如温度、压力、流量、液位、物体的成分。为了实现自动控制，这些模拟量信号需要被 PLC 处理。模拟量输入模块 SM331 用于连接电压和电流传感器、热电偶、电阻器和电阻式温度计，将扩展过程中的模拟信号转换为 S7-300 内部处理用的数字信号。模拟量输出模块 SM332 用于将 S7-300 与执行元件相连，将数字输出值转换为模拟信号。模拟量输入/输出模块 SM334、SM335 兼有模拟输入和模拟输出功能。

S7-300 的模拟量 I/O 模块包括模拟量输入模块 SM331、模拟量输出模块 SM332、模拟量输入/输出模块 SM334 和 SM335。

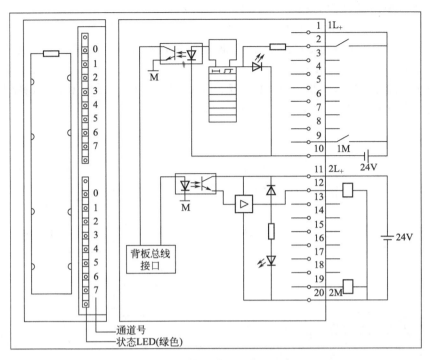

图 3-10　SM323 模块端子连接及电气原理图

(1) 模拟量输入模块 SM331

模拟量输入模块 SM331 目前有三种规格型号，即 8AI×12 位模块、2AI×12 位模块和 8AI×16 位模块。

SM331 主要由 A/D 转换部件、模拟切换开关、补偿电路、恒流源、光电隔离部件、逻辑电路等组成。A/D 转换部件是模块的核心，其转换原理采用积分方法，被测模拟量的精度是所设定的积分时间的正函数，即积分时间越长，被测量的精度越高。SM331 可选四挡积分时间：2.5ms、16.7ms、20ms 和 100ms，相对应的以位表示的精度为 8、12、12 和 14（见图 3-11）。每一种积分时间有一个最佳的噪声抑制频率 f，以上四种积分时间分别对应 400Hz、60Hz、50Hz、10Hz。例如 A/D 的积分时间设定为 20ms，则它的转换精度为 12 位，此时对频率为 50Hz 的噪声干扰有很强的抑制作用。在我国为了抑制工频及其谐波的干扰，一般采用 20ms 的积分时间。

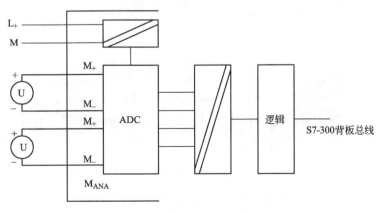

图 3-11　SM331 与电压型传感器的连接

（2）模拟量输出模块 SM332

模拟量输出模块 SM332 目前有三种规格型号，即 4AO×12 位模块、2AO×12 位模块和 4AO×16 位模块，分别为 4 通道的 12 位模拟量输出模块、2 通道的 12 位模拟量输出模块、4 通道的 16 位模拟量输出模块。

SM332 可以输出电压，也可以输出电流。在输出电压时，可采用 2 线回路和 4 线回路两种方式与负载相连。采用 4 线回路可获得比较高的输出精度（见图 3-12）。

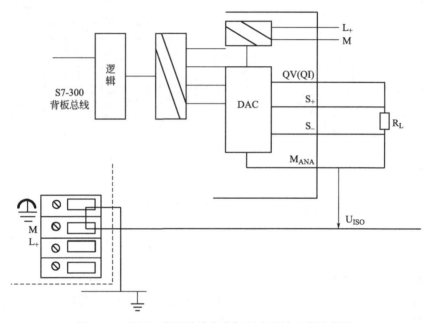

图 3-12 通过 4 线回路将负载与隔离的输出模块相连

（3）模拟量输入模块的量程卡

模拟量输入模块的输入信号类型用量程卡（或称为量程模块）来设置。量程卡安装在模拟量输入模块的两侧，每两个通道为一组，每组共用一个量程卡，图 3-13 中的模块有 8 个通道，因此有 4 个量程卡。

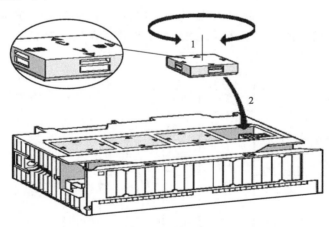

图 3-13 量程卡

（4）模拟量输入模块的输出值计算对应的物理量

① 模拟量转换后的模拟值表示方法 模拟量输入/输出模块中模拟量对应的数字称为模

拟值，模拟值用 16 位二进制补码（整数）表示。最高位（第 15 位）为符号位，正数的符号位为 0，负数的符号位为 1。

模拟量经 A/D 转换后得到的数值的位（转换精度）可以设置为 9～16 位（与模块的型号和组态有关），如果小于 16 位（包括符号位），则转换值被自动左移，使其最高位（符号位）在 16 位字的最高位，模拟值左移后未使用的低位则填入 "0"，这种处理方法称为 "左对齐"。设模拟值的精度为 12 位加符号位，左移 3 位后未使用的低位（第 0～2 位）为 0，相当于实际的模拟量值乘以 8。这种处理方法使模拟值与模拟的关系与组态的 A/D 转换的位数无关，便于对模拟值的后续处理。

表 3-4 给出了模拟量输入模块的模拟值与以百分数表示的模拟量之间的对应关系，其中最重要的关系是双极性模拟量量程的上、下限（100% 和 -100%）分别对应于模拟值 27648 和 -27648。单极性模拟量量程的上、下限（100% 和 0）分别对应于模拟值 27648 和 0。

表 3-4　SM331 模拟量输入模块的模拟值

范围	双极性						单极性					
	百分比	十进制	十六进制	±5V	±10V	±20mA	百分比	十进制	十六进制	0～10V	0～20mA	4～20mA
上溢出	118.515%	32767	7FFFH	5.926V	11.851V	23.70mA	118.515%	32767	7FFFH	11.852V	23.70mA	22.96mA
超出范围	117.589%	32511	7EFFH	5.879V	11.759V	23.52mA	117.589%	32511	7EFFH	11.795V	23.52mA	22.81mA
正常范围	100.000%	27648	6C00H	5V	10V	20mA	100.000%	27648	6C00H	10V	20mA	20mA
	0%	0	0H	0V	0V	0mA	0%	0	0H	0V	0mA	4mA
	-100%	-27648	9400H	-5V	-10V	-20mA	—	—	—	—	—	—
低于范围	-117.593%	-32512	8100H	-5.879V	-11.759V	-23.52mA	-117.593%	-4864	ED00H	—	-23.52mA	1.185mA
下溢出	-118.519%	-32768	8000H	-5.926V	-11.851V	-23.70m	—	—	—	—	—	—

② 转换举例　一个压力检测系统，压力传感器的量程为 0～15MPa，输入信号为 4～20mA。模拟量输入模块的量程设置为 4～20mA，转换后的模拟值为 0～27648。设转换后得到的数字为 N，试求以 kPa 为单位的压力值。

解：0～15MPa（0～15000kPa）对应于转换后的数字 0～27648，转换公式为：

$$P = 15000N/27648$$

注意：在运算时一定要先乘后除，否则会损失原始数据的精度。

3.6.3　数字量仿真模块

仿真模块 SM374 常用于调试程序和实验中，直接用模块的开关来模拟数字量输入/输出信号，同时用 LED 灯显示输入/输出状态。

仿真模块 SM374 可以仿真 16 点输入、16 点输出、8 点输入和 8 点输出的数字量模块。图 3-14 是 SM374 的前视图，用螺丝刀改变面板中间开关的位置，即可仿真所需的数字量模块。仿真模块没有列入 S7 组态工具的模块目录中，也即 S7 的结构不承认仿真模块的工作方式，但组态时可以填入被仿真模块的代号。例如，组态时若 SM374 仿真 16 点输入的模块，

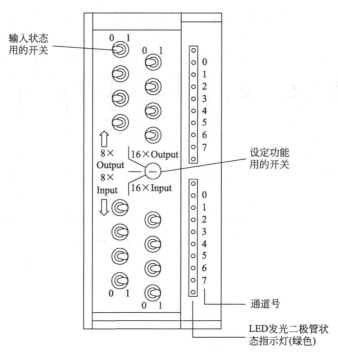

图 3-14　仿真模块 SM374 前视图

就填入 16 点数字量输入模块的代号：6ES7 311-1BH00-0AA00；若 SM374 仿真 16 点输出的模块，就填入 16 点数字量输出模块的代号：6ES7 322-1BH00-0AA00。SM374 面板上有 16 个开关，用于输入状态的设置，还有 16 个绿色 LED，用于指示 I/O 状态。使用 SM374 后，PLC 应用系统的模拟调试变得简单而方便。

3.7　功能模块

（1）通信处理器模块（CP3×）

通信处理模块（Communication Processor，CP）为 PLC 应用系统接入 PROFIBUS 网络、工业以太网和 AS-i 等网络提供了极大的便利。通过集成在 STEP 7 中的参数化工具可进行简便的参数设置。

CP340：用于点对点连接的通信模板。

CP341：用于点对点连接的通信模板。

CP343-1：用于连接工业以太网的通信模板。

CP343-2：用于 AS 接口的通信模板。

CP342-5：用于 PROFIBUS DP 的通信模板。

CP343-5：用于连接 PROFIBUS FMS 的通信模板。

（2）特殊功能模块（FM）

FM350-1，FM350-2：计数器模板。

FM351：用于快速/慢速驱动的定位模板。

FM353：用于步进电机的定位模板。

FM354：用于伺服电机的定位模板。

FM357-2：定位和连续通道控制模板。

SM338：超声波位置探测模板。

SM338：SSI 位置探测模板。

FM352：电子凸轮控制器。

FM352-5：高速布尔运算处理器。

FM355：PID 模板。

FM355-2：温度 PID 控制模板。

（3）Ex 系列输入/输出模块

Ex 系列模块，即防爆型模块，包括 Ex 数字量输入/输出模块和 Ex 模拟量输入/输出模块，主要用于有潜在危险的化工厂的输入/输出模块，将外部的本质-安全设备（用于有爆炸危险区域的传感器和执行器）与 PLC 非本质-安全内部回路隔离。

（4）F 系列输入/输出模块

F 系列输入/输出模块，即故障安全型模块，包括 SM326F 数字量输入-安全集成模块、M326F 数字量输出-安全集成模块、M326F 模拟量输入-安全集成模块，这些模块具有故障安全运行的集成安全功能，在 ET 200M 分布式 I/O 或 S7-300F 中使用，用于连接有爆炸危险区域的设备。

3.8　编程设备 PG/PC

PC/MPI 适配器使用户能在 PC 和 PLC 之间建立数据联系，图 3-15 为其外观。有两种接口：RS-232 接口和 USB 接口。若在 PC 上安装通信卡，能使 PC 和 PLC 之间通过网络进行通信。有连接到 PLC 的 MPI、PROFIBUS、工业以太网的各种通信卡。

图 3-15　PC/MPI 适配器外观

根据实际需求，用户可以选择不同的接口。基本的思想是软件设置必须与选取的硬件相配合。这里的软件设置指在 "Setting PG/PC Interface" 窗口中的设置，通过在控制面板中双击 "Setting PG/PC Interface" 图标打开；或者可以在 SIMATIC 管理器窗口中，执行菜单命令 "Option/Setting PC/PG Interface" 打开。只有在安装好 STEP 7 软件的 PC 中才会在 "控制面板" 中出现这个图标。

设置 "设置 PG/PC 接口" 对话框中的 PG/PC 接口参数，方法如下：

① "应用程序访问点" 设置为 "S7ONLINE"，如图 3-16 所示。

② 在 "为使用的接口分配参数" 的表中，选择所需接口参数为 "PC Adapter（MPI）"

图 3-16 "设置 PG/PC 接口"对话框

或者为"CP5611（MPI）"。

③ 可以单击"属性"打开"属性-PC Adapter（MPI）"对话框，根据用户使用的编程电缆设置正确的 PC 接口。如图 3-17 所示。

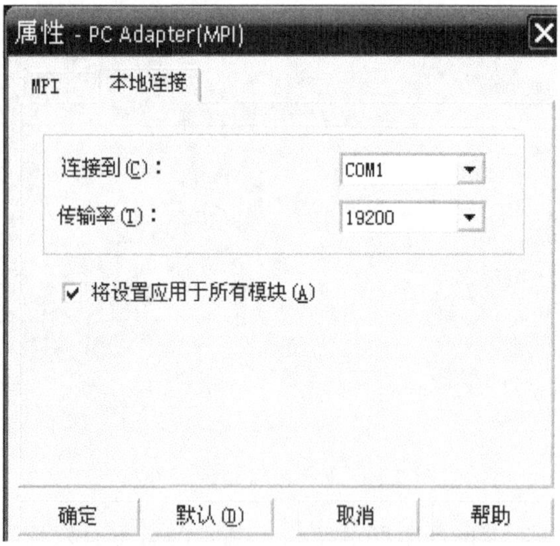

图 3-17 "属性-PC Adapter（MPI）"对话框

若要把编程设备连接到 PLC 系统的 PROFIBUS 网络中，即网络中需挂有多个 PLC，它们有不同的 PROFIBUS 地址，那么下载硬件组态和用户程序时，则需要在上述第②步设置为"CP5611（PROFIBUS）"。如果"为使用的接口分配参数"项中没有显示出所需要的接口参数，那么用户必须点击"选择"按钮先安装模板或协议，这样，接口参数就会自动生成。

同样，若要把编程设备连接到 PLC 系统的 MPI 网络中，则在第②步设置为"CP5611（MPI）"。

若要把编程设备作为上位机的监控（比如安装组态软件 WinCC），那么在上述第①步设置为"MPI（WINCC）"。

3.9 S7-300 模块的安装与扩展

3.9.1 模块配放原则

要组建一个 S7-300 的硬件系统，至少要用到导轨、电源模板、CPU 模板、信号模板。有的 CPU 将信号模板集成在 CPU 模板上。整个 S7-300 的硬件系统中，最多可配置 32 块 I/O 模板，分布在四个机架上，模板之间用 U 形连接器连接，可利用 MPI、PROFIBUS 和工业以太网组成网络，使用 STEP 7 组态工具可以对硬件进行组态和设置。

① 模块必须无间隙地插入到机架中，否则背板总线将被中断。

② 在 S7-300 的硬件系统的安装中，有一些必须遵守的约定。在 0 号机架中，插槽 1 分配给电源模板，其不占用分配地址；插槽 2 分配给 CPU 模板，其必须紧靠电源模板，也不分配地址；插槽 3 分配给接口模板，用于连接扩展机架，即使不使用接口模板，CPU 也给接口模板分配逻辑地址；4～11 号插槽可自由分配信号模块 SM、功能模块 FM 和通信模块 CP。

③ 在 1～3 号扩展机架中，1、2、3 号槽位是固定的，即插槽 1 插电源模块或为空、插槽 2 为空、插槽 3 插接口模块。即便只有 1 个主机架，3 号槽位不装 IM 接口模块，也不能装其他模块，可安装占位模块补空位并连续背板总线，也方便以后扩展。

3.9.2 模块安装规范

S7-300 PLC 采用紧凑的、无槽位限制的模块结构。一个 S7-300 系统由多个模块组成，所有模块安装在机架上，根据需要选择合适的模块组建 S7-300 系统。S7-300 PLC 既可以水平安装，也可以垂直安装。CPU 和电源必须安装在左侧（水平安装）或底部（垂直安装），其允许的环境温度为 0～60℃（水平安装）和 0～40℃（垂直安装）。

为了提高模块的安装空间和确保模块散热良好，机架在控制柜中的最小安装间距为：

① 机架左右为 20mm；

② 机架上下单层组态安装时，上下为 40mm；多层组态安装时，上下至少为 80mm。图 3-18 为 S7-300 单机架安装示意图。

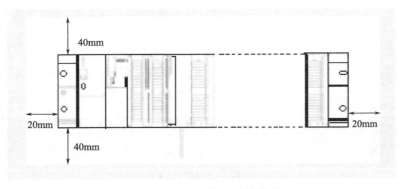

图 3-18 S7-300 单机架安装示意图

3.9.3 模块安装步骤

模块的安装按照以下步骤进行：

① 安装机架（导轨）。

② 将模块安装在机架上。模块安装时按照电源模块（PS）、CPU 模块、接口模块（IM）、信号模块（SM）、功能模块（FM）、通信模块（CP）的顺序进行。模块背后有总线连接器，安装时先将总线连接器插在模块上，并依次连接后悬挂在导轨上，最后用螺钉进行固定。

③ 电源模块的接线。PS307 电源模块用于将交流电源转换为直流稳压电源，供 CPU 模块和 I/O 模块使用。其额定输出电流分别为 2A、5A 和 10A。

电源模块为系统提供了稳定的 DC 24V 工作电源。将市电接入电源模块上的三个端子（L1、N、接地）上，再将通过两个端子（L_+ 和 M，L_+ 为正极，M 为负极）输出的 24V 电源线引出，为其他模块供电。具体接法如图 3-19 所示。

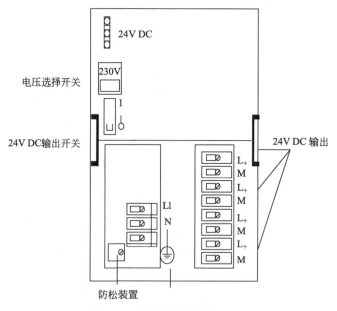

图 3-19　连接电源模块和 CPU

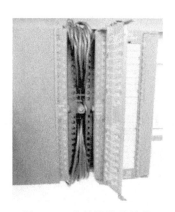

图 3-20　信号模块的接线

④ 信号模块的接线。前连接器用于将系统中的传感器和执行元件连接至 S7-300 PLC。模块由插入式前连接器与传感器和执行器接线，接好后插入模块。第一次插入连接器时，有一个编码元件与之啮合，该连接器以后就只能插入同样类型的模块。更换模块时，前连接器的接线状况无需改变就可用于同样类型的新模块。接线如图 3-20 所示。

系统提供两种端子数量的前连接器：20 针和 40 针。20 针的前连接器用于信号模块（32 通道模块除外）、功能模块和 CPU 312IFM。40 针的前连接器用于 32 通道信号模块。

3.9.4　模块扩展

S7-300 是模块化的组合结构，根据应用对象的不同，可选用不同型号和不同数量的模块，并可以将这些模块安装在同一机架（导轨）或多个机架上。与 CPU312 IFM 和 CPU313 配套的模块只能安装在一个机架上。除了电源模块、CPU 模块和接口模块外，一个机架上最多只能再安装 8 个信号模块或功能模块。一个机架上模块的安装数量还受电流消耗的限制（所有模块所消耗电流总和不能超过提供的最大电流值）。

如果中央机架上没有足够的空间安装 I/O 模块，或者需要远距离安装模块，或是需要将模拟模块和数字模块分离，则需要为站点增加一个或多个扩展机架。除了带 CPU 的中央机架，S7-300 最多可以增加 3 个扩展机架。其机架扩展如图 3-21 所示。中央处理单元总是在 0 号机架的 2 号槽位上，1 号槽安装电源模块，3 号槽总是安装接口模块，槽号 4～11 可自由分配信号模块、功能模块和通信模块。需要注意的是，槽位号是相对的，每一机架的导轨并不存在物理的槽位。例如，在机架不需要扩展机架时，CPU 模块和 4 号槽的模块是靠在一起的。此时 3 号槽位仍然被实际上并不存在的接口模块占用。

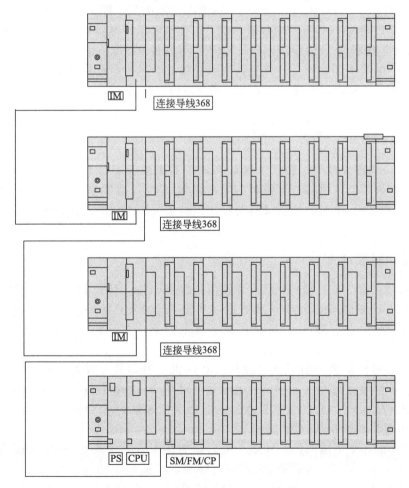

图 3-21　多机架的 S7-300 PLC 架构

每个机架最多只能安装 8 个信号模块 SM、功能模块 FM 或通信处理模块 CP，它们安装在 4～11 号槽。

(1) 只有一个扩展机架的组态

一个 S7-300 站最多可以有 4 个机架，0 号机架是主机架，1～3 号机架是扩展机架。

如果只有 1 个扩展机架，可以使用价格便宜的 IM365 接口模块对，它由两个接口模块和连接它们的 1m 长的电缆组成。组态是将两个 IM365 模块分别插到主机架和扩展机架的第 3 槽，机架之间的连线是自动生成的。IM365 不提供直流 5V 电源，此时，在两个机架上直流 5V 的总电流耗量限在 1.2A 之内。由于 IM365 不能给扩展机架提供通信总线，扩展机架上只能安装信号模块，不能安装通信处理器模块（CP）和功能模块（FM）。与使用 IM360 和 IM361 的方案相比，IM365 的价格低，使用方便，只有两个机架时应优先采用。

(2) 1～3 个扩展机架的组态

中央机架使用 IM360，扩展机架使用 IM361，最多可以增加 3 个扩展机架。各相邻机架之间的电缆最长为 10m。每个 IM361 需要接外部的 DC 24V 电源，给本扩展机架上的所有模块供电。IM360/361 有通信总线，除 CPU 和 IM360 之外的模块都可以安装在扩展机架上。用于发送的接口模块 IM360，装在 0 号机架 3 号槽。具有接收功能的接口模块 IM361，用于 S7-300 的机架 1 到机架 3 的扩展，通过连接电缆把数据从 IM360 接收到 IM361 或者从一个 IM361 传到另一个 IM361。IM361 和 IM361 之间的最大距离也为 10m。IM361 不仅提供数据传输功能，还将 24V 直流电压转换为 5V 直流电压，给所在机架的背板总线提供直流 5V 电源，供电电流不超过 1.2A，CPU312IFM 不超过 0.8A。所以，每个机架所能安装的模块数量除了不能大于 8 块外，还要受到背板总线 5V 供电电流的限制，即每个机架上各模块消耗的 5V 电流之和应小于该机架最大的供电电流。

3.10 S7-300 模块编址

在进行 PLC 程序设计时，必须先确定 PLC 组成系统各 I/O 点的地址以及所用到的其他存储器（如位存储器、定时器、计数器等）的地址。PLC 通常采用两种编址方法，即绝对地址法和符号地址法。绝对地址法又有两种，即基于模块槽位的默认地址法和面向用户自定义地址的方法。

3.10.1 数字量模块编址

S7-300 的数字量（开关量）I/O 点地址由地址标识符、地址的字节部分和位部分组成，1 个字节由 0～7 这 8 位组成。例如 I3.2 是一个数字量输入点的地址，小数点前面的 3 是地址的字节部分，小数点后面的 2 表示它是字节中的第 2 位。I3.0～I3.7 组成一个输入字节 IB3。

S7-300 的信号模块的字节地址与模块所在的机架号和槽号有关。从 0 号字节开始，给每个数字量信号模块分配 4B（4 字节）的地址，相当于 32 个 I/O 点。M 号机架（$M=0\sim3$）的 N 号槽（$N=4\sim11$）的数字量信号的起始字节地址为 $32M+(N-4)\times4$。图 3-22 为 S7-300 数字量模块的默认起始地址。

说明：图中的地址范围与模块性质无关。比如在 4 号槽插入 32 点输入模块，则该模块的地址为 I0.0～I3.7，如插入的是 32 点输出模块，则该模块的地址为 Q0.0～Q3.7。如果插入的不是 32 点模块而是 16 点模块，则地址 2.0～3.7 自动丢失，但这些丢失的 I/O 地址仍可作为中间继电器使用。比如在 4 号槽装入一块 DI16 点的模块，则其所占用的默认地址是 I0.0～I1.7；如果在 5 号槽装入一块 DO16 点的模块，则其所占用的默认地址是 Q4.0～Q5.7；如果所插入的模块是开关量 I/O 模块，则 I/O 地址分别计算，比如在 4 号槽插入一

			4	5	6	7	8	9	10	11
机架3	PS	IM（接收）	96.0 To 99.7	100.0 To 103.7	104.0 To 107.7	108.0 To 111.7	112.0 To 115.7	116.0 To 119.7	120.0 To 123.7	124.0 To 127.7
机架2	PS	IM（接收）	64.0 To 67.7	68.0 To 71.7	72.0 To 75.7	76.0 To 79.7	80.0 To 83.7	84.0 To 87.7	88.0 To 91.7	92.0 To 95.7
机架1	PS	IM（接收）	32.0 To 35.7	36.0 To 39.7	40.0 To 43.7	44.0 To 47.7	48.0 To 51.7	52.0 To 55.7	56.0 To 59.7	60.0 To 63.7
机架0	PS CPU	IM（发送）	0.0 To 3.7	4.0 To 7.7	8.0 To 11.7	12.0 To 15.7	16.0 To 19.7	20.0 To 23.7	24.0 To 27.7	28.0 To 31.7
	1	2	3	4	5	6	7	8	9	10	11

图 3-22　S7-300 数字量模块的默认起始地址

个 8 点的数字输入/输出模块，则输入/输出地址分别为 I0.0～I0.7 及 Q0.0～Q0.7。如果在 6 号槽装入一块 DI16/DO16 点的混合模块，则其 16 点数字量输入所占用的默认地址是 I8.0～I9.7，16 点数字量输出所占用的默认地址是 Q8.0～Q9.7。

除了开关量地址方式外，S7-300 PLC 还可以使用字节（B）、字（W）或双字（D）地址方式。如：IB4 表示由 I4.0～I4.7 共 8 位组成的一个字节的数据；IW8 表示由 IB8 及 IB9 两个字节共 16 位组成的字的内容；QD12 则表示由输出字节 QB12、QB13、QB14、QB15 所组成的 32 位数据。详细的访问方式在指令系统中还要进一步学习。

3.10.2　模拟量模块编址

模拟量模块以通道为单位，一个通道占一个字或 2 字节的地址。S7-300 的模拟量模块的字节地址为 B256～B767。一个模拟量模块最多有 8 个通道，从 256 号字节开始，S7-300 给每个模拟量模块分配 16B（8 个字）的地址。M 号机架的 N 号槽的模拟量模块的起始字节地址为 $128M+(N-4) \times 16+256$。图 3-23 为 S7-300 模拟量模块的默认起始地址。

			4	5	6	7	8	9	10	11
机架3	PS	IM（接收）	640 To 654	656 To 670	672 To 686	688 To 702	704 To 718	720 To 734	736 To 750	752 To 766
机架2	PS	IM（接收）	512 To 526	528 To 542	544 To 558	560 To 574	576 To 590	592 To 606	608 To 622	624 To 638
机架1	PS	IM（接收）	384 To 398	400 To 414	416 To 430	432 To 446	448 To 462	464 To 478	480 To 494	496 To 510
机架0	PS CPU	IM（发送）	256 To 270	272 To 286	288 To 302	304 To 318	320 To 334	336 To 350	352 To 366	368 To 382
	1	2	3	4	5	6	7	8	9	10	11

图 3-23　S7-300 模拟量模块的默认起始地址

说明：在第 4 插槽上的模拟量输入/输出地址为 256，每个模拟量模块自动按 16 个字节的地址分配。每个模拟量占用 2 个字节，所以在模拟量地址中只有偶数。模拟量输入地址的标识符是 PIW；模拟量输出地址的标识符是 PQW，如在第 5 插槽上插入模拟量输入模块，则该模块的第 1 个通道的地址是 PIW272，如果第 7 插槽上是模拟量输出模块，则该模块的第 2 个通道地址是 PQW306。特别注意对于型号为紧凑型的 CPU（CPU31×C 或

CPU31×IFM)，其 CPU 上集成的 I/O 通道地址占用了第三排扩展机架的最后一个模块的地址，即数字量占用字节 124～127，模拟量占用字节 752～767，所以紧凑型的 CPU 只能扩展 31 个 I/O 模块。

以上介绍了默认地址编写法。该方法的缺点是：槽位的地址不能充分利用，会造成地址丢失，使地址不连续，出现空隙，造成浪费。丢失的地址不能再作 I/O 地址用，但可作为内部中间继电器使用，用面向用户编址的方法可弥补这一缺点。

3.10.3 自由编址

用户可以通过 STEP 7 软件自由设置任何所选模块的地址。S7-300 系列 PLC 只有 CPU315、CPU315-2DP、CPU316-2DP、CPU318-2DP 以及 CPU31×C 支持面向用户的编址，其他 CPU 型号的 PLC 不能采用此种编址方法。用户自定义模块地址设置方法如图 3-24 所示。定义模块的起始地址后，所有其他模块的地址都基于这个起始地址。注意：取消"系统默认"前面的对号，可以由用户自定义 I/O 地址，建议采用系统默认地址。

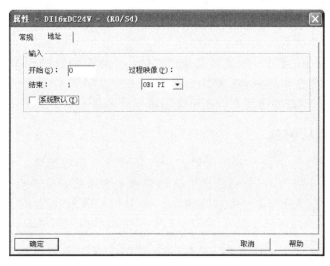

图 3-24　用户自定义模块地址设置

面向用户编址的优点：①可使模块之间不会出现地址的空隙，编址区域可充分利用；②当生成标准软件时，可编制独立的、不依赖于 S7-300 硬件组态的地址程序，可使软、硬件设计分开进行。

3.11　S7-400 硬件系统

SIMATIC S7-400 是用于中、高档性能范围的可编程控制器，S7-400 PLC 采用模块化无风扇的设计，可靠耐用，同时可以选用多种级别（功能逐步升级）的 CPU，并配有多种通用功能的模块，这使用户能根据需要组合成不同的专用系统。当控制系统规模扩大或升级时，只要适当地增加一些模块，便能使系统升级和充分满足需要。SIMATIC S7-400 目前的编程软件最新版本号为 STEP7 V5.6 或者西门子博途软件 TIA Portal STEP 7 V14 SP1。详细的编程技术将在第 4 章进行介绍。与 S7-300 PLC 相比，S7-400 PLC 的每个 SM 模块的点数更多，模块的体积更大，尤其表现在高度上。S7-400 PLC 具有很高的电磁兼容性和抗冲击、耐振动性能，能最大限度地满足各种工业标准，模块能带电插拔，机架及模块安装非常方便，允许环境温度为 0～60℃。S7-400 PLC 相比于 S7-300 PLC，有着更优越的性能，其主要特点如下：

① 运行速度高，S7-416 执行一条二进制指令只要 0.08 μs。

② 存储器容量大，例如 CPU417-4 的 RAM 可以扩展到 16MB，装载存储器（FEPROM 或 RAM）可以扩展到 64MB。

③ I/O 扩展功能强，可以扩展 21 个机架，S7-417-4 最多可以扩展 262144 个数字量 I/O 点和 16384 个模拟量 I/O。

④ 有极强的通信能力，集成的 MPI 能建立最多 32 个站的简单网络。大多数 CPU 集成有 PROFIBUS-DP 主站接口，用来建立高速的分布式系统，通信速率最高 12M bit/s。

⑤ 通过钥匙开关和口令实现安全保护。

⑥ 诊断功能强，最新的故障和中断时间保存在 FIFO（先入先出）缓冲区中。

⑦ 集成的 HMI（人机接口）服务，用户只需要为 HMI 服务定义源地址和目的地址，系统会自动地传送信息。

3.11.1　S7-400 系统结构

S7-400 由机架、电源模块（PS）、中央处理单元（CPU）、数字量输入/输出（DI/DO）模块、模拟量输入/输出（AI/AO）模块、通信处理器（CP）、功能模块（FM）和接口模块（IM）组成。DI/DO 模块和 AI/AO 模块统称为信号模块（SM）。

S7-400 的模块插座焊在机架中的总线连接板上，模块插在模块插座上，有不同槽数的机架供用户选用，如果一个机架容纳不下所有的模块，可以增设一个或数个扩展机架，各机架之间通过接口模块和通信电缆交换信息。S7-400 系列 PLC 的模块安装采用无槽位规则，除电源和扩展机架（ER）的接口模块外，其他模块可插入任何部分。S7-400 采用大模块结构，大多数模块的尺寸为 25mm（宽）×290mm（高）×210mm（深），如图 3-25 和图 3-26 所示为一个 S7-400 PLC 的硬件配置示意图和实物。

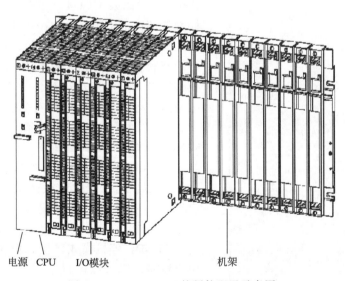

电源　CPU　I/O模块　　　　　机架

图 3-25　S7-400 PLC 的硬件配置示意图

S7-400 系列 PLC 提供多种级别的 CPU 模块和种类齐全的通用功能模块，用户可根据需要组合成不同的专用系统。

图 3-26　S7-400 PLC 的硬件配置实物图

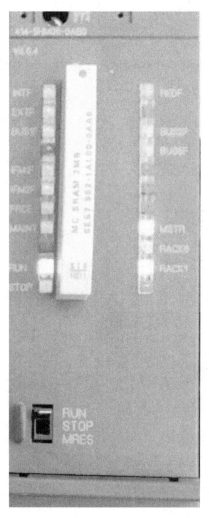

图 3-27　S7-400 PLC CPU 面板实物图

3.11.2　S7-400 CPU 模块

CPU 存储并处理用户程序，为模块分配参数，通过嵌入的 MPI 总线处理编程设备和 PC、模块、其他站点之间的通信，并可以为进行 DP 主站或从站操作装配一个集成的 DP 接口，一般置于 2 号机架。

S7-400 系列 PLC 共有 CPU412-1、CPU412-2、CPU414-2、CPU414-3、CPU416-2、CPU416-3、CPU417-4 以及 CPU414-4H、CPU417-4H 九种不同性能档次的 CPU 供控制使用。

S7-400 CPU 模块内的元件封装在一个牢固紧凑的塑料壳内，面板上有状态和故障指示 LED 灯、模式选择开关和通信接口。大多数 CPU 还有后备电池盒，存储器插槽可插入多达几兆字节的存储器卡。CPU 面板如图 3-27 所示。其面板上的操作模式选择开关也是一种钥匙开关，其外形和使用方法与 S7-300 完全相同，说明如下。

RUN：运行模式。在此模式下，CPU 执行用户程序，还可以通过编程设备读出、监控用户程序。

STOP：停机模式。在此模式下，CPU 不执行用户程序，但可以通过编程设备（如装有 STEP 7 的 PG、装有 STEP 7 的计算机等）从 CPU 中读出或修改用户程序。

MRES：存储器复位模式。该位置不能保持，当开关在此位置释放时将自动返回到 STOP 位置。

将开关从 STOP 模式切换到 MRES 模式时，可复位存储器，使 CPU 回到初始状态。

3.11.3　S7-400 电源模块

S7-400 电源模块有两种（PS405 和 PS407），通过背板总线向其提供 DC 5V 和 DC 24V 电源。输出电流额定值有 4A、10A、20A。电源模块可提供 85～264V 的交流电压和 19.2～300V 的直流电压，其中 PS405 的输入电压为直流电压，而 PS407 的输入电压为交流电压。图 3-28 为 PS407 电源模块实物图。

电源选取的基本原则是：所有安装于一个机架（如果扩展机架需要主机架供电，则为两个机架）上的模块消耗 DC 5V 和 DC 24V 电流总和不能超过电源模块的输出容量。电源模块不能与 CPU 机架分离安装，CPU 可以对电源模块的状态进行诊断。电源模块不能为信号模块提供负载电压。电源模块上可以安装备份电池，即使电源断电，CPU 中的程序和过程数据也不会丢失。

3.11.4　S7-400 机架与接口模块

（1）机架介绍

S7-400 PLC 的机架用来固定模块、提供模块的工作电压和实现局部接地，并通过信号总线将不同模块连接在一起。

中央机架（或称中央控制器，CC）必须配置 CPU 模块和一个电源模块，可以安装除用于接收的 IM（接口模块）外的所有 S7-400 模块。

扩展机架（或称扩展单元，EU）可以安装除 CPU、发送 IM、IM463-2 适配器外的所有 S7-400 模块，但是电源模块不能与 IM461-1（接收 IM）一起使用。如果有扩展机架，中央机架和扩展机架都需要安装接口模块。

（2）多机架扩展

S7-400 系列 PLC 具有很强的扩展能力，其扩展能力主要通过接口模块实现，有集中式扩展、分布式扩展和远程扩展 3 种方式。

集中式扩展方式适用于小型配置或一个控制柜中的系统。CC 和 EU 的最大距离为 1.5m（带 5V 电源）或 3m（不带 5V 电源）。

图 3-28　S7-400 PLC 电源模块实物图

分布式扩展适用于分布范围广的场合，CC 与最后一个 EU 的最大距离为 100m（S7 EU）或 600m（S5 EU）。

用 ET200 分布式 I/O 可以进行远程扩展，用于分布范围很广的系统。通过 CPU 中的

PROFIBUS-DP 接口，最多连接 125 个总线接点。使用光缆时 CC 和最后一个接点的距离为 23km。

中央机架和扩展机架通过发送 IM 和接收 IM 相连，S7-400 系列 PLC 的电源模块应安装在机架的最左边（第 1 槽），有冗余功能的电源模块是一个例外。中央机架只能插入最多 6 块发送型的接口模块，每个模块有两个接口，每个接口可以连接 4 个扩展机架，最多能连接 21 个扩展机架。中央机架中同时传送电源的发送接口模块（IM460-1）不能超过两块，IM460-1 的每个接口只能带一个扩展机架，并且这样的 IM 接口模块需要成对使用。

扩展机架中的接口模块只能安装在最右边的槽（第 18 槽或第 9 槽）。通信处理器 CP 只能安装在编号不大于 6 的扩展机架中。S7-400 机架连接示意图如图 3-29 所示。

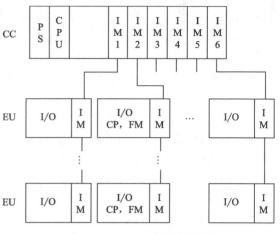

图 3-29　S7-400 多机架扩展

3.11.5　S7-400 信号模块及编址

(1) 信号模块介绍

信号模块通常称为 I/O（输入/输出）模块。测量输入信号并控制输出设备。信号模块可用于数字信号和模拟信号，还可用于进行连接，如传感器和启动器的连接。

图 3-30　信号模块外观示意图

信号模块是控制器进行过程操作的接口。许多不同的数字量和模拟量模块根据每一项任务的要求，准确提供输入/输出。数字量和模拟量模块在通道数量、电压和电流范围、电绝缘、诊断和警报功能等方面都存在着差别。S7-400 信号模块不仅是能够在中央机架扩展，而且可以通过 PROFIBUS DP 连接到 S7-400 中央控制器。支持热插拔，这使更换模块变得极其简单。

信号模块主要有数字信号输入模块 SM421、数字信号输出模块 SM422、模拟信号输入模块 SM431、模拟信号输出模块 SM432 等。

数字信号输入模块 SM421 将从外部过程发送的数字信号电平转换成 S7-400 内部的信号电平，模块适合于连接开关或接近开关。类似于 SM321，SM421 数字信号输入模块也有多种规格可供选择。各种型号的外部连接方式有所不同，其主要区别在于电源和公共端，但是 SM421 的连接布置均为单列，其模块外观示意图如图 3-30 所示。具体使用详细查阅其产品技术手册。

数字信号输出模块 SM422 将 S7-400 的内部信号电平转换成过程所需的外部信号电平，模块适合于连接如电磁阀、接触器、小型电动机、灯和电机启动器等装置。在实际工作应用中，应根据需求选择相应型号的 SM422 数字信号输出模块来完成整个系统的控制。

模拟信号输入模块 SM431 将从过程来的模拟量信号转换成 S7-400 内部处理用的数字量信号。电压和电流传感器、热电偶、电阻器和热电阻可作为传感器连接到 S7-400。

模拟信号输出模块 SM432 将从 S7-400 来的数字量转换为过程用的模拟量信号，用于连接模拟执行器。

（2）S7-400 PLC 信号模块的编址

S7-400 PLC 系统在运行用户程序的过程中需要对信号模块的输入、输出数据进行存取，以便完成对实际生产过程的监视和控制。为了达到这个目的，需要使用户程序中的数据逻辑地址和该数据的实际物理存取地址一一对应，即对 S7-400 PLC 系统进行编址操作。

S7-400 PLC 信号模块的地址是在 STEP 7 编程软件中用硬件组态工具将模块配置到机架时自动生成的。系统根据同类模块所在的机架号和在机架中的插槽号，按从小到大的顺序自动连续分配地址，用户可以修改模块的起始地址。每个 8 点、16 点和 32 点数字量模块分别占用 1 个、2 个和 4 个字节地址。例如：假设 32 点数字量输入模块各输入点的地址为 I44.0～I47.7，模块内各点的地址按从上到下顺序排列。其中 I44.0 对应的接线端子在最上面，I47.7 对应的接线端子在最下面。其地址分布示意图如图 3-31 所示。

S7-400 的模拟量模块默认的起始地址从 512 开始，每个模拟量输入/输出占 2B（1 个字），同类模块的地址按顺序连续排列。模块内最上面的通道使用模块的起始地址。例如某 8 通道模拟量输出模块的起始地址为 832，从上到下各通道的地址分别为 QW832、QW834、……、QW846。其地址分布示意图如图 3-32 所示。

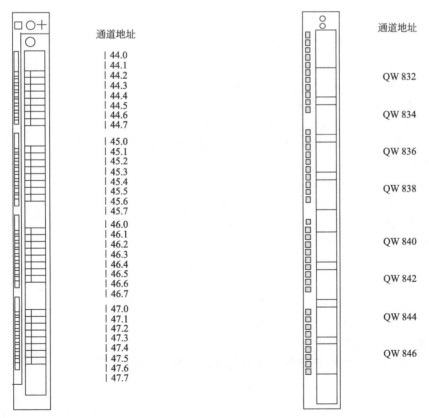

图 3-31　数字量模块地址分布示意图　　　图 3-32　模拟量模块地址分布示意图

信号模块的默认地址举例如表 3-5 所示。

表 3-5　模块地址举例

0 号机架			1 号机架		
槽号	模块种类	地址	槽号	模块种类	地址
1	PS 417 10A 电源模块		1	32 点 DI	IB4～IB7
2			2	16 点 DO	QB2,QB3
3	CPU412-2DP		3	16 点 DO	QB4,QB5
4	16 点 DO	QB0,QB1	4	8 点 AO	QW528～QW542
5	16 点 DI	IB0,IB1	5	8 点 AI	IW544～IW558
6	8 点 AO	QW512～QW526	6	16 点 DO	QB6,QB7
7	16 点 AI	IW512～IW542	7	8 点 AI	IW560～IW574
8	16 点 DI	IB2,IB3	8	32 点 DI	IB8～IB11
9	IM460-1	4093	9	IM461-0	4092

习　题

3-1　填空：

① S7-300 每个机架最多只能安装＿＿＿＿个信号模块、功能模块或通信处理模块。最多可以使用＿＿＿＿个扩展机架。电源模块在中央机架最＿＿＿＿边的 1 号槽，CPU 模块只能在＿＿＿＿号槽，接口模块只能在＿＿＿＿号槽。

② S7-300 中央机架的 9 号槽的 16 点数字量输出模块的字节地址为＿＿＿＿＿＿＿＿。11 号槽的 32 点数字输入模块的字节地址为＿＿＿＿＿＿＿＿。7 号槽的 6AI/8AO 模块的模拟量输入字的地址为＿＿＿＿＿＿＿＿，模拟量输出字的地址为＿＿＿＿＿＿＿＿。

3-2　RAM 与 FEPROM 各有什么特点？

3-3　S7-300 系列 PLC 主要由哪几类模块构成？

3-4　装载存储器和工作存储器各有什么作用？它们的区别有哪些？

3-5　信号模块是哪些模块的总称？

3-6　数字量输入模块有哪几种类型？它们各有什么特点？

3-7　交流数字量输入模块与直流数字量输入模块分别适用于什么场合？

3-8　RUN 方式和 RUN-P 方式有何区别？

3-9　简述复位存储器操作方法。

3-10　S7-300 系列 PLC 的扩展模块主要有哪几类？

3-11　一个控制系统需要 15 点数字量输入、24 点数字量输出、10 点模拟量输入和 3 点模拟量输出，试选择合适的输入/输出模块，并分配 I/O 地址。

3-12　简述 S7-400 系列 PLC 的硬件系统组成。

3-13　简述 S7-400 系列 PLC 的信号模块分类。

3-14　S7-400 系列 PLC 的信号模块地址是怎样确定的？

第 4 章

SIMATIC STEP 7及TIA 博途软件使用

西门子的编程及组态软件为 STEP 7 系列。S7-300/400 专用的编程软件为 STEP 7，后来随着西门子推出 S7-1200 和 S7-1500 PLC，相应的编程及组态软件也叫 STEP 7。为了区分这两款不同的软件，S7-300/400 专用的 STEP 7 编程软件称为经典 STEP 7，而适用于 S7-1200 和 S7-1500 PLC 的编程软件称为 TIA（Totally Integrated Automation，TIA）Portal 软件，也称 TIA 博途软件。

4.1 STEP 7 概述

STEP 7 是一种用于对 SIMATIC 可编程逻辑控制器进行组态和编程的标准软件包。它是 SIMATIC 工业软件的一部分。STEP 7 是一个强大的工程工具，用于整个项目流程的设计。从实施计划配置、实施模块测试、集成测试调试到运行维护阶段，都需要不同功能的工程工具。STEP 7 工程工具包含整个项目流程的各种功能要求：CAD/CAE 支持、硬件组态、网络组态、仿真、过程诊断等。

STEP 7 标准软件包有下列各种版本：STEP 7 Micro/DOS 和 STEP 7 Micro/Win，用于 SIMATIC S7-200 上的简化版单机应用程序。

STEP 7 应用在 SIMATIC S7-300/400、SIMATIC M7-300/400 以及 SIMATIC C7 上，具有广泛的功能：

① 可作为 SIMATIC 工业软件产品的一个扩展选项包；

② 为功能模块和通信处理器分配参数；

③ 强制模式与多值计算模式；

④ 全局数据通信；

⑤ 使用通信功能块进行的事件驱动数据传送；

⑥ 组态连接。

STEP 7 标准组件由 SIMATIC 管理器、符号编辑器、硬件诊断、硬件组态、网络组态、多语言的用户程序编辑六部分功能组件所组成。

(1) SIMATIC 管理器

SIMATIC Manager 可以集中管理一个自动化项目的所有数据，可以分布式地读/写各个项目的用户数据。其他的工具都可以在 SIMATIC 管理器中根据需要而启动。

(2) Symbol Editor（符号编辑器）

使用 Symbol Editor（符号编辑器），可以管理所有的共享符号。其具有以下功能：可以为过程 I/O 信号、位存储和块设定符号名和注释；为符号分类；导入/导出功能可以使 STEP 7 生成符号表供其他的 Windows 工具使用。

(3) 硬件诊断

硬件诊断功能可以向用户提供可编程控制器的状态概况，可以显示符号，指示每个模块板是否有故障。双击故障模板，可以显示故障的有关信息。

(4) 硬件组态

硬件组态工具可以为自动化项目的硬件进行组态和参数设置。可以对机架上的硬件进行配置，设置其属性。例如，设置 CPU 的启动特性和循环扫描时间的监控。通过在对话框中提供的有效选项，系统可以防止不正确的输入。

(5) NetPro（网络组态）

NetPro 工具用于组态通信网络的连接，包括网络连接的参数设置和网络各个通信设备的参数设置。选择系统集成的通信或功能块，可以轻松实现数据的传送。

拥有多种工具并不能保证得到很好的解决方法，关键在于这些工具之间能否实时地相互配合和协调。在运行一个工具的过程中，都使得项目数据库的内容不断增加或改变，我们希望这些改变在运用其他工具时能得到及时的更新或反映。STEP 7 就具有这种特点。比如，在符号表编辑器中添加变量名，那么打开程序编辑窗口时，S7 程序中这些变量立即就以变量名的形式出现。也就是说，STEP 7 的数据管理能力较强，这使得其多个工具具有连续性的工作特点。STEP 7 的优点在后续的章节中会逐渐体现出来。

(6) 编程语言

用于 S7-300 的编程语言梯形逻辑图（Ladder Logic）、语句表（Statement List）和功能块图（Function Block Diagram）都集成在一个标准软件包中。梯形逻辑图（LAD）是 STEP 7 编程语言的图形表达方式，它的指令语法与继电器的梯形逻辑图相似。语句表（STL）是 STEP 7 编程语言的文本表达式，CPU 执行程序时按每一条指令逐条地执行。功能块图（FBD）是 STEP 7 编程语言的图形表达方式，使用与布尔代数相类似的逻辑框来表达逻辑，复合功能可用逻辑框组合形式完成。

此外，还有四种编程语言作为可选软件包使用，分别是 S7-SCL（结构化控制）编程语言、S7-Graph（顺序控制）编程语言、S7-HiGraph（状态图）编程语言、S7-CFC（连续功能图）编程语言。

4.2 STEP 7 安装与卸载

为了确保 STEP 7 软件正常、稳定地运行，不同的版本、型号对硬件和软件的安装环境有不同的要求，下面以汉化版的 STEP 7 V5.4 为例进行说明。在安装的过程中，必须严格按照要求进行安装；此外，STEP 7 软件在安装过程中还需要进行一系列设置，如通信接口的设置等。

4.2.1　安装系统配置

(1) STEP 7 安装的硬件要求

安装 STEP 7 对硬件的要求不仅与具体的软件版本有关，还与计算机的操作系统有关。对于 Window 2000/XP 或 Window Server 2003 操作系统来说，具体的硬件要求如下。

① 在 Window 2000/XP 专业版中安装 STEP 7 V5.4 要求计算机的配置如下：

内存：512MB 以上，推荐为 1GB。

CPU：主频为 600MHz 以上。

显示设备：XGA，支持 1024×768 像素分辨率，16 位以上的深度色彩。

② 在 Window Server 2003 中安装 STEP 7 V5.4，要求计算机的配置如下：

内存：1GB 以上。

CPU：主频 2.4GHz 以上。

显示设备：XGA，支持 1024×768 像素分辨率，16 位以上的深度色彩。

(2) 软件要求

STEP 7 V5.4 可以安装在以下操作系统：

① 微软 Windows 2000 专业版（至少 SP4）。

② 微软 Windows XP 专业版（至少 SP1 或 SP1a）。

③ 微软 Windows Server 2003 工作站（有或没有 SP1）。

IE 浏览器：IE 浏览器版本要求 6.0 或更高。

4.2.2　STEP 7 授权

为了确保 STEP 7 软件的正常使用，一套正版的 STEP 7 软件除了包括两张光盘外，还有一张软盘，用于存储软件的授权。这张软盘的内容是只读的，不能复制，每安装一个授权，软盘上的授权计数器减 1，当计数器为 0 时，就不能再用它安装任何授权了。在安装 STEP 7 时可以根据提示完成安装授权；也可以在安装时跳过，待以后再安装。

STEP 7 软件即使没有授权也可以正常使用，但是在使用过程中每隔一段时间便会弹出一个"寻找授权"的对话框，以提醒使用者安装授权。

STEP 7 软件安装后，打开 Automation License Manager 软件，如图 4-1 所示，在左侧目录选中期望传输的授权所在盘，在右侧的窗口选中期望传输的授权，单击鼠标右键选择 Transfer（传输），打开"传输授权"对话框，选中期望的盘符即将授权传送到选择的盘符中。

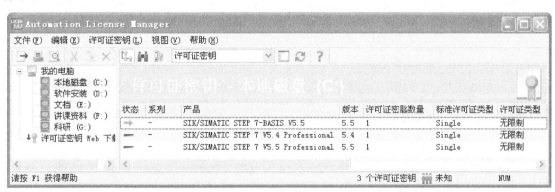

图 4-1　Automation License Manager 3.0 授权管理软件

在 Automation License Manager 5.0 中可以对授权和许可证进行传输、升级、网络传输、网络共享、离线传输等操作。

为了避免丢失授权和许可密钥，需注意以下事项：

① 在格式化、压缩或恢复驱动器，安装新的操作系统之前，应将硬盘上的授权转移至软盘或其他盘中。

② 当卸载、安装、移动或升级密钥时，应先关闭任务栏可见的所有后台程序，如防病毒程序、磁盘碎片整理程序、磁盘检查程序、硬盘分区以及压缩和恢复等。

③ 使用优化软件优化系统或加载硬盘备份前，应保存授权和许可证密钥。

④ 授权和许可证密钥文件保存在隐藏目录"AX NF ZZ"中。

4.2.3 安装 STEP 7

将 STEP 7 的安装光盘插入光驱中，打开光盘，双击其中的 Setup.exe 图标，按照向导提示进行安装。如图 4-2 所示，提示安装语言。

图 4-2　选择 STEP 7 安装语言

执行安装程序后，出现安装软件选择窗口，如图 4-3 所示，从中选择需要安装的软件。因为 STEP 7 是一个集合软件包，里面含有一系列的软件，用户可根据需要进行选择。

图 4-3　安装软件选择窗口

其中，STEP 7 V5.4 是编程软件，必须选择。

Automation License Manager：管理编程软件许可证密钥，必须安装。

Adobe Reader 8：阅读 PDF 格式文件的阅读器，在 STEP 7 中编写的程序是图形形式的，用户可根据具体的需要选择性安装。

在图 4-3 所示窗口中完成相应设置后，单击"下一步"按钮，然后按照安装向导的提示进行操作。在正式安装软件之前，会出现如图 4-4 所示的安装类型选择窗口。在此用户需要选择软件的安装类型，系统提供了典型的、最小和自定义 3 种安装类型。

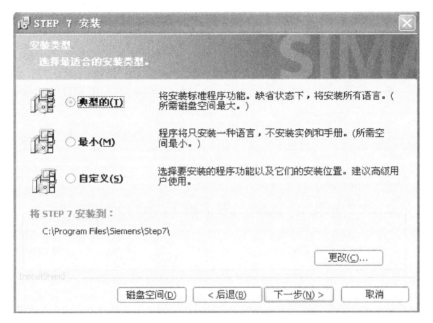

图 4-4 安装类型选择窗口

① 典型安装类型：安装 STEP 7 软件的所有语言、应用程序、项目示例和文档等。对于初次安装的用户来说，建议选择典型安装。

② 最小安装类型：只安装一种语言和基本的 STEP 7 程序。若要完成的控制任务比较简单，用户可选择最小安装类型方式，以节约系统资源。

③ 自定义安装类型：针对高级用户使用，根据用户自己的需求进行安装，更加灵活。

④ 在其后安装过程中还会提示用户传送密钥，如图 4-5 所示。

用户可以在安装过程中传送密钥，也可以选择安装完后再传输密钥。STEP 7 的密钥放在一张只读的软盘上，用来激活 STEP 7 软件。

在安装结束后，会弹出一个对话框如图 4-6 所示，提示用户为存储卡设置参数。具体各项含义如下：

① 用户没有存储卡读卡器，则选择"无"选项，一般选择该选项。

② 如果使用内置读卡器，选择"内部编程设备接口"选项。该选项仅对西门子 PLC 专用编程器 PG 有效，对于 PC 来说是不可选的。

③ 如果用户使用的是 PC，则可选择用外部读卡器（外部存储器）。这里，用户必须定义哪个接口用于连接读卡器。

④ 在安装完成之后，用户还可以通过 STEP 7 程序组或控制面板中的"Memory Card Parameter（存储卡参数赋值）"修改这些参数设置。

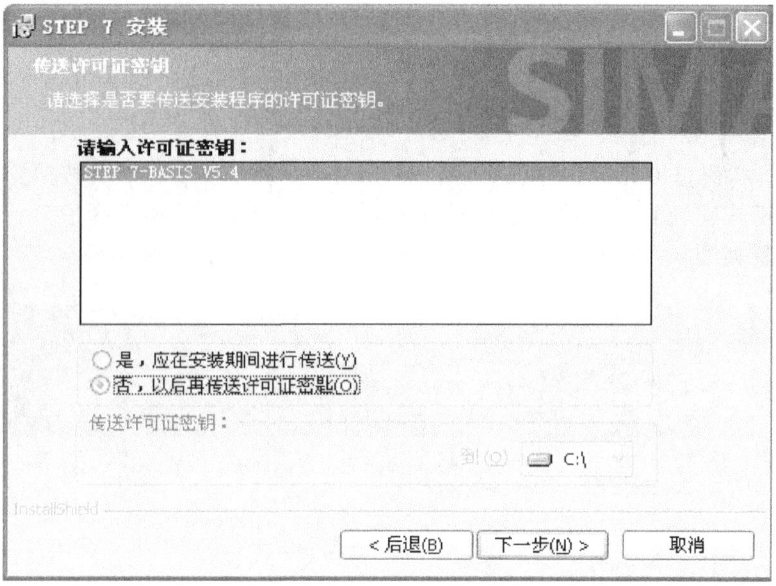

图 4-5　密钥传送设置

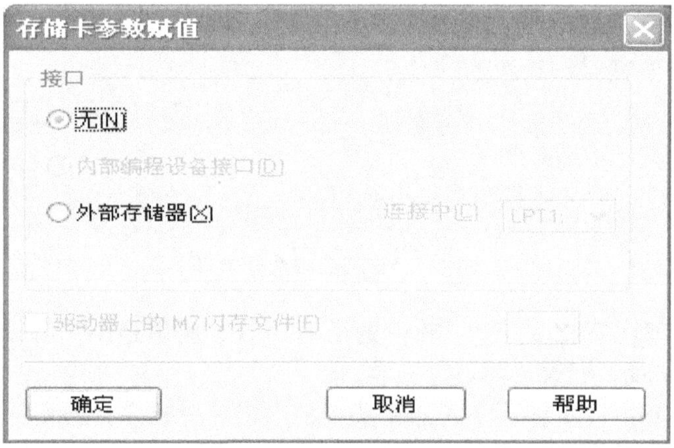

图 4-6　"存储卡参数赋值"对话框

在安装过程中，会提示用户如图 4-7 所示"设置 PG/PC 接口"，编程设备与 PLC（PC）之间的连接有一定的原则和规律，用户根据需求进行设置。

在"接口"栏中单击"选择"按钮，出现如图 4-8 所示的"安装/删除接口"窗口，从中选择建立连接时需要安装的硬件模块。

安装 STEP 7 的注意事项：

① 可以用安装光盘直接安装 STEP 7，也可以将光盘中的软件复制到硬盘后再安装，但是保存它们的文件夹的层次不能太多，各级文件的名称不能使用中文，否则安装时可能会出现"SSF 文件错误"的信息，如图 4-9 所示。建议在安装软件之前关闭 360 安全卫士这类软件。

② 如果在安装时出现"Please restart Windows before installing new programs"（安装新程序之前，请重新启动 Windows），或其他类似的英文信息。如果重新启动之后再安装软件，还会出现上述信息，可能因为 360 安全卫士这种类似软件的作用，Windows 操作系统

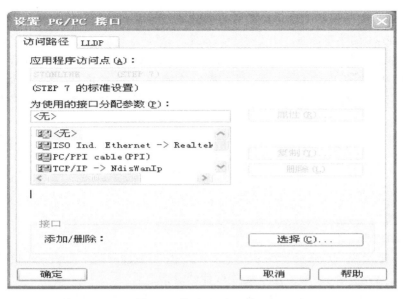

图 4-7　设置 PG/PC 接口

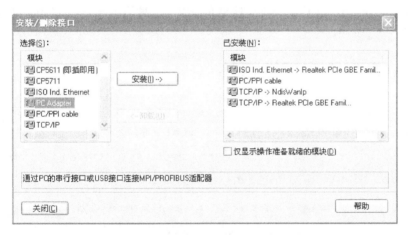

图 4-8　PG/PC 接口硬件模块的添加

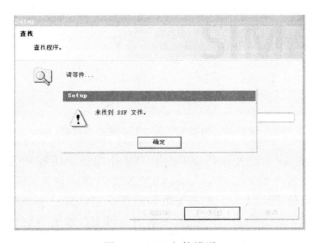

图 4-9　SSF 文件错误

已经注册了一个或多个保护文件,以防止被删除或重命名。具体解决方法如下:

执行 Windows 的菜单命令"开始"→"运行"对话框中输入"regedit",打开注册编辑器。选中注册表左边的文件夹"HKEY_LOCAL_MACHINE \ System \ Current Control Set \ Control"中的"Session Manager",删除右边窗口中的条目"Pending File Rename Operations",不用重新启动计算机,就可以安装软件了。可能安装每一个软件都需要做同样的操作。

③ 注意西门子自动化软件的安装顺序。用户必须先安装 STEP 7,再安装上位机组态软件 WinCC 和人机界面的组态软件 WinCC Flexible。

4.2.4 卸载 STEP 7

若用户希望安装更新版本的 STEP 7,建议首先卸载已经安装的旧版本程序。使用通常的 Windows 步骤卸载 STEP 7:

① 在"控制面板(Control Panel)"中,双击"添加/删除程序(Add/Remove Programs)"图标,启动 Window 下用于安装软件的对话框。

② 在安装软件显示的项目表中,选择 STEP 7。点击"加入/删除软件(Add/Remove)"按键。

③ 若"Remove Enable File(删除使能的文件)"对话框出现,若用户不知如何操作,则可以点击"NO"按键。

4.3 SIMATIC 管理器概述

SIMATIC 管理器(SIMATIC Manager)是 STEP 7 的管理平台,用于 S7-300/400 系列 PLC 项目组态、编程和管理的基本应用程序。STEP 7 安装完成后,单击 Windows 的"开始"→"SIMATIC"→"SIMATIC Manager"选项,或者双击桌面上图标 启动 SIMATIC Manager。SIMATIC Manager 运行界面如图 4-10 所示。

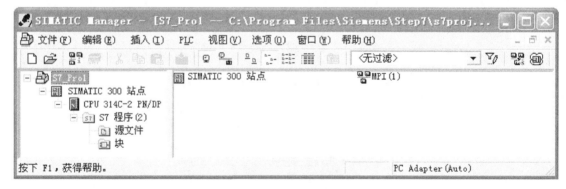

图 4-10 项目的 SIMATIC 管理器窗口

在 SIMATIC Manager 对话框内可以同时打开多个项目,所打开的每个项目均用一个项目窗口进行管理。项目窗口类似于 Windows 的资源管理器,分为左右两个视窗,左边为项目结构视窗,显示项目的层次结构;右边为项目对象视窗,显示左视窗对应项的内容。在右视窗内双击对象图标,可立即启动与对象相关联的编辑工具或属性窗口。

4.4　项目的管理与创建

4.4.1　STEP 7 创建项目步骤

使用 STEP 7 创建一个自动化任务解决方案的基本步骤如下：

第一步：根据需求设计一个自动化解决方案。

第二步：在 STEP 7 中创建一个项目（Project）。项目就像一个文件夹，所有数据都以分层的结构存在于其中，随时可以使用。在创建一个项目后，所有任务都在该项目下执行。其中插入工作站就是制定要使用的 PLC，如 S7-300、S7-400 等。

第三步：在项目中进行硬件组态。组态硬件就是在组态表中指定控制方案所要使用的模块，以及在用户程序中以什么样的地址来访问这些模块，地址一般不用修改，由程序自动生成。此外，模块的特性也可以通过修改参数进行赋值。

第四步：编写程序。

第五步：保存下载，进行在线调试，最终完成整个自动化项目。

4.4.2　项目结构

项目可用来存储为自动化任务解决方案而生成的数据和程序。这些数据被收集在一个项目下，包括：

① 硬件结构的组态数据及模块参数。

② 网络通信的组态数据，以及为可编程模块编制的程序。

生成一个项目的主要任务就是为编程准备这些数据。数据在一个项目中以对象的形式存储，这些对象在一个项目下按树状结构分布（项目层次），在项目窗口中各层次的显示与 Windows 资源管理器中的相似，只是对象图标不同。

项目层次的顶端结构如下：

1 层：项目；

2 层：网络、站或 S7/M7 程序；

3 层：依据第 2 层中的对象而定。

项目窗口分成两个部分，左半部显示项目的树状结构，右半部窗口以选中的显示方式（大符号、小符号、列表或明细数据）显示左半窗口中打开的对象中所包含的各个对象。在左半窗口点击"＋"符号以显示项目的完整的树状结构。最后的结构如图 4-11 所示。

在对象层次的顶层是对象"S7-Pro1"作为整个项目的图标。它可以用来显示项目特性并以文件夹的形式服务于网络（组态网络）、站（组态硬件）以及 S7 或 M7 程序（生成软件）。当选中项目图标时，项目中的对象显示在项目窗口的右半部分，位于对象层次（库以及项目）顶部的对象在对话框中形成一个起始点，用以选择对象。

在项目窗口中，可以通过选择"offline（离线）"显示编程设备中该项目结构下已有的数据，也可以通过选择"online（在线）"，通过该项目显示可编程控制系统中已有的数据。

4.4.3　创建项目

利用 STEP 7 的 SIMATIC Manager 创建项目有两种方式：一种是使用工程向导创建项目，另一种是手动创建项目。

图 4-11 项目窗口组成结构

(1) 利用工程向导创建项目

① 双击桌面 STEP 7 快捷方式图标，运行 STEP 7，弹出新建项目向导；或者在 SI-MATIC 管理区中选择菜单命令"File"（文件）→ "New Project Wizard"（新建项目向导），打开工程向导。如图 4-12 所示。

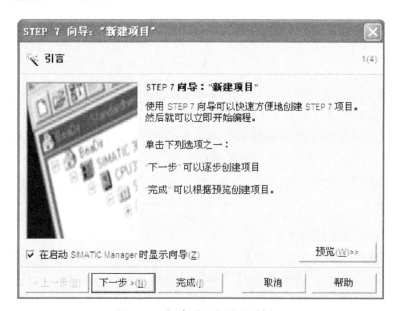

图 4-12 新建项目向导对话框 1

② 点击"下一步＞"按钮，在出现的对话框中选择 CPU 模块的型号，设置 CPU 在 MPI 网络中的站地址（默认值为 2）。如图 4-13 所示。

③ 点击"下一步＞"按钮，在出现的对话框中选择需要生成的组织块 OB，默认的是只生成作为主程序的组织块 OB1。在该对话框中还可以选择块使用的编程语言。如图 4-14 所示。

④ 点击"下一步＞"按钮，在出现的对话框的"项目名称"处修改默认的项目名称。点击"完成"按钮，开始创建项目。如图 4-15 所示。

(2) 手动创建项目

手动创建一个项目的步骤如下：

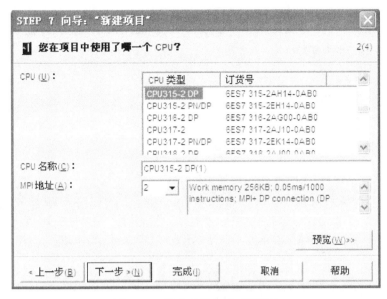

图 4-13　新建项目向导对话框 2

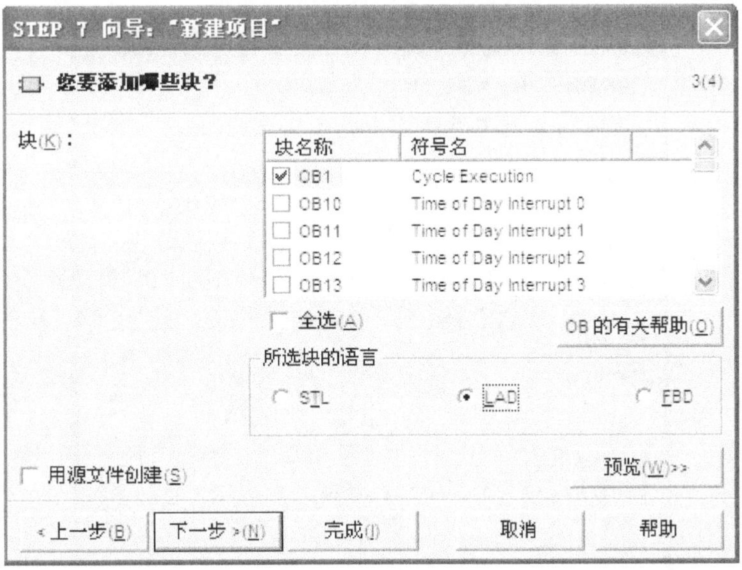

图 4-14　新建项目向导对话框 3

① 在 SIMATIC 管理区中选择菜单命令"文件"→"新建",出现"新建项目"对话框。如图 4-16 所示。

② 为项目输入名称,在"名称"文本框处输入新项目的名称,"存储位置"文本框中是默认的保存新项目的文件夹。点击"浏览"按钮,可以修改保存新项目的文件夹。最后单击"确定"按钮确认输入。注意:SIMATIC 管理器允许名字多于 8 个字符。但是,由于在项目目录中名字被截短为 8 个字符,因此一个项目名字的前 8 个字符应区别于其他的项目名称,名字不必区分大小写。

③ 用鼠标右键单击管理器中新项目的图标,在出现的快捷菜单中选择"插入新站"命令插入一个新的 S7-300/400 站。如图 4-17 所示。

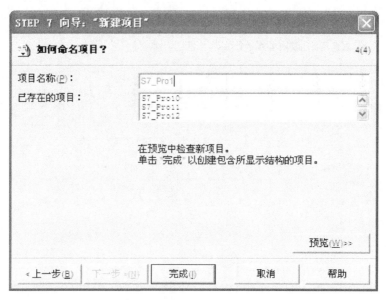

图 4-15 新建项目向导对话框 4

图 4-16 手动新建项目对话框

或者在管理器界面菜单中选择"插入/站点/……",如图 4-18 所示选择一个站点即可。

④ 选中生成的站,双击右边窗口中的"硬件"图标,在硬件组态工具 HW Config 中生成机架(导轨),将 CPU 模块、电源模块和信号模块插入机架。如果是使用工程项目向导创建的项目,机架(或导轨)和 CPU 是向导自动生成的。

4.4.4 编辑项目

(1) 打开一个项目

要打开一个已存在的项目,可选择菜单命令"File"→"Open",在随后的对话框中选

图 4-17　插入一个新的 S7-300/400 站 1

图 4-18　插入一个新的 S7-300/400 站 2

中一个项目，然后，该项目窗口就打开了。

（2）复制一个项目

使用菜单命令 "File" → "Save As" 可以将一个项目存为另一个名字。还可以使用菜单命令 Edit→Copy，拷贝项目的部分如站、程序，块等。

（3）删除一个项目

使用菜单命令 "File" → "Delete" 可删除一个项目。

如果要删除一个项目中的一部分（比如站、程序、块等），先选中项目中想要删除的部分，再使用菜单命令 "Edit" → "Delete" 删除一个项目中的一部分。

4.5　硬件组态

"组态" 指的是在站配置机架（HW Config）窗口中对机架、模块、分布式 I/O（DP）机架以及接口模块进行排列。使用组态表示机架，就像实际的机架一样，可以在其中插入该机架相应槽对应的模块。

硬件组态的任务是在 STEP 7 的配置机架（HW Config）画面中，组态一个与实际硬件相同的硬件系统，使得软件与硬件一一对应。机架上的所有模块参数在组态过程中使用的软件设置、CPU 参数保存在系统数据（SDB）中，其他模块的参数保存在 CPU 中。

在设计一个控制系统之前，按照控制系统性质决定使用硬件及网络配置，然后在硬件组态中定义每一个模块的参数，包括 I/O 地址、网络地址及通信波特率等参数。

4.5.1　硬件组态步骤

新建项目硬件组态有两种方法：第一种是通过"新建项目向导"完成的，在向导的引导下，新建工作变得比较轻松；第二种是利用菜单命令"文件/新建"，建立新项目。本章重点介绍第二种方法，具体步骤如下：

① 在桌面上双击 SINATIC STEP 7 软件图标，进入 STEP 7 编程软件环境。进入 SIMATIC 管理器后，执行菜单命令"文件/新建"，在打开的对话框中点击"浏览"选择文件夹，选择项目的存储位置，建立一个新项目名为"liu"（支持中文），如图 4-19 所示。

图 4-19　"新建项目"对话框

② 点击"确定"后，在 SIMATIC 管理器中，只显示出一个新建的项目名称"liu"。在这个项目名称上按右键选择"插入行对象"，可以看到这里供用户选择多种资源，包括 300 或 400 站点、网络和程序等。选择一个"SIMATIC 300 站点"双击右侧窗口中包含的硬件图标，打开"HM Config（硬件组态）"窗口。这时用户便可以组态硬件了。

③ 首先在右侧的硬件目录"SIMATIC 300/RACK-300"中双击"Rail（机架）"，一个模拟的机架框出现在左侧的窗口中。在这个机架，用户可以配置具体的模块。首先在左侧视图机架 UR 中点击模块将要放置的位置，然后在右侧视图中双击选择的模块，或者直接将模块拖到机架上即可。如图 4-20 所示为生成机架示意图。

图 4-20 所示的硬件组态窗口由四部分组成：

① 左上方视图显示了当前 PLC 站中的机架 UR，用表格虚拟出了一个机架，表中的每一行代表机架的一个插槽。

② 左下方视图显示了机架中模块的详细信息，包括订货号、版本、地址分配等。

③ 右上方视图显示的是硬件目录，用户可以选择相应的硬件模块插入机架。

④ 右下方视图显示硬件目录中选中模块的信息，包括模块的功能、接口特性和对特殊

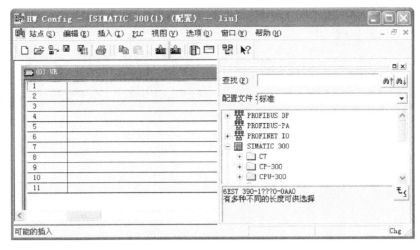

图 4-20　生成机架示意图

功能的支持等。

　　需要注意的是：根据 S7-300 PLC 硬件配置的要求，机架中的 1 号槽必须放置电源模块；2 号槽必须放置 CPU 模块，若 CPU 模块集成了其他功能，则会在机架上多占用一定的空间；3 号槽必须放置接口模块，用于扩展更多机架，以适应更复杂的实际应用，即使没有扩展机架，该位置也必须空出来；4 号槽之后可以放置其他模块，比如信号模块、通信模块。

4.5.2　参数设置

　　S7-300 各种模块的参数用 STEP 7 编程软件来设置。在机架和模块详细组态信息中，双击每个模块都会弹出其属性设置窗口对话框，用户可以设置各类参数。

(1) 设置 CPU 属性

　　双击机架上组态的 CPU 模块，弹出的对话框包含多个选项页。

　　"常规"属性页如图 4-21 所示，包括 CPU 的基本信息和 MPI 的接口设置。单击"属性"按钮，如图 4-22 所示，用户可以选择建立 MPI 网络，并设置 MPI 通信速率等参数。

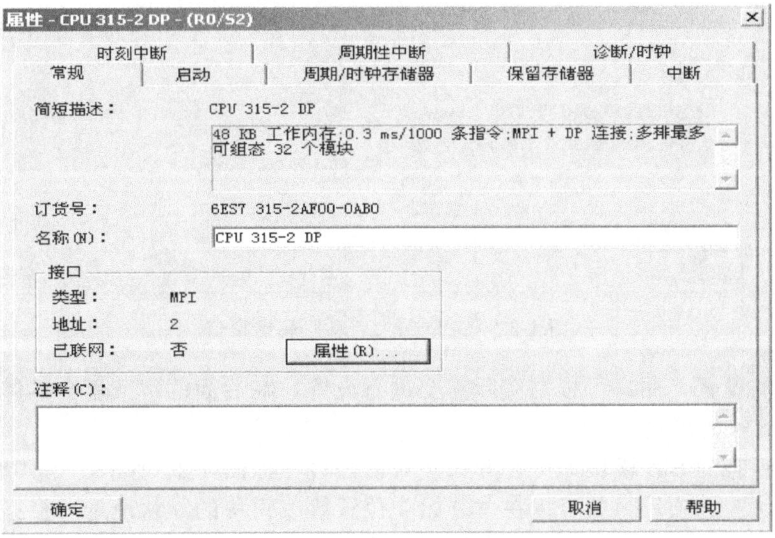

图 4-21　CPU 的"常规"属性窗口

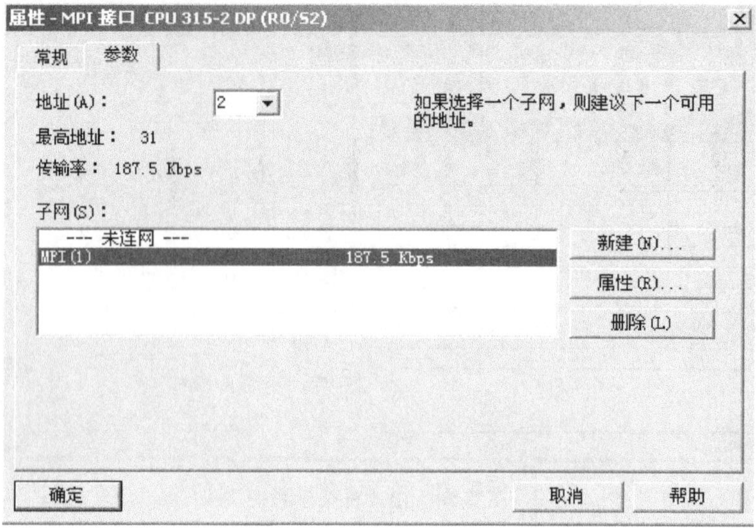

图 4-22　设置通信接口窗口

"启动"属性窗口如图 4-23 所示，可以设置 CPU 的启动特性参数。若没选中"如果预先设置的组态与实际组态不相符则启动（S）"，当至少一个模块没有插入到组态时的指定槽位，或者插入的模块不是组态的模块时，CPU 将进入 STOP 状态；如果选中，即使有错误，CPU 也会正常启动，除了 PROFIBUS-DP 接口模块外，CPU 不会检查 I/O 组态。

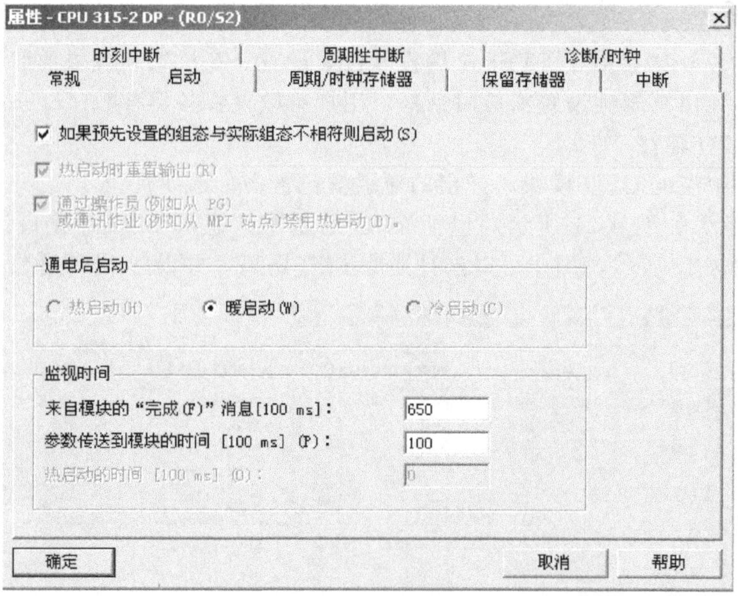

图 4-23　CPU 的"启动"属性窗口

其他属性的设置，用户可根据实际需要进行设置，在后面的章节里会具体介绍。

（2）设置 SM 的属性

双击机架组态的 SM 模块即可打开属性对话窗口，如图 4-24 所示，在"地址"选项中，取消"系统默认"选项后，就可以在"开始"位置修改模块的默认地址，根据用户工程的需要重新键入新地址。注意，模块的地址不能重合。

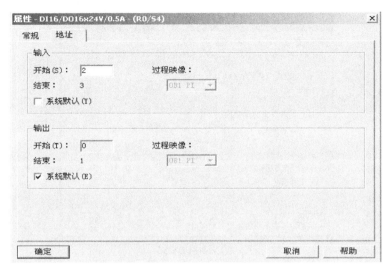

图 4-24　SM 模块的地址修改

一些具有特殊功能的信号模块的参数设置方法，将在后面的章节介绍到。

4.5.3　硬件组态目录更新

SIMATIC 是一个庞大的家族，它的每一个软硬件成员都在不断地发展。每一个 STEP 7 新版本都会支持更多、更新的硬件，但有时在硬件组态时，机架上模块的订货号必须与实际物理模块的订货号一致，而且一个型号的 PLC 模块可能有多个订货号。因此，STEP 7 提供了在线硬件更新功能。可以通过以下方法更新 STEP 7 硬件目录中的模块信息。

① 打开 STEP 7 的硬件组态窗口，在选项（Options）菜单中选择"安装 HW 更新（Install HW Updates）"命令开始硬件更新，如图 4-25（a）所示。第一次会提示用户设置 Internet 下载网址和更新文件保存目录，如图 4-25（b）所示。

② 设置完毕之后，会弹出硬件更新窗口，选择"从 Internet 下载（Download from Internet）"，如果 PC 已经连接到了 Internet 上，单击"执行（Execute）"按钮就可以从网上下载最新的硬件列表，如图 4-26 所示。

(a) 更新菜单选择

图 4-25

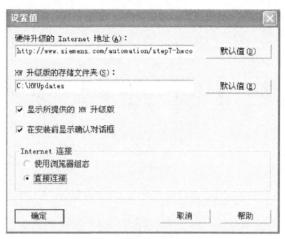

(b) 更新网址设置

图 4-25　STEP 7 硬件目录更新设置

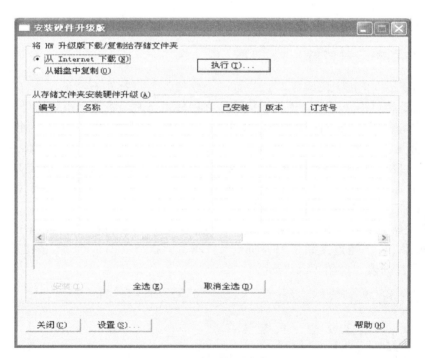

图 4-26　下载更新硬件信息

4.6　符号表

目前大部分的用户都是采用实际地址编程的方法，就如同图 4-27(a) 中的程序一样。这种方法称作按地址编程，或者称为绝对寻址方式。符号寻址允许用户有一定含义的符号地址来代替绝对地址，如图 4-27(b) 中所示的程序就是符号编程的例子。

要实现符号编程，首先需要提前规划好所用到的内部资源，并创建一个符号表，在符号表里建立地址和符号一一对应的关系，也即在符号表中为绝对地址定义具有实际意义的符号名，这样可以增强程序的可读性，简化程序的调试和维护，并且为后面的编程和维护工作能

```
A(
O    I     2.0
O    Q     3.0
)
AN   I     2.1
=    Q     3.0
```
(a) 绝对寻址

```
A(
O    "启动"
O    "电机"
)
AN   "停止"
=    "电机"
```
(b) 符号寻址

图 4-27　绝对地址与符号地址的对比

节省更多的时间。符号表如图 4-28 所示。

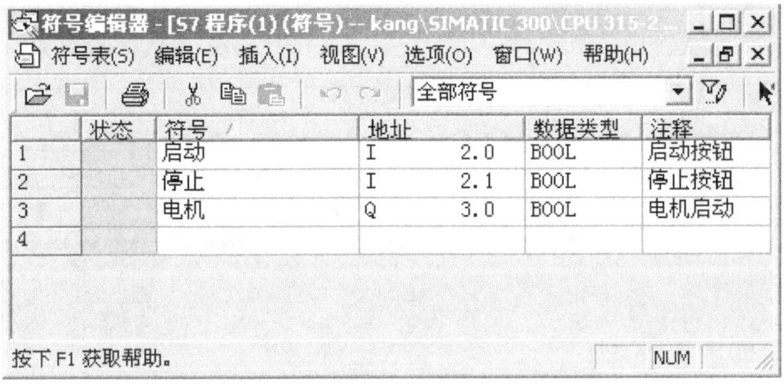

图 4-28　符号表

可以在符号表里编辑符号的元件，包括全局数据（I、Q、M、T、C、PI、PQ）和块名称（FC、FB、DB、VAT、UDT）。

STEP 7 中可以定义两类符号：全局符号和局部符号。全局符号是借助于符号编辑器来定义的，可供用户项目的所有程序块来使用。局部符号是在程序块的变量声明表中定义，只能在该程序块中使用。

4.6.1　符号表的创建

要编辑符号表，首先就要打开符号表。打开符号表的方法主要有以下几种。

① 在编辑器窗口下，选中"选项"→"符号表"，就可以打开符号表，如图 4-29 所示。

② 在 SIMATIC Manager 窗口下，选中 S7 程序，在右边的窗口下就会出现符号表图标，双击该图标即可打开符号表，如图 4-30 所示。

在符号表里，符号、地址和数据类型是必须填写的。注释根据需要填写，最好填写清楚。并且在符号表里的符号和地址必须有唯一性。也就是说，一个符号只能与一个地址相对应；同理，一个地址也只能与一个符号相对应。

4.6.2　符号表的管理

(1) 符号表的排序和过滤

一个实际应用的程序的符号表，往往有几百个到几千个符号。为了查询和修改的方便，可以进行如下操作。

① 排序　可以按符号或地址的升/降序来排列符号表。需要排序时，在符号编辑器窗口下选中"视图"→"排序"即可打开排序对话框，如图 4-31 所示。

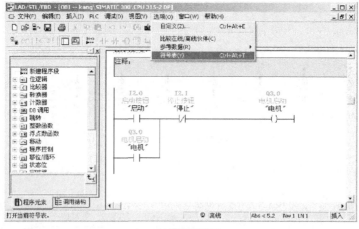

(a) 编辑器窗口

(b) 打开符号表

图 4-29　在编辑器窗口打开符号表

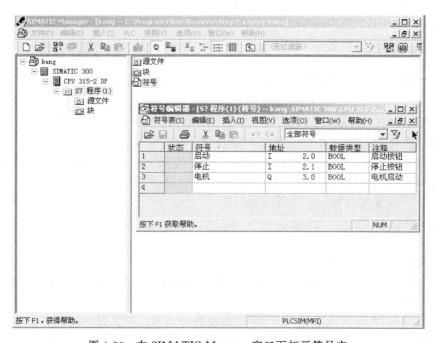

图 4-30　在 SIMATIC Manager 窗口下打开符号表

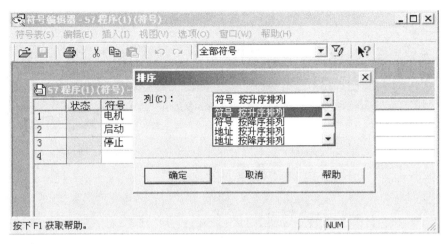

图 4-31　排序窗口

② 用过滤缩小符号表显示的范围　可以利用过滤器功能，缩小符号表显示的范围，以方便寻找。在符号编辑器窗口下选中"视图"→"过滤器"，就可以打开过滤器对话窗口，如图 4-32 所示。

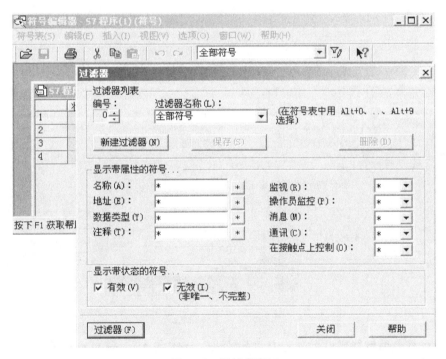

图 4-32　过滤器窗口

（2）查找和替换

可以利用查找和替换功能直接找到目标并进行修改。在符号编辑器窗口下选中"编辑"→"查找和替换"即可打开"查找"→"替换"对话框，如图 4-33 所示。

（3）符号表的导入和导出

符号表往往是由做文档工作的人输入的，为了工作方便，符号表可以在别的文件格式下输入和储存。为此，STEP 7 具有符号表的导入和导出功能。

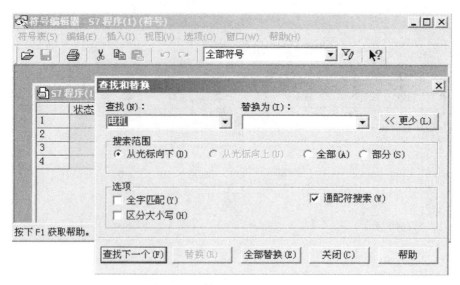

图 4-33 "查找和替换"对话框

在符号编辑器窗口下,选中"符号表"→"导出",就可以打开导出对话框,如图 4-34 所示。

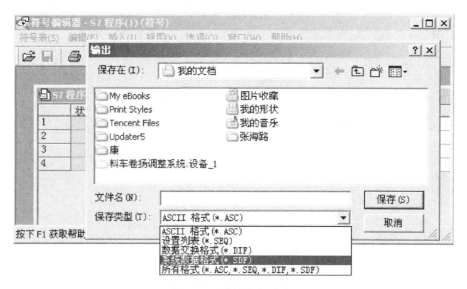

图 4-34 符号表的导出

同上,在符号编辑器窗口下,选中"符号表"→"导入",就可以打开导入对话框,如图 4-35 所示。

(4) 符号表的便利

有了符号表,程序编辑时就有很多方便。在程序编辑器窗口下,激活"窗口"→"显示"→"符号表达式",程序中的地址就会变成相应的符号。激活"视图"→"显示"→"符号信息",就会显示每个段内地址和符号的对应关系。

如果在符号表里有遗漏,某些地址没有分配符号,用鼠标右键点击该地址,选择"编辑符号表",就可以补充编辑,如图 4-36 所示。

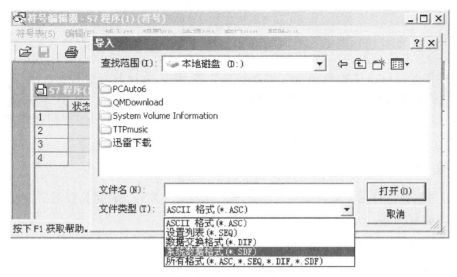

图 4-35　符号表的导入

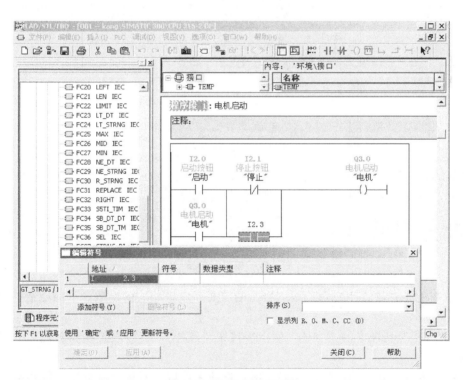

图 4-36　符号的补充编辑

4.7　逻辑块的生成

4.7.1　逻辑块的组成

逻辑块包括组织块（OB）、功能块（FB）、功能（FC）、系统功能块（SFB）和系统功能（SFC）。逻辑块由变量声明表、程序指令和块属性组成。当用户编程时，必须编辑下列三部分：

① 变量声明表：在变量声明表中，用户可以设置变量的各种参数，例如变量的名称、数据类型、地址和注释等。

② 程序指令：在程序指令部分，用户编写能被 PLC 执行的指令代码。可以用梯形图（LAD）、功能块图（FBD）或语句表（STL）来生成程序段。

③ 块属性：块属性中有块的信息，例如有系统自动输入的时间标记和存放块的路径。此外用户可以输入块的名称、符号名、版本号和块的作者等。

4.7.2　程序编辑器的设置

进入程序编辑器后用菜单命令"选项"→"自定义"打开"自定义"对话框，即可出现图 4-37 所示的对话框。

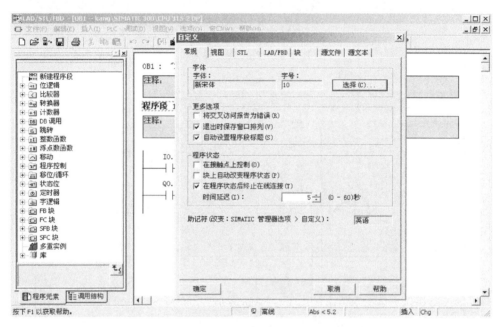

图 4-37　编辑器的设置

对话框有七个选项，用户可以根据自己的需要而设置相应的参数。下面介绍一些常用的设置：

① 在"常规"选项卡的"字体"区点击按钮"选择"，可以设置编辑器使用的字体和字符的大小。

② 在"LAD/FBD"（梯形图/功能块图）选项卡可以设置地址域宽度（即触点或线圈所占的字符数）、使用二维或三维图形、线条的粗细和元件的颜色等。

③ 在"STL"（语句表）选项卡可以设置程序状态监控时显示的内容。

④ 在"块"选项卡，可以选择生成功能块时是否同时生成参考数据、功能块是否有多重背景功能，还可以选择生成块时使用的编程语言。

4.7.3　输入程序的方式

根据生成程序时选用的编程语言，输入程序的方式可以分为增量输入模式和源代码模式。

(1) 增量编辑器

增量编辑器适用梯形图（LAD）、功能块图（FBD）或语句表（STL）以及 S7 Graph 等编程语言，这种编程模式适合初学者。编辑器对输入的每一行或每个元素立即进行语法检查。只有改正了指出的错误才能完成当前的输入，检查通过的输入经过自动编译后保存到用户程序中。

(2) 源代码编辑器

源代码（文本）编辑器适用于语句表、S7 SCL、S7 HiGraph 编程语言。在源代码编辑器中，是用源文件（文本文件）的形式生成和编辑用户程序，再将该文件编译成各类程序块。这种编程方式又称为自由编辑方式，可以快速输入程序。

文本文件（源文件）存在项目中 S7 Program 下的"Source file"文件夹中，例如：STL source file 或 SCL source file。一个源文件可包含一个块或多个块的程序代码。用文本编辑器、STL、SCL 编程可生成 OB、FB、FC、DB 及 UDT（用户定义数据类型）的代码，也可以生成整个用户程序。CPU 的所有程序（即所有的块）可包含在一个文本文件中。当编译源文件时，就会生成各种类型的块，并在用户程序中存起来。

在文件中使用的任何符号必须在编译之前加以定义，否则在编译的过程中，由编译器报告错误。为了顺利地通过编译，在编程语言中使用专门的句法是非常重要的。只有当选择了相容性检查命令或将源文件编译成程序块时，才运行句法检查功能。

用右键单击 SIMATIC 管理器中的"源文件"图标，执行快捷菜单命令"插入新对象"，可以生成一个新的 STL 源文件，或者插入用其他文本编辑器创建的外部源文件。

可以将块和源文件进行互相转换，其方法如下：

(1) 将已生成的块转换为源文件

打开某个块，执行菜单命令"File"→"Generate Source..."（生成源文件），在出现的"New"对话框中，可以输入源文件的名称，改变保存源文件的文件夹。单击"确定"按钮，在出现的如图 4-38 所示的"生成源文件"对话框中选择要转换为源文件的块，单击"确定"按钮后，选择的块被自动转换为一个源文件。

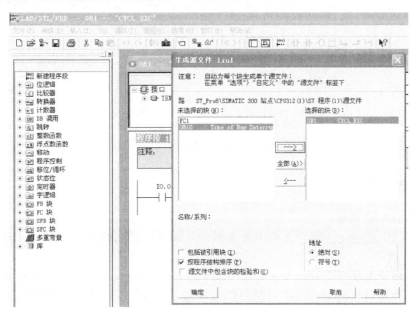

图 4-38　"生成源文件"对话框

（2）将源文件编译为块

用右键单击要编译的源文件，执行出现的快捷菜单中的"Compile"（编译命令），可以将源文件转换为块，并保存在块文件夹中。如果源文件使用了符号地址，应保证这些符号地址已经在符号表中定义。

4.7.4 程序块上锁

在 S7 Program Sources 找到生成的源文件，双击将其打开，在第四行中加入"Know_How_Protect"，然后编译，无错后存盘。这样相应的块就被保护住，如果想去掉保护，在源文件中去掉"Know_How_Protect"编译存盘即可。

注意：千万不要丢失或删除源文件，否则程序被保护，用户可以另存到其他目录中，或Export Source 到硬盘中，再删除源文件，这样别人只能看到未保护的块。

具体步骤如下：

① 在 STEP 7 中打开要加密的程序块，点击菜单"文件/生成源文件（File/Generate source）"，生成要加密保护的程序块的源代码文件。

② 关闭程序块，在项目管理器中打开"源文件（source）"，打开生成的源文件。

③ 在程序块的声明部分，TITLE 行下面的一行中输入"Know_How_Protect"，如图4-39 所示。

④ 执行菜单命令"文件/保存（File/Save）"然后"文件/编译（File/Compile）"。

⑤ 编译成功后，可在"块"中看到加锁的程序块。

⑥ 解除密码，打开程序块相应的"源文件"，删除文件中的"Know_How_Protect"，然后存盘并编译该 source 文件，即可取消对程序块的加密保护。

注意：如果没有 STL source 源文件，是无法对已经加密的程序块进行编辑的！

图 4-39 块上锁设置窗口

4.7.5 程序编辑器

（1）启动程序编辑器

在 SIMATIC Manager 窗口下双击要编辑的块的图标（比如 OB1）就可以打开编辑器窗口，如图 4-40 所示。

编辑器下的块由变量表和程序区两部分组成。变量声明表的用途将在以后的章节里面具体介绍。用户在当前使用中可以把变量声明表下端的线拉上去，先把变量表隐藏起来，方便用户程序的编写工作。

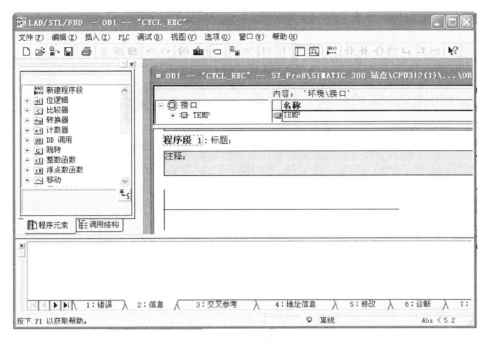

图 4-40　程序编辑器窗口

（2）选择编程语言

STEP 7 中有 3 种基本编程语言：梯形图（LAD）、语句表（STL）和功能块图（FBD）。还有 4 种作为可选软件包的编程语言：S7 SCL（结构化控制）、S7 GRAPH（顺序功能图）、S7 HIGRAPH（状态图）和 S7 CFC（连续功能图）。进入编辑器后，还可以再次选择编程语言，如图 4-41 所示。

图 4-41　选择编程语言

如果选择 LAD 或者 FBD，则编辑时常用的元件会出现在工具条中。

LAD 工具条：

FBD 工具条：

用点击或者拖拉方法可将元件插入到光标所在的位置。工具条中没有的元件可以通过点击 "Overviews on/off" 图标 展开详细的编程元件表获得。编程元件表如图 4-42 所示。

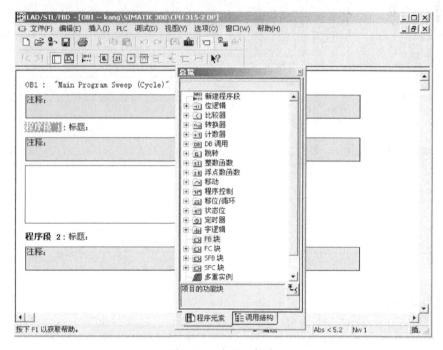

图 4-42　编程元件表

如果用 STL 语言编程，则只需用键盘将指令输入即可。一个程序段编完之后，点击新程序段图标 即可插入新段以便继续编程。整个块编写完毕后，记住点击保存图标 保存程序。

可以用"查看"菜单中的命令选择 3 种基本编程语言：梯形图（LAD）、语句表（STL）和功能块图（FBD）。程序没有错误时，可以切换这 3 种语言。STL 编写的某个程序段不能切换为 LAD 和 FBD 时，仍然用语句表表示。

（3）网络

程序被划分为若干个网络（Network），在梯形图中，每块独立的电路就是一个网络，每个网络都有网络编号。如果在一个网络中放置一个以上的独立电路，编译时将会出错。

执行菜单命令"Insert"（插入）→"Network"，或双击工具条中的"New Network"（新程序段）图标，可以在用鼠标选中的当前网络下面生成一个新的网络。

每个程序段都有它的编号，例如"程序段 1"，程序段的标题区在程序段编号的右边，程序段注释在标题的下面。注释下面的语句或图形是程序段的主体。

点击程序段标题区或程序段注释区，打开文字输入框，可以输入程序段的标题或注释，标题最多由 64 个字符组成。可以用菜单命令"查看"→"显示方式"→"注释"来显示或隐藏块注释和程序段注释。

可以用剪贴板在块内部和块之间复制和粘贴程序段，按住"Ctrl"键，用鼠标可以选中多个需要同时复制的程序段。

（4）打开和编辑块的属性

可以在生成块时编辑块的属性，生成块后可以在块编辑器中用菜单命令"文件"→"属性"来查看和编辑块属性。块属性使用户更容易识别生成的各种程序块，还可以对程序块加以保护，防止非法修改。

（5）程序的测试

将已编好的程序下载到 PLC 后，令 PLC 处于运行状态，就可以进行简单的程序测试了。把需要测试的块打开，点击"监视（开/关）"图标 👀 就进入了监控状态。若测试结果符合预期的目标，测试就结束了。若有需要修改的地方，可以立即修改。然后存盘下载，再进行测试，直到满意为止。

比如在 OB1 中编写一个电机单相启动/停止的程序，并且采用 PLCSIM 仿真。启动按钮 I0.0，是常开按钮。停止按钮 I0.1，是常闭按钮。驱动电机的接触器是 Q1.0。程序编辑并下载到 PLC 中运行，测试所写程序是否符合控制要求。如图 4-43 所示。

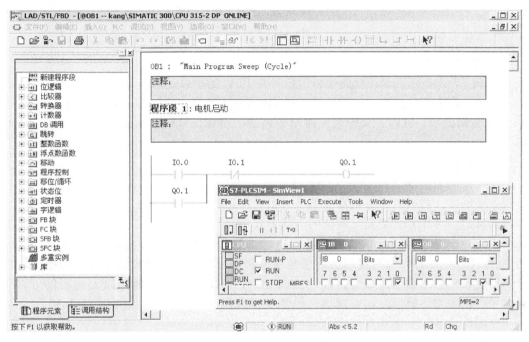

图 4-43　电机单向启/停程序测试

4.8　硬件接口与程序下载、上传

4.8.1　硬件接口

（1）MPI 接口

几乎所有的 S7-300 PLC 都集成有 MPI 接口，它们既是通信接口，同时也是编程接口。因此通过 MPI 下载项目是一种比较普遍且简便的方法。

PC/MPI 适配器使用户能在编程设备（即 PC）和 PLC 之间建立数据联系，通常称它为编程电缆。一般根据与编程设备的接口不同有两种适配器，一种是 RS-232 接口，另一种是 USB 接口。适配器一端接 PLC 的 MPI 接口，另一端接编程设备的 RS-232 接口或 USB 接口。如图 4-44 所示为相关产品外观，在使用前应先安装适配器驱动程序。

编程电缆的价格较高，虽然如此，MPI 下载方式还是在许多不易下载的场合尤其是首

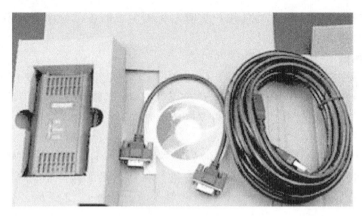

图 4-44 适配器、连接电缆外观图

次下载中发挥了重要作用。

（2）PROFIBUS 接口

若在 PC 上安装通信卡，就能使编程设备和 PLC 之间通过网络进行通信。SIEMENS 提供了 CP5611 卡（PCI 卡）、CP5511 或 CP5512（PCMCIA 卡），可以将 PC 连接到 MPI 或 PROFIBUS 网络中。此时，编程电缆使用紫色的 PROFIBUS 电缆线，并需配相应的 PRO-FIBUS 接头。

（3）以太网接口

工业以太网通信卡，如 CP1512 卡（PCMCIA 卡）或 CP1612 卡（PCI 卡），可以将 PC 连接到以太网中。在要求不是很高的场合，也可以用普通网卡代替工业以太网通信卡。

以太网是一种非常方便而且高速的下载方式。使用以太网路径下载的前提是网络内或者下载的目的站集成有以太网口，或者通过总线扩展了 CP343-1/CP443-1 等以太网模块。一般的 PLC 自身是没有以太网接口的，但是带"PN"的 PLC 本身集成了以太网接口，使用以太网下载硬件组态或程序非常方便，比如 315 PN/DP。另外，使用以太网不仅可以下载项目，还可以在网络通信时，对网络内的各个节点同时进行监控。这是使用 MPI 下载方式无法实现的。

（4）设置 PG/PC

PG/PC Interface（PG/PC 接口）是 PG/PC 和 PLC 之间进行通信连接的接口。PG/PC 支持多种类型的接口，每种接口都需要进行相应的参数设置（如通信的波特率等）。因此，要实现 PG/PC 和 PLC 之间的通信连接，必须正确地设置 PG/PC 接口。

在 STEP 7 安装过程中，会提示用户设置 PG/PC 接口参数。在安装完成之后，可通过以下几种方法打开 PG/PC 设置对话框。

① 在 Windows 桌面上，选择"开始"→"SIMATIC"→"设置 PG/PC 接口"命令，弹出 PG/PC 接口设置对话框。

② 在 Windows 桌面，双击"我的电脑"，再单击"控制面板"，弹出"控制面板"对话框，在该对话框中双击"Setting The PG/PC Interface"（设置 PG/PC 接口）项，弹出"设置 PG/PC 接口"对话框。如图 4-45 所示。

③ 在 SIMATIC Manager 窗口中，单击菜单栏中的"选项"，再单击子菜单中的"PG/PC 接口"选项，弹出 PG/PC 接口设置对话框。

PG/PC 接口设置步骤如下：

① 将"应用程序访问点"区域设置为"S7ONLINE（STEP 7）"。

图 4-45　"设置 PG/PC 接口"对话框

② 在"为使用的接口分配参数"区域中，选择需要的接口类型。若列表中没有需要的类型，通过单击"选择"按钮安装相应的模块或协议。

③ 选中一个接口类型，单击"属性"按钮，在弹出的对话框中对该接口参数进行设置。

4.8.2　程序下载、上传

(1) 下载的条件

① CPU 必须在允许下载的工作模式下（STOP 或 RUN-P）。建议用户在"STOP"工作模式下载。在"RUN-P"工作模式下，程序将一次下载一个模块。如果重写一个旧的 CPU 程序，可能会出现冲突。当处理循环时，CPU 就会进入 STOP 模式。

② 编程设备和 CPU 之间必须有一个连接。最常用的连接就是编程电缆了，此外还包括 PROFIBUS-DP 电缆和工业以太网的网线等，要是用户能有效访问到 PLC，不仅需要实际的物理连接，还需要设置 PG/PC 接口。

③ 用户已经编译好将要下载的程序和硬件组态。建议用户养成良好的习惯，最好能在编译完后及时保存，再下载到 PLC。这样就可以保证编程设备中的程序和 PLC 中的一致性。"保存"的作用是将编程设备中当前的软硬件内容保存在编程设备的硬盘上；而"下载"的作用是将编程设备中当前的软硬件内容下载到 PLC 中。这是两个不同的概念。尤其是当用户在线调试时，用户会在线修改程序内容，这时一定要先保存程序再下载，避免下载的程序与最终保存的程序版本不一致。

(2) 下载的方法

在 SMATIC 管理器窗口、硬件组态窗口和"LAD/STL/FBD"窗口的工具栏上，都有下载工具按钮，而且这些窗口的菜单选项中也有下载选项"PLC/下载"，为用户提供了方便。用户在下载时最好先下载硬件组态（确保通信的畅通），再下载程序。

① 在 SMATIC 管理器窗口中，首先在左视图或右视图选中要下载的对象，包括项目、

PLC 站、程序块等，然后点击下载工具按钮即可。

② 在硬件组态窗口中，用户组态好硬件后，先点击按钮编译并保存当前的硬件组态，然后点击下载按钮即可。

③ 在 "LAD/STL/FBD" 窗口中，点击下载按钮即可下载当前窗口编译好的程序。

注意：如果 S7 程序是硬件站的一部分，可以在块的文件中发现一个"系统数据"符号。它包含组态数据和参数分配数据，下载时确认 "Do you want to load the system data?" 信息，也要下载这些数据。若 CPU 处于 "RUN" 方式，会弹出一个信息窗口，要求自动把 CPU 切换到停机状态。在完成下载后，CPU 又自动回转为 RUN 模式。

（3）上传的条件

同"下载条件"要求一样。

（4）上传的方法

主要包括以下三种方法：

① 在 SMATIC 管理器窗口中，工具栏中没有上传按钮，只能通过菜单 "PLC/上传到 PG"，将一个 PLC 站的内容上传到编程设备中。编程设备是直接或者通过网络连接到 PLC 上的，上传的内容包括这个 PLC 站的硬件组态和用户程序。

② 在硬件组态窗口中，通过工具栏中的上传按钮或者菜单中 "PLC/上传" 上传数据。这种方式会在项目中插入一个站，但是只包括硬件组态，不包括 PLC 中的用户程序。

③ 在线状态下，可以有选择地上传用户程序。在 SMATIC 管理器窗口中，点击在线按钮打开在线窗口，选中要上传的程序块，通过菜单 "PLC/上传到 PG" 把选项的程序块上传到编程设备中。

4.9　程序调试工具 PLCSIM

仿真软件 S7-PLCSIM 是自动嵌套集成在 STEP 7 中的一个非常实用的软件，在 STEP 7 环境下，不用连接任何 S7 系列的 PLC（CPU 或 I/O 模块），而是通过仿真的方法来模拟 PLC 的 CPU 中用户程序的执行过程和测试用户的应用程序。可在开发阶段发现和排除错误，提高用户程序的质量和降低成本的费用。

S7-PLCSIM 提供了简单的界面，可用编程的方法（如改变输入的通/断状态、输入值的变化）来监控和修改不同的参数，也可使用变量表（VAT）进行监控和修改变量。

4.9.1　S7-PLCSIM 介绍

S7-PLCSIM V5.4 是用于 S7-300/400 PLC 程序仿真的 STEP 7 可选工具软件，它能够在用于编程的编程器（PG）或个人计算机（PC）上，模拟 S7-300/400 系列 PLC 的实际工作情况，进行程序的离线运行试验，以检验程序的正确性。

由于 S7-PLCSIM 仿真软件具有模拟 PLC 执行用户程序全过程的功能，并可以在无任何硬件的情况下模仿实际工作状态，因此，设计者就可以在软件的设计、开发阶段发现程序中可能存在的错误与问题，验证程序的动作正确性，从而大幅度加快现场调试进度，减少了调试过程中出现故障的可能性。

通过 S7-PLCSIM V5.4 仿真软件，可以对系统的组织块（OB）、系统功能块（SFB）、系统程序块（SFC）进行仿真。在 S7-PLCSIM V5.4 仿真软件上，不仅可以对指令表（STL）、梯形图（LAD）、逻辑功能图（SFB）程序进行仿真，还可以对 S7-Graph、S7-Hi-Graph、S7-SCL 和 CFC 程序进行仿真操作。

S7-PLCSIM V5.4 仿真软件功能如下。

① 可以通过仿真软件运行窗口，进行 PLC 的工作模式（RUN、STOP 等）的转换，控制 PLC 的运行状态。

② 可以直接模拟生产现场，改变输入信号（I、PI）的 ON/OFF 状态，同时观察有关输出变量（Q、PQ）的状态，以监控程序的实际运行结果。在仿真的时候应注意，I/O 映像区和直接外设 I/O 是同步动作的，I/O 映像区会立即传送到外设 I/O。

③ 仿真软件可以访问模拟 PLC 的 I/O 存储器、累加器和寄存器，对模拟 PLC 的位寄存器、外围输入变量区和输出变量区以及存储的数据进行读/写操作。

④ 对定时器和计数器进行监控、修改，或通过相应的 PLC 程序使其进入自动运行状态，也可以对其进行手动复位。

⑤ S7-PLCSIM 可以使用 PLC 的中断组织块程序测试特性，进行操作事件的记录、回放等动作，自动测试程序。

4.9.2　S7-PLCSIM 使用

S7-PLCSIM 提供了一个简单的操作界面，可监控或修改程序中的参数，例如直接进行只存数字量的输入操作。当 PLC 程序在仿真 PLC 上运行时，可继续使用 STEP 7 软件中的各种功能，例如，在变量表中进行监控或修改变量。S7-PLCSIM 的使用具体步骤如下。

① 打开 S7-PLCSIM。可以通过 SIMATIC 管理器中工具栏上的 按钮打开/关闭仿真软件功能。如图 4-46 所示，此时系统自动装载仿真的 CPU。当 S7-PLCSIM 运行时，所有的操作都会自动与仿真 CPU 相关联。

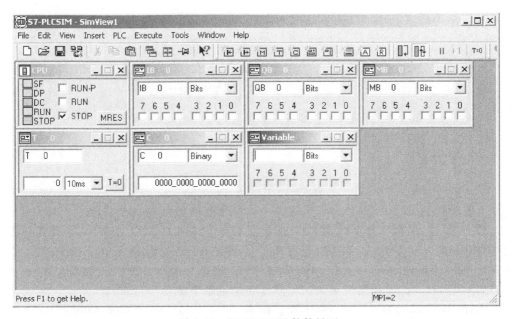

图 4-46　S7-PLCSIM 软件界面

② 插入"View Objects"（视图对象）。通过生成视图对象（View Objects），可以访问存储区、累加器和被仿真 CPU 的配置。在视图对象上可强制和显示所有数据。执行菜单命令"Insert"或直接单击图 4-46 所示工具栏上的相应按钮，可在 S7-PLCSIM 窗口中插入以下视图对象。

- Input Variable：允许访问输入（I）存储区。
- Output Variable：允许访问输出（Q）存储区。
- Bit Memory：允许访问位存储区（M）中的数据。
- Timer：允许访问程序中用到的定时器。
- Counter：允许访问程序中用到的计数器。
- Generic：允许访问仿真 CPU 中所有存储区，包括程序使用到的数据块（DB）。
- Vertical Bits：允许通过符号地址或绝对地址来监控或修改数据；可用来显示外部 I/O 变量（PI/PO）、I/O 映像区变量（I/O）、位存储区、数据块等。

对于插入的视图对象，可输入需要仿真的变量地址，而且可根据被监视变量的情况选择显示格式：Bits、Binary、Hex、Decimal 和 Slider：Dec（滑动条控制功能）等。变量显示"Slider：Dec"的视图如图 4-47 所示，可以滑动条控制仿真逐渐变化的值或在一定范围内变化的值。有三个存储区的仿真可使用这个功能：Input Variable、Output Variable、Bit Memory。

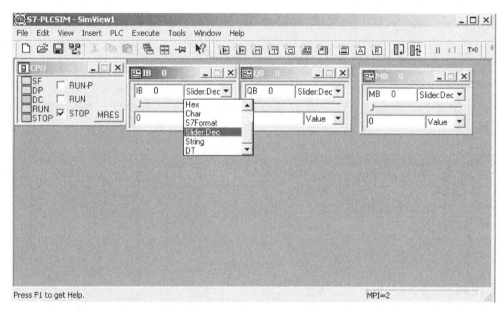

图 4-47　变量显示"Slider：Dec"

③ 下载项目到 S7-PLCSIM。在下载前，首先通过执行菜单命令"PLC/Power On"为仿真 PLC 上电（一般默认选项是上电），通过菜单命令"PLC/MPI Address"设置与项目中相同的 MPI 地址（一般默认 MPI 地址为 2），然后在 STEP 7 软件中单击 ▦ 按钮，将已经编译好的项目下载到 S7-PLCSIM。若单击 CPU 视图中的"MRES"按钮，可清除 S7-PLCSIM 中的内容，此时如果需要调试程序，必须重新下载程序。

④ 选择 CPU 运行的方式。执行菜单命令"Execute"→"Scan Mode"→"Singles can"，使仿真 CPU 仅执行程序一个扫描周期，然后等待开始下一次扫描；执行菜单命令"Execute"→"Scan Mode"→"Continuous can"，仿真 CPU 将会与真实 PLC 一样连续周期性地执行程序。如果用户对定时器（Timer）或计数器（Counter）进行仿真，这个功能非常有用。

⑤ 调试程序。用各个视图对象中的变量模拟实际 PLC 的 I/O 信号，用它来产生输入信号，并观察输出信号和其他存储区中的内容的变化情况。模拟输入信号的方法是：用鼠标单

击图 4-46 中 IB0 的第一位（即 I0.1）处的选框，则在框中出现符号"√"，表示 I0.1 为 ON；若再次单击这个位置，则"√"消失，表示 I0.1 为 OFF。在"View Objects"中所做的改变会立即引起存储区地址中的内容发生相应变化，仿真 CPU 并不会等待扫描开始或结束才更新变换数据。执行用户程序的过程中，可检查并离线修改程序，保存后再下载，之后继续调试。

⑥ 保存文件。退出仿真软件时，可以保存仿真时生成的 LAY 文件及 PLC 文件，便于下次仿真这个项目时使用本次的各种设置。LAY 文件用于保存仿真时各视图对象的信息，如选择的数据格式等；PLC 文件用于保存仿真运行时设置的数据和动作等，包括程序、硬件组态、设置的运行模式等。

4.9.3　S7-PLCSIM 调试

以图 4-48 所示的电机启动和电机指示灯的程序为例，具体说明 S7-PLCSIM 仿真软件的操作过程与实现效果。

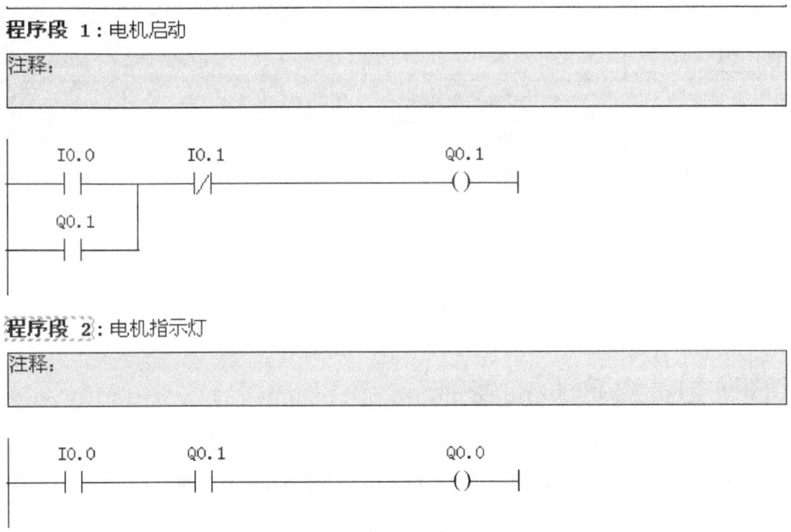

图 4-48　仿真程序

仿真软件的操作过程如下：

① 在 STEP 7 程序编辑器中完成项目的创建、程序的编辑、硬件配置等。

② 在完成程序编辑、下载到仿真 PLC 后，打开 S7-PLCSIM 的应用窗口。

③ 根据程序的要求，可以输入 IB0 与输出 QB0 作为仿真对象，使之在窗口显示。

④ 按照程序的要求，加入输入信号 I0.0（I0.0＝1）。

⑤ 单击仿真 CPU 模拟面板的"RUN"按钮，使仿真 PLC 处于运行（RUN）模式。

⑥ 检查仿真输出 Q0.0、Q0.1 的结果。

从程序可知，这时 PLC 的 Q0.0、Q0.1 应输出"1"，因此，在仿真对象 QB0 中同样可以得到这一结果，实际仿真 PLC 运行后的输出 Q0.0、Q0.1 同时为"1"，见图 4-49。

⑦ 根据程序的设计，再加入输入信号 I0.1（I0.1＝1）。

⑧ 检查仿真输出结果 Q0.0、Q0.1 的结果。

从程序可知，这时 PLC 的 Q0.0、Q0.1 应输出"0"，因此，可以得到实际仿真 PLC 的 Q0.0、Q0.1 输出"0"，见图 4-50。

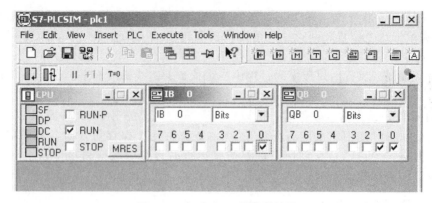

图 4-49 加入 I0.0 的仿真显示

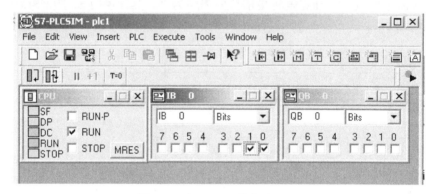

图 4-50 加入 I0.1 的仿真显示

4.9.4 PLCSIM 与真实 PLC 的差别

仿真 PLC 特有的功能如下：

① 可立即暂时停止执行用户程序，对程序状态不会有什么影响。

② 由 RUN 模式进入 STOP 模式不会改变输出状态。

③ 在视图对象中的变动立即使对应的存储区中的内容发生相应的改变，而实际 CPU 要等到扫描周期结束时才会修改存储区。

④ 可选择单次扫描或连续扫描，而实际 PLC 只能连续扫描。

⑤ 可使定时器自动运行或手动运行，可手动复位全部定时器或复位指定的定时器。

⑥ 可手动触发下列中断组织块：OB40～OB47（硬件中断）、OB70（I/O 冗余错误）、OB72（CPU 冗余错误）、OB73（通信冗余错误）、OB80（时间错误）、OB82（诊断错误）、OB83（插入/拔出冗余错误）、OB85（程序顺序错误）与 OB86（机架故障）。

⑦ 对映像存储区与外设存储器的处理。如果在视图对象中改变了过程输入的值，S7-PLCSIM 立即将它复制到外设存储器。在下一次扫描开始外设输入值被写到过程映像寄存器时，希望改变设定的值不会丢失，在改变过程输出值时，它被立即复制到外设输出存储区。

仿真 PLC 与实际 PLC 的区别有以下几点：

① PLCSIM 不支持写到诊断缓冲区的错误报文，例如，不能对电池失电和 EEPROM 故障仿真，但是可以对大多数 I/O 错误和程序错误仿真。

② 仿真 PLC 工作模式的改变（例如，由 RUN 转换到 STOP 模式）不会使 I/O 进入"安全状态"。

③ 仿真 PLC 不支持功能块和点对点通信。

④ 仿真 PLC 与 S7-400 PLC CPU 一样支持 4 个累加器。在某种情况下，仿真 PLC 上运行的程序与真实的只有两个累加器的 S7-300 PLC CPU 上的运行结果可能不同。

⑤ S7-300 的大多数 CPU 的 I/O 是自动组态的，模块插入物理控制器后被 CPU 自动识别。仿真 PLC 没有这种自动识别功能。如果将自动识别 I/O 的 S7-300 CPU 的程序下载到仿真 PLC，系统数据没有包括 I/O 组态。因此，在用 S7-PLCSIM 仿真 S7-300 程序时，如果想定义 CPU 支持的模块，首先必须下载硬件组态。

4.10　西门子 TIA 博途软件使用入门

TIA 博途是全集成自动化软件 TIA portal 的简称，是西门子工业自动化集团发布的一款全新的全集成自动化软件。它是业内首个采用统一的工程组态和软件项目环境的自动化软件，几乎适用于所有自动化任务。借助该全新的工程技术软件平台，用户能够快速、直观地开发和调试自动化系统。

4.10.1　TIA 博途软件构成

TIA 博途与传统 STEP 7 方法相比，无须花费大量时间安装集成各个软件包，同时显著降低了成本。TIA 博途的设计兼顾了高效性和易用性，适合新老用户使用。TIA 博途软件包含 TIA 博途 STEP 7、TIA 博途 WinCC、TIA 博途 Startdrive 和 TIA 博途 SCOUT。用户可以单独购买 TIA 博途 STEP 7 V13，也可以购买多种产品的组合。其中任一产品平台中都已包含 TIA 博途平台系统，以便于与其他产品的集成。

TIA 博途 STEP 7 产品有 Professional（专业版）和 Basic（基本版）两个版本。其中基本版只能用于组态 S7-1200 控制器，而专业版可以用于组态 SIMATIC S7-1500、SIMATIC S7-1200、SIMATIC S7-300 和 SIMATIC S7-400 控制器，同时也支持基于 PC 的 SIMATIC WinAC 自动化系统。

同理，TIA 博途 WinCC 也划分了更多的版本，越高级的版本可调试的设备就越高级且向下兼容。安装 TIA 博途 STEP 7 产品，就会附带安装 TIA 博途 WinCC 产品中的 Basic（基本版）。

4.10.2　TIA 博途软件的安装

支持 TIA 博途软件的操作系统主要有 Windows 7（企业版或者旗舰版，32 位或者 64 位）、Windows 8。建议在安装博途软件之前关闭或卸载杀毒软件。同时要注意不要在安装路径中使用或者包含任何使用 UNICODE 编码的字符（例如中文字符）。软件安装比较简单，通过安装程序可以自动安装。

安装 STEP 7 对计算机硬件的最低要求如下：处理器主频 3.3GHz，内存 8GB，硬盘 300GB，15.6in 宽屏显示器，分辨率 1920×1080。可用的计算机操作系统主要有 Windows 7 或 Windows 8.1 的非家用版。安装顺序一般为：STEP 7 Professional V13 SP1，TIA V13 SP1 UPD9，S7-PLCSIM V13 SP1，S7-PLCSIM V13 SP1 UPD1。安装好后可安装其他博途软件，例如 WinCC Professional V13 SP1，Startdrive V13 SP1，STEP 7 Safety Advanced V13 SP1。下面详细介绍 TIA Portal（博途）V13 的安装步骤。

① 将安装盘放入光盘驱动器。安装程序将自动启动（除非在计算机上禁用了自动启动功能），如图 4-51 所示。

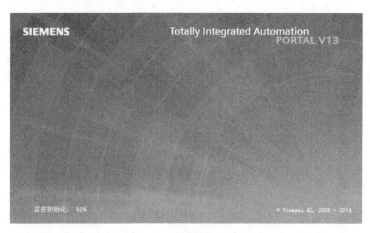

图 4-51　安装程序启动

② 如果安装程序没有自动启动，则可通过双击"Start.exe"文件手动启动。之后，在选择安装语言的对话框中选择安装过程中的界面语言，采用默认的安装语言"中文"。如图 4-52 所示。

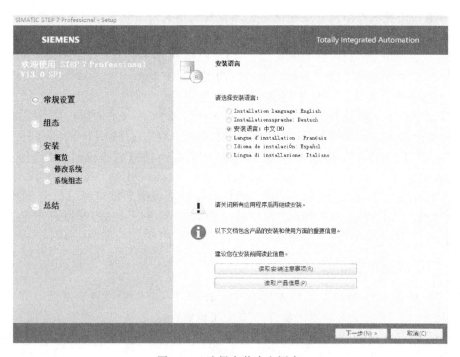

图 4-52　选择安装中文语言

③ 在安装过程中可选择阅读安装注意事项或产品信息。之后，点击"下一步"（Next）按钮。在打开的选择产品语言的对话框中，选择 TIA 博途软件的用户界面要使用的语言。"英语"（English）作为基本产品语言进行安装，不可取消。一般采用默认的英语和中文，如图 4-53 所示。

④ 然后单击"下一步"（Next）按钮，将打开选择产品组件的对话框，如图 4-54 所示。

如果需要以最小配置安装程序，则单击"最小"（Minimal）按钮。如果需要以典型配置安装程序，则单击"典型"（Typical）按钮。如果自主选择需要安装的组件，请单击"用

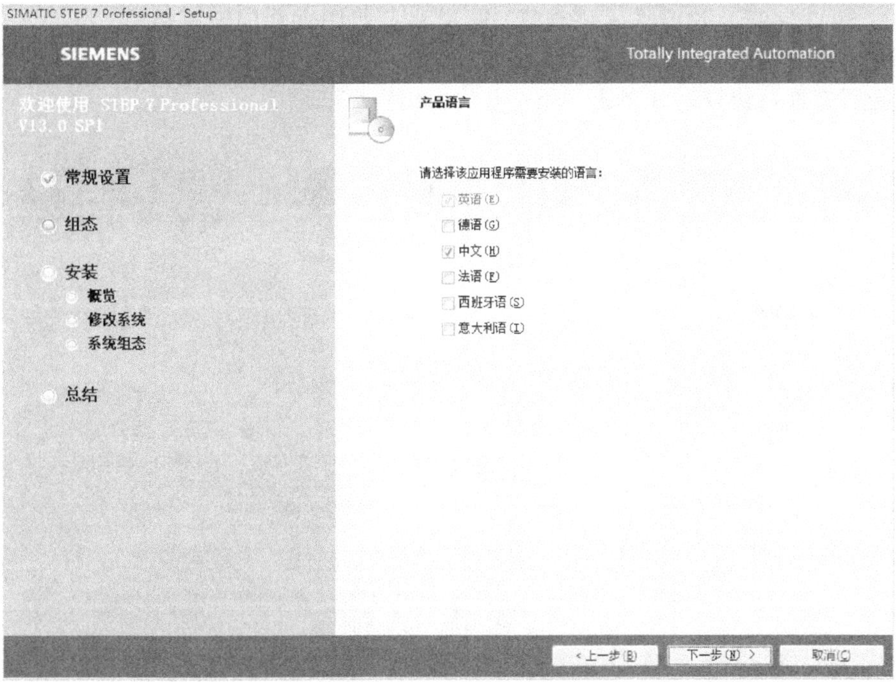

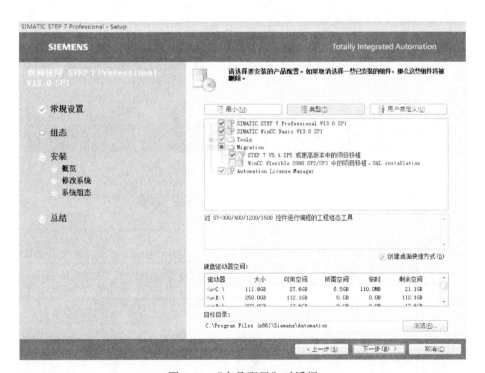

图 4-53　产品语言选择

图 4-54　"产品配置"对话框

户自定义"（User-defined）按钮。然后勾选需要安装的产品对应的复选框。

　　如果要在桌面上创建快捷方式，请选中"创建桌面快捷方式"（Create desktop short-cut）复选框；如果要更改安装的目标目录，请单击"浏览"（Browse）按钮。安装路径的长度不能超过 89 个字符。建议采用"典型"配置和 C 盘中默认的安装路径。

⑤ 单击"下一步"（Next）按钮。将打开"许可证条款选择"对话框。要继续安装，请阅读并接受所有许可协议，并单击"下一步"，如图 4-55 所示。

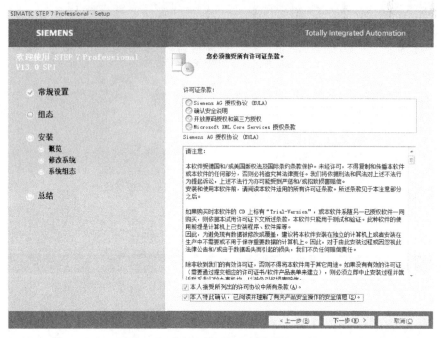

图 4-55 "许可证条款选择"对话框

如果在安装 TIA 博途时需要更改安全和权限设置，则会打开"安全控制"对话框，如图 4-56 所示。

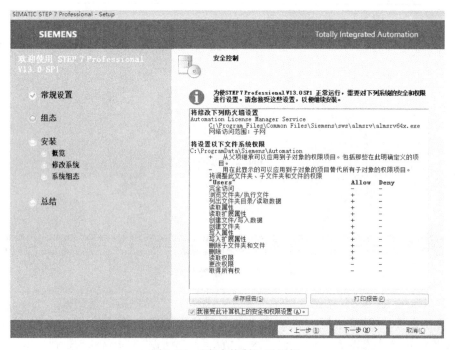

图 4-56 "安全控制"对话框

⑥ 要继续安装，请接受对安全和权限设置的更改，并单击"下一步"（Next）按钮。下一对话框将显示安装设置概览，如图 4-57 所示。"安装概览"对话框列出了当前设置的产品配置、产品语言和安装路径。

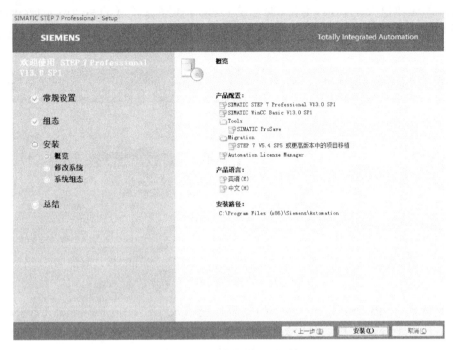

图 4-57　"安装概览"对话框

⑦ 单击图 4-57 中的"安装"（Install）按钮。安装随即启动，如图 4-58 所示。

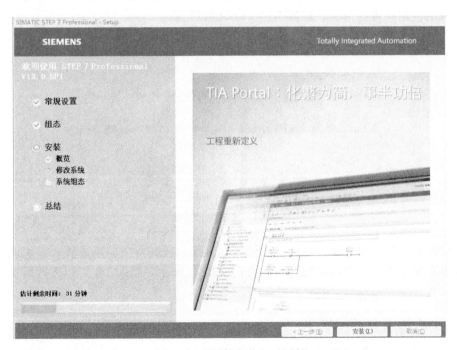

图 4-58　"开始安装"对话框

⑧ 在安装快结束时，会弹出如图 4-59 所示的"许可证传送"对话框，如果安装过程中未在 PC 上找到许可密钥，可以通过从外部导入的方式将其传送到 PC 中。如果跳过许可密钥传送，稍后可通过 Automation License Manager 进行注册。安装过程中可能需要重新启动计算机。在这种情况下，请选择"是，立即重启计算机。"（Yes，restart my computer now.）选项按钮。然后单击"重启"（Restart），直至安装完成。

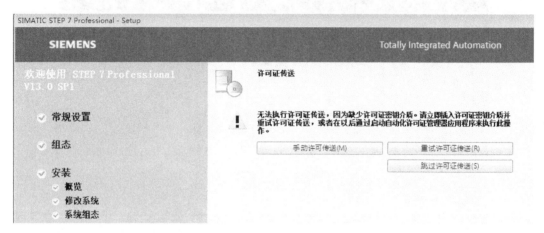

图 4-59 "许可证传送"对话框

⑨ 仿真软件 S7-PLCSIM V13 SP1 的安装过程和 STEP 7 Professional V13 SP1 几乎一样，通过双击 Statt.exe 文件就可以进行相应软件的安装。把这两个软件安装完成后，还需要安装更新包 TIA V13 SP1 UPD9 和 S7-PLCSIM V13 SP1 UPD1。

⑩ 软件安装完成启动时，如果没有安装软件的自动化许可证，则在第一次使用时，会出现如图 4-60 所示的对话框。可以选中其中的 STEP 7 Professional，然后单击"激活"按钮，可以激活试用许可证密钥，能够获得 21 天的试用期。

图 4-60 激活提示界面

博途软件是一种大型软件，对计算机硬件配置要求较高，功能非常强大，集成环境使得使用起来也非常方便，想学习掌握好该软件的使用，一定要动手结合实例进行操作，才能掌握好用好该软件。

4.10.3 TIA 博途软件的授权

授权管理器是用于管理授权密钥（许可证的技术形式）的软件。软件要求使用授权密钥的软件产品自动将此要求报告给授权管理器。当授权管理器发现该软件的有效授权密钥时，便可遵照最终用户授权协议的规定使用该软件。在安装 TIA 博途软件时，必须安装授权管理器。授权管理器可以传递、检测或删除授权，可以在安装软件产品期间安装授权密钥，或者在安装结束后使用授权管理器进行授权操作。可以通过授权管理软件以拖拽的方式从授权盘中转移到目标硬盘。有些软件产品允许在安装程序本身时安装所需要的许可证密钥。计算机安装完软件，授权密钥自动安装。

注意：不能在执行安装程序时安装升级授权密钥。

对于西门子软件产品有下列不同类型的授权，参考表 4-1。

表 4-1　标准授权类型

标准授权类型	描述
Single	使用该授权，软件可以在任意一台单 PC 机(使用本地硬盘中的授权)上使用
Floating	使用该授权，软件可以安装在不同的计算机上，且可以同时只能被一个有权限的用户使用
Master	使用该授权，软件可以不受任何限制
升级类型授权	利用 Upgrade 许可证，可将旧版本的许可证转换成新版本。 升级十分必要，例如需要使用新版软件的新功能

4. 10. 4　TIA 博途软件项目创建与硬件组态

(1) TIA 博途视图

TIA 博途软件在自动化项目中可以使用两种不同的视图：Portal 视图或者项目视图。Portal 视图是面向任务的视图，而项目视图是项目各组件的视图。可以使用链接在两种视图间进行切换。

项目初期，可以选择面向任务的 Portal 视图简化用户操作，也可以选择一个项目视图快速访问所有相关工具。Portal 视图以一种直观的方式进行工程组态。不论是控制器编程、设计 HMI 画面还是组态网络连接，TIA 博途的直观界面都可以帮助新老用户事半功倍。TIA 博途平台中，每款软件编辑器的布局和浏览风格都相同。从硬件配置、逻辑编程到 HMI 画面设计，所有编辑器的布局都相同，可大大节省用户的时间和成本。

这两个视图都可以完成很多功能，但通常的操作都是在项目视图中完成的。后面的介绍主要基于项目视图。

(2) TIA 博途项目创建

一个工程项目中可以包含多个 PLC 站、HMI、驱动等设备，其中一个 PLC 站主要包含系统的硬件配置信息和控制设备的用户程序。硬件配置是对 PLC 硬件系统的参数化过程，通过 TIA 博途的设备视图，按硬件实际安装次序将硬件配置到相应的机架上，并对 PLC 硬件模块的参数进行设置和修改。硬件配置对于系统的正常运行非常重要，它的功能如下：

① 配置信息下载到 CPU 中，CPU 功能按配置的参数执行；

② 将 I/O 模块的物理地址映射为逻辑地址，用于程序块调用；

③ CPU 比较模块的配置信息与实际安装的模块是否匹配，如 I/O 模块的安装位置、模拟量模块选择的连接模式等，如果不匹配，CPU 报警并将故障信息存储于 CPU 的诊断缓存区中，用户根据 CPU 提供的故障信息作出相应的修改；

④ CPU 根据配置的信息对模块进行实时监控，如果模块有故障，CPU 报警并将故障信息存储于 CPU 的诊断缓存区中；

⑤ 一些智能模块的配置信息存储于 CPU 中，例如通信处理器 CP、功能模块 FM 等，

模块故障后直接更换，不需要重新下载配置信息；

⑥ 自动化系统启动时，CPU 比较组态时生成的虚拟系统和实际的硬件系统，如果两个系统不一致，一般不能切换到 RUN 模式。

新建一个项目并进行硬件组态的步骤如下：

① 双击打开已安装的 TIA 博途软件 图标。

② 切换到项目视图，点击"创建新项目"，如图 4-61 所示。在新建项目对话框中设置项目名称，选择存储路径，点击"创建"即可生成项目。

图 4-61 "创建新项目"对话框

③ 点击左下角的"项目视图"，切换到项目视图，如图 4-62 所示，也可以使用"Portal 视图"链接切换到 Portal 视图。

图 4-62 项目视图界面

④ 项目视图是 TIA 博途硬件组态和编程的主视窗，在图 4-62 项目树的设备栏中双击"添加新设备"标签栏，然后弹出"添加新设备"对话框，如图 4-63 所示。根据实际的需要选择相应的设备，设备包括"PLC""HMI"以及"PC 系统"，比如选择"PLC"，然后打开

分级菜单选择需要的 PLC，这里选择 CPU314C-2PtP，设备名称为默认的"PLC＿1"，也可以进行修改。CPU 的固件版本可以根据实际的版本进行选择，勾选"打开设备视图"，最后点击"确定"即可打开设备视图。

图 4-63　"添加新设备"对话框

　　⑤ 使用 TIA 博途进行硬件配置的过程与硬件实际安装过程相同，在图 4-64 所示的设备视图中，可以进行硬件配置。此时，CPU 和机架已经出现在设备视图中。在硬件目录中，使用鼠标双击或拖拽的方法添加模块到机架上，配置的机架中带有 11 个槽位，按实际需求及配置规则将硬件分别插入到相应的槽位中，硬件组态遵循"所见即所得"的原则，当用户在计算机组态界面中将视图放大后，可以发现此界面与实物基本相同。注意硬件配置中没有3 号槽，该槽被自动隐藏，可以点击 2 号槽和 4 号槽之间的倒立黑三角 ▼4，隐藏和打开 3

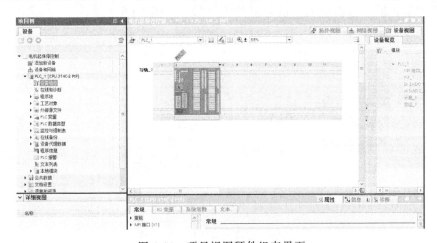

图 4-64　项目视图硬件组态界面

号槽。点击工具栏上的 🖌 按钮，用于显示模块的标签，包括导轨以及模块的名称。

⑥ 由于与早期的 STEP 7 组态方式有所不同，在早期的 STEP 7 项目组态中，在添加一个站点的硬件组态中可以添加机架、电源、CPU 等，而在 TIA 博途中添加一个站点时首先需要选择 CPU，因此机架将自动添加到设备中，此时也可以更改 CPU 类型，在 2 号槽使用鼠标右键单击设备视图中要更改型号的 CPU，执行出现的快捷菜单中的"更改设备类型"命令，在弹出的"更改设备"对话框中通过"新设备"列表，即可进行设备的替换。如图 4-65 所示。

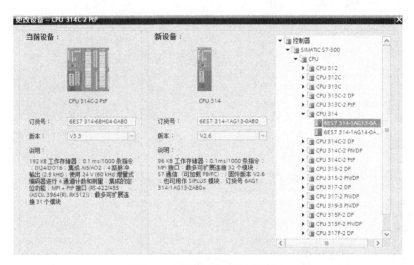

图 4-65 "更改设备"对话框

在添加 CPU 时，需要注意 CPU 的型号和固件版本都要与实际硬件一致，一般情况下，添加 CPU 的固件版本都是最新的，可以在硬件目录选择相应的 CPU，在设备信息中更改组态 CPU 的固件版本。插入其他模块例如功能模块、通信处理器等，同样需要注意模块的型号和固件版本，更改组态的固件版本与 CPU 的方法相同。

在硬件组态过程中，TIA 博途自动检查配置的正确性。当在硬件目录中选择一个模块时，机架中允许插入该模块的槽位边缘会呈现蓝色，而不允许该模块插入的槽位边缘颜色无变化。如果使用鼠标拖放的方法将选中的模块拖到允许插入的槽位时，鼠标指针变为 ⛏，如果将模块拖到禁止插入的槽位上，鼠标指针变为 🚫，如图 4-66 所示。

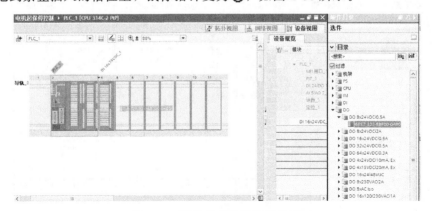

图 4-66 硬件组态模块放置界面

　　配置完硬件组态后，可以在设备视图下方的设备概览视图中读取整个硬件组态的详细信息，其中包括模块、插槽号、输入地址和输出地址、类型、订货号、固件版本等。

习　题

4-1　如何利用 STEP 7 创建一个自动化项目？

4-2　练习 STEP 7 软件的安装。

4-3　为什么要进行硬件组态？如何进行 CPU 模块的参数设置？

4-4　符号表的作用是什么？

4-5　简述西门子 TIA 博途软件的构成。

4-6　简述西门子 TIA 博途软件的安装过程。

4-7　简述西门子 TIA 博途软件项目创建和硬件组态的过程。

第 **5** 章

S7-300/400 PLC编程语言与指令系统

5.1 S7-300/400 编程语言

PLC 的编程环境是由 PLC 生产厂家设计的,它包含用户环境和能把用户环境与 PLC 系统连接起来的编程软件。只有了解和熟悉了编程环境,才能适应编程环境,在编程环境中编写出 PLC 的用户程序。

5.1.1 PLC 编程语言的国际标准

国际电工委员会 (IEC, International Electrotechnical Commission) 是专业化国际标准化机构,负责电工、电子领域的国际标准化工作,IEC 61131 是 PLC 编程语言的国际标准,是第一个为工业自动化控制系统的软件设计提供标准化编程语言的国际标准,于 1993 年正式颁布,成为过程控制领域、分散型控制系统 (DCS)、基于 PLC 的控制、运动控制和 SCADA 系统事实上的标准。该标准随着 PLC 技术的不断进步也在不断地被补充和完善。德国的 Infoteam 软件公司开发了基于 IEC 61131 标准的 OpenPCS 自动化编程开发软件包,很多 PLC 厂商的编程软件都是在它的基础上开发出来的。

IEC 61131 国际标准得到了包括美国 AB 公司、德国西门子公司等世界知名大公司在内的众多厂家的共同支持和推动,它极大地改进了工业控制系统的编程软件质量,提高了软件开发效率;它定义的一系列图形化语言和文本语言,不仅对系统集成商和系统工程师的编程带来很大的方便,而且对最终用户同样会带来很大的便利,它在技术上的实现是高水平的,有足够的发展空间和变动余地,能很好地适应未来的工控要求。

IEC 61131 国际标准正在受到越来越多的公司和厂商的重视,被越来越多的厂商采用,著名的自动化设备制造商如西门子、罗克韦尔、施耐德等公司均推出与其兼容的产品。国内(包括台湾地区)近年来开发的 PLC 几乎都是符合这个标准的。IEC 61131 广泛地应用于 PLC、DCS 和工控机、"软件 PLC"、数控系统、RTU 等产品。

5.1.2　STEP 7 的编程语言

STEP 7 是 S7-300/400 系列 PLC 应用设计软件包，所支持的 PLC 编程语言非常丰富。该软件的标准版支持以下的编程语言：

① 指令表 IL（Instruction List）：西门子称为语句表（STL）。

② 结构文本 ST（Structured Text）：西门子称为结构化控制语言（SCL）。

③ 梯形图 LD（Ladder Diagram）：西门子简称为 LAD。

④ 功能块图 FBD（Function Block Diagram）。

⑤ 顺序功能图 SFC（Sequential Function Chart）：对应于西门子的 S7-Graph。

STL（语句表）、LAD（梯形图）及 FBD（功能块图）这 3 种基本编程语言在 STEP 7 中可以相互转换。

专业版附加对 Graph（顺序功能图）、SCL（结构化控制语言）、HiGraph（图形编程语言）、CFC（连续功能图）等编程语言的支持。

(1) STL（语句表）

STL 是一种类似于计算机汇编语言的文本编程语言，由多条语句组成一个程序段。语句表可供习惯汇编语言的用户使用，对程序运行时间和存储空间有要求的应优先考虑语句表。在设计通信、数学运算等高级应用程序时建议使用语句表。语句表比较适合经验丰富的程序员使用，可以实现某些不能用梯形图或功能块图表示的功能。其形式如图 5-1 所示。

(2) LAD（梯形图）

梯形图是使用最多的 PLC 图形编程语言。梯形图与继电器控制电路图表达方式相仿，具有直观易懂的优点，很容易被工厂电气人员掌握，特别适用于开关量逻辑控制。梯形图结构如图 5-2 所示。

OB1 :　″Main Program Sweep (Cycle)″

注释：

程序段 1：标题：

启保停控制

```
        A    I    0.1
        S    Q    4.0
```

程序段 2：标题：

注释：

```
        A    I    0.2
        R    Q    4.0
```

图 5-1　启保停控制语句表

OB1 :　″Main Program Sweep (Cycle)″

程序段 1：启保停电路

程序段 2：标题：

图 5-2　梯形图结构图

在 S7-300 中，触点和线圈等组成的独立电路称为网络（Network），中文版的 STEP 7 称为程序段，如图 5-2 所示。STEP 7 自动地为程序段编号。用户可以在程序段号的右边加上程序段的标题，在程序段的下面为程序段加上注释。如果将两块独立电路（可以分开的电路）放在同一个程序段内，则会出错。

OB1： "Main Program Sweep (Cycle)"

程序段 1：启保停电路

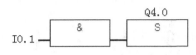

程序段 2：标题：

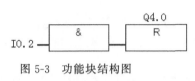

图 5-3 功能块结构图

(3) FBD（功能块图）

FBD 使用类似于布尔代数的图形逻辑符号来表示控制逻辑，一些复杂的功能用指令框表示。FBD 比较适合于有数字电路基础的编程人员使用，有数字电路基础的人很容易掌握。功能块图用类似于与门、或门的方框来表示逻辑运算关系，方框的左侧为逻辑运算的输入变量，右侧为输出变量，输入和输出端的小圆圈表示"非"运算，方框被"导线"连接在一起，信号自左向右流动。功能块图结构如图 5-3 所示，国内很少有人使用功能块图语言。

(4) Graph（顺序控制）

S7-Graph 是 STEP 7 标准编程功能的补充，适用于顺序控制的编程。它可以清楚快速地组织和编写 S7 PLC 系统的顺序控制程序。它根据功能将控制任务分解为若干步，其顺序用图形方式显示出来并且可形成图形和文本方式的文件。同时 S7-Graph 还表达了顺序的结构，以方便进行编程、调试和查找故障。

(5) S7-HiGraph（图形编程语言）

图形编程语言 S7-HiGraph 属于可选软件包，它允许用状态图描述生产过程，将自动控制下的机器或系统分成若干个功能单元，并为每个单元生成状态图，然后利用信息通信将功能单元组合在一起形成完整的系统。

(6) SCL（结构化控制语言）

S7-SCL（Structured Control Language：结构化控制语言）是一种类似于 PASCAL 的高级文本编辑语言，用于 S7-300/400 和 C7 的编程，可以简化数学计算、数据管理和组织工作。S7-SCL 具有 PLC 公开的基本标准认证，符合 IEC 61131（结构化文本）标准。

5.1.3 PLC 编程原则

PLC 的编程应该遵循以下基本原则。

① 外部输入、输出、内部继电器（位存储器）、定时器、计数器等器件的触点可多次重复使用。

② 梯形图每一行都是从左侧母线开始，线圈接在最右边，触点不能放在线圈的右边。

③ 线圈不能直接与左侧母线相连。

④ 同一编号的线圈在一个程序中使用两次及以上（称为双线圈输出）容易引起误操作，应尽量避免双线圈输出。

⑤ 梯形图程序必须符合顺序执行的原则，从左到右，从上到下地执行，不符合顺序执行的电路不能直接编程。

⑥ 在梯形图中串联触点、并联触点的使用次数没有限制，可无限次地使用。

5.2 S7-300/400 CPU 的存储区

5.2.1 数制

(1) 二进制数

二进制数的 1 位（bit）只能取 0 和 1 这两个不同的值，用来表示开关量的两种不同的状态，例如触点的断开和接通、线圈的断电和通电等。如果该位为 1，则表示梯形图中对应的位编程元件的线圈"通电"，则其常开触点接通，常闭触点断开，以后称该编程元件为 1 状态，或称该编程元件 ON（接通）。如果该位为 0，则对应的编程元件的线圈和触点的状态与上述的相反，称该编程元件为 0 状态，或称该编程元件 OFF（断电）。二进制常数常用 2# 表示，例如 2#0110_1100_1010_1000 是 16 位的二进制常数。

（2）十六进制数

多位二进制数的书写和阅读很不方便，为了解决这一问题，可以用十六进制来取代二进制数，十六进制的 16 个数字是 0～9 和 A～F，每个占二进制数的 4 位。比如十六进制的字节、字和双字常数可以表示为 B#16#A5，W#16#B2A5，DW#16#BACF6983，W#16#13AF（13AFH），逢 16 进 1，例如 B#16#AB+B#16#2C＝B#16#D7。

（3）BCD 码

BCD 码用 4 位二进制数表示一位十进制数，十进制数 9 对应的二进制数为 1001。最高 4 位用来表示符号，负数的最高位为 1，正数为 0，其余 3 位可以取 0 或 1，一般取 1。16 位 BCD 码的范围为 -999～+999，32 位 BCD 码的范围为 -9999999～+9999999。BCD 码实际上是十六进制数，但是各位之间逢十进一。296 对应的 BCD 码为 W#16#296，或 2#0000 0010 1001 0110。

不同进制的数的表示方法如表 5-1 所示。

表 5-1　不同进制的数的表示方法

十进制数	十六进制数	二进制数	BCD 码
0	0	00000	0000 0001
1	1	00001	0000 0001
2	2	00010	0000 0010
3	3	00011	0000 0011
4	4	00100	0000 0100
5	5	00101	0000 0101
6	6	00110	0000 0110
7	7	00111	0000 0111
8	8	01000	0000 1000
9	9	01001	0000 1001
10	A	01010	0001 0000
11	B	01011	0001 0001
12	C	01100	0001 0010
13	D	01101	0001 0011
14	E	01110	0001 0100
15	F	01111	0001 0101
16	10	10000	0001 0110
17	11	10001	0001 0111

5.2.2　基本数据类型

STEP 7 有 3 种数据类型：

① 基本数据类型（见表 5-2）。

② 由基本数据类型组合的复杂数据类型（在下一章介绍）。

③ 用于传递 FB（功能块）和 FC（功能参数）的参数类型（在下一章介绍）。

表 5-2　基本数据类型

数据类型	描述	位数	常数举例
BOOL	二进制位	1	1/0
BYTE	字节	8	B#16#F5
WORD	无符号字	16	W#16#69AD
INT	十进制有符号整数	16	−896
DWORD	无符号双字	32	DW#16#5968ADCF
DINT	十进制有符号双整数	32	L#231
REAL	IEEE 浮点数	32	51.3
S5TIME	S7 时间	16	S5T#2H5M50S
TIME	IEC 时间	32	T#1H6M6S
DATE	IEC 日期	16	D#2013-11-6
TIME_OF_DAY	实时时间	32	TOD#1:15:30.2
CHAR	ASCII 字符	8	'A'

下面详细的介绍 STEP 7 的基本数据类型。

(1) 位（bit）

位数据的数据类型为 BOOL（布尔）型，BOOL 的取值有 0 和 1（或 false 和 true），位存储单元的地址在 S7-300 中由字节地址和位地址组成，在 STEP 7 中的表示方法为"字节地址.位地址"，例如 I2.2，其中的"I"表示区域标识符，代表的是输入（Input），字节地址为 2，位地址为 2，如图 5-4 所示。这种存取方式称为"字节.位"寻址方式。

图 5-4　位数据存放

(2) 字节（Byte）

一个字节是由 8 个位组成，通过地址标识符 B 和表示绝对地址的一个字节来表示的，如图 5-5(a) 所示，IB2 是一个字节，它的位地址由低到高为 I2.0～I2.7，其中第 0 位为最低位，第 7 位为最高位。

(3) 字（Word）

字表示无符号数，包含两个字节，同样是通过地址标识符 W 和表示绝对地址的变量高字节所在的地址来表示的，字的取值范围为 W#16#0000～W#16#FFFF。为了避免地址交叉，地址一般为 2 的倍数。例如：IW6 表示输入地址是 6，并且包含 IB6 和 IB7 两个字节；MW100 是由 MB100 和 MB101 组成的一个字，如图 5-5(b) 所示，其中 M 为区域标识符，W 表示字。

(4) 双字（Double Word）

DWORD 包含四个字节，是通过地址标识符 D 和表示绝对地址的变量高字节所在的地址来表示的，其范围 DW#16#0000_0000～DW#16#FFFF_FFFF。为了避免地址交叉，地址一般为 4 的倍数。例如：ID4 表示输入地址是 4，而且包含 IB4、IB5、IB6、IB7 四个字节。字节、字和双字的关系如图 5-5 所示。

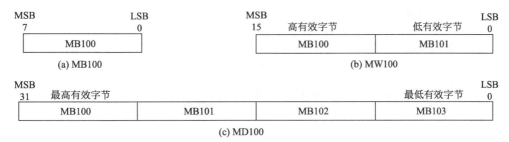

图 5-5　字节、字和双字

图 5-5 中需要注意以下问题：

① 以组成字 MW100 和双字 MD100 的编号最小的字节 MB100 的编号作为 MW100 和双字 MD100 的编号。

② 组成字 MW100 和双字 MD100 的编号最小的字节 MB100 为 MW100 和 MD100 的最高位字节，编号最大的字节为字和双字的最低位字节，这就是所谓的"高地址，低字节"的约定。

③ 数据类型字节、字和双字都是无符号数，它们的数值用十六进制来表示。

(5) 16 位整数（INT，Integer）

整数是有符号数，在进行数字运算时使用，其应用与计算机中的定义相同。它们用二进制数补码来表示，其最高位为符号位，为 0 时为正数，为 1 时为负数，取值范围为 $-32768 \sim 32767$。

(6) 32 位整数（DINT，Double Integer）

32 位整数最高位为符号位，取值范围为 $-2147483648 \sim 2147483647$。

(7) 32 位浮点数

浮点数又称实数（REAL），定义同计算机中的格式。这里需要注意：PLC 输入输出值大多为整数，浮点数的运算速度比整数运算的慢。若用浮点数处理这些数据时需要进行整数和浮点数之间的转换，其可以表示为 $1.m \times 2^E$，其中尾数 m 和指数 E 均为二进制数，E 可能是正数，也可能是负数。ANSI/IEEE 754-1985 标准格式的 32 位实数的格式为 $1.m \times 2^e$，式中指数 $e = E + 127$ 为 8 位正整数。浮点数共占用一个双字，其 32 位的存储分配为：尾数的小数部分 m 为第 $0 \sim 22$ 位，第 $23 \sim 30$ 位为指数 e，最高位（第 31 位）为符号位。浮点数的优点是用很小的存储空间（4 个字节）可以表示非常大和非常小的数。

在 STEP 7 中，一般并不使用二进制格式或者十六进制格式表示的浮点数，而是用十进制小数来输入或显示浮点数，比如在 STEP 7 中，40.0 为浮点数，而 40 则为整数。

(8) 常数的表示方法

L♯ 为 32 位双整数常数，例如 L♯ ＋5。

P♯ 为地址指针常数，例如 P♯M2.0 是 M2.0 的地址。

S5T♯ 是 16 位 S5 时间常数，格式为 S5T♯aH＿bM＿cS＿dMS。S5T♯4S30MS＝4s30ms，取值范围为 S5T♯0～S5T♯2H＿46M＿30S＿0MS（9990s），时间增量为 10ms。

C♯ 为计数器常数（BCD 码），例如 C♯250。

8 位 ASCII 字符，用单引号表示，例如 'ABC'。

T♯ 为带符号的 32 位 IEC 时间常数，例如：T♯1D＿12H＿30M＿0S＿250MS。

DATE 是 IEC 日期常数，例如 D♯2004-1-15。取值范围 D♯1990-1-1～D♯2168-12-31。

TOD♯ 是 32 位实时时间（Time of day）常数，例如 TOD♯23：50：45.300。

5.2.3 系统存储器

PLC 的用户存储区是按功能分的，在学习 PLC 之前需对 PLC 的存储区做一些了解，S7-300/400 存储区划分、功能、访问方式及表示如表 5-3 所示。

表 5-3 S7-300/400 PLC 存储区划分、功能及标识符

存储区名称	功能	访问区域单位	标识符	最大范围
输入过程映像存储区(I)	在循环扫描的开始，从过程中读取输入信号存入本区域，供程序使用	输入位	I	0～65535.7
		输入字节	IB	0～65535
		输入字	IW	0～65534
		输入双字	ID	0～65532
输出过程映像存储区(Q)	在循环扫描期间，程序运算得到的输出值存入本区域。在循环扫描的末尾传送至输出模块	输出位	Q	0～65535.7
		输出字节	QB	0～65535
		输出字	QW	0～65534
		输出双字	QD	0～65532
位存储器(M)	本区域存放程序的中间结果	存储位	M	0～255.7
		存储字节	MB	0～255
		存储字	MW	0～254
		存储双字	MD	0～252
外部输入(PI)	通过本区域，用户程序能够直接访问输入和输出模块（即外部输入和输出信号）	外部输入位	PIB	0～65535
		外部输入字	PIW	0～65534
		外部输入双字	PID	0～65532
外部输出(PQ)		外部输出位	PQB	0～65535
		外部输出字	PQW	0～65534
		外部输出双字	PQD	0～65532
定时器(T)	访问本区域可得到定时剩余时间	定时器	T	0～255
计数器(C)	访问本区域可得到当前计数器值	计数器	C	0～255
数据块(DB)	本区域包含所有数据块的数据。用"OPEN DB"打开数据块，用"OPEN DI"打开背景数据块	数据位	DBX	0～65535.7
		数据字节	DBB	0～65535
		数据字	DBW	0～65534
		数据双字	DBD	0～65532
		数据位	DIX	0～65535.7
		数据字节	DIB	0～65535
		数据字	DIW	0～65534
		数据双字	DID	0～65532
本地数据(L)	本区域存放逻辑块(OB, FB 或 FC)中使用的临时数据。当逻辑块结束时，数据丢失	本地数据位	L	0～65535.7
		本地数据字节	LB	0～65535
		本地数据字	LW	0～65534
		本地数据双字	LD	0～65532

在使用存储区时注意以下几个方面：

① CPU 程序所能访问的存储区为系统存储区的全部、工作存储区的数据块（DB）、临时本地数据存储区、外设 I/O 存储区（P）等，外部输入寄存器（PI）和外部输出寄存器（PQ）存储区除了和 CPU 的型号有关外，还和具体的 PLC 应用系统的模块配置有关，其最大范围为 64KB。

② CPU 可以通过输入（I）和输出（Q）过程映像存储区（映像表）访问 I/O 口。输入映像表 128B 是外部输入寄存器（PI）首 128B 的映像，是在 CPU 循环扫描中读取输入状态时装入的。输出映像表 128B 是外部输出存储区（PQ）首 128B 的映像。CPU 在写输出时，可以将数据直接输出到外部输出寄存器（PQ），也可以将数据传送到输出映像表，在 CPU 循环扫描更新输出状态时，将输出映像表的值传送到物理输出。

根据以上的分析可以看出，只有数字量模块既可用 I/O 映像表也可以通过外部 I/O 存储器进行数据的输入、输出。而模拟量模块由于最小地址已超过了 I/O 映像表的最大值 128B，因此只能以字节、字或双字的形式通过外部 I/O 存储区直接存取。

③ 西门子 S7-300 PIB、PIW、PQW 与 IB、IW、QW 之间的区别如下：

外设从最通常意义来讲就是指模拟量输入输出了；普通的 I/O 最通常意义来讲当然是指 CPU 集成的 I/O 或者后面扩展数量字 I/O 模块的地址。两者的区别如下：

• I/O 区可以对"位"寻址，而 PI 和 PQ 区不能，PI 和 PQ 最小寻址单位是 BYTE，如 PIB256、PQW300。

• I/O 区按西门子的定义应该叫"过程映像区"，本身这个过程映像区自己也是带有外设地址的。比如 IB0，它对应一个 PIB0，它们的不同之处在于每个 PLC 扫描周期的开始，系统会将 PIB0 里的数据刷新到 IB0 内，然后在接下来的一个扫描周期之内，IB0 的数据均保持不变（当然，如果调用 SFC 在程序内刷新输入端口，那又另当别论），而 PIB0 则是实时的，即完全物理意义上的端口。所以我们看到一些 S7-300 标出最大 I/O 寻址为 1024 位，算算看，一块 CPU 带四个机架，每个机架装满八个模块，每个模块最大 32 点，那么 4×8×32＝1024 位＝128Byte，超过这个以后就是外设通道了，就只能以 PI 或者 PQ 来表示了，而且这就意味着不能直接对"位"寻址了。如果需要对位寻址，比如可以通过下列语句来实现：

L PIB256

T MB0

那么 MB0 里的位就对应了 PIB256 的 8 位数据。

5.2.4　CPU 中的寄存器

(1) 累加器（ACCUx）

累加器用于处理字节、字或双字的寄存器。S7-300 有两个 32 位累加器（ACCU1 和 ACCU2），S7-400 有 4 个累加器（ACCU1～ACCU4）。数据放在累加器的低端（右对齐）。几乎所有的语句表的操作都是在累加器中进行的。

(2) 地址寄存器

两个 32 位的地址寄存器 AR1 和 AR2 作为地址指针，用于寄存器间接寻址。

(3) 数据块寄存器

32 位的 DB 和 DI 寄存器分别用来保存打开的共享数据块和背景数据块的编号。它们的高 16 位分别用来保存打开的共享数据块和背景数据块的编号，低 16 位用来保存打开的数据块的字节长度。

（4）状态字

状态字用于表示 CPU 执行指令时所具有的状态。一些指令是否执行或以何方式执行可能取决于状态字中的某些位；执行指令时也可能改变状态字中的某些位；也能在位逻辑指令或字逻辑指令中访问并检测它们。16 位的状态字只使用了其中的 9 位，9～15 位未使用，0～8 位 9 个位（bit）用于存储 CPU 执行指令的状态或结果，及出现的错误。如图 5-6 所示。

15～9	8	7	6	5	4	3	2	1	0
未用	BR	CC 1	CC 0	OV	OS	OR	STA	RLO	$\overline{FC}$

图 5-6　状态字的结构

① 首次检测位（$\overline{FC}$）　状态字的位 0 称为首位检测位。若 $\overline{FC}$ 位的状态为 0，则表明一个梯形逻辑网络的开始，或指令为逻辑串的第一条指令。CPU 对逻辑串第一条指令的检测（称为首位检测）产生的结果直接保存在状态字的 RLO 位中，经过首次检测存放在 RLO 中的 0 或 1 被称为首位检测结果。$\overline{FC}$ 位在逻辑串的开始时总是 0，在逻辑串指令执行过程中 $\overline{FC}$ 位为 1，输出指令或与逻辑运算有关的转移指令（表示一个逻辑串结束的指令）$\overline{FC}$ 将清 0。

② 逻辑操作结果（RLO）　状态字的位 1 称为逻辑操作结果 RLO（Result of Logic Operation）。该位存储位逻辑指令或算术比较指令的结果。在逻辑串中，RLO 位的状态能够表示有关信号流的信息。RLO 的状态为 1，表示有信号流（通）；为 0，表示无信号流（断）。可用 RLO 触发跳转指令。

③ 状态位（STA）　状态字的位 2 称为状态位。状态位不能用指令检测，它只是在程序测试中被 CPU 解释并使用。如果一条指令是对存储区操作的位逻辑指令，则无论是对该位的读或写操作，STA 总是与该位的值取得一致；对不访问存储区的位逻辑指令来说，STA 位没有意义，此时它总被置为 1。

④ 或位（OR）　状态字的位 3 称为或位（OR）。在先逻辑"与"后逻辑"或"的逻辑串中，OR 位暂存逻辑"与"的操作结果，以便进行后面的逻辑"或"运算。其他指令将 OR 位清 0。

⑤ 溢出状态保持位（OS）　状态字的位 4 称为溢出状态保持位（或称为存储溢出位）。OV 被置 1 时 OS 也被置 1；OV 被清 0 时 OS 仍保持，所以它保存了 OV 位，可用于指明在先前的一些指令执行中是否产生过错误。只有下面的指令才能复位 OS 位：JOS（OS＝1 时跳转）；块调用指令和块结束指令。

⑥ 溢出位（OV）　状态字的位 5 称为溢出位。溢出位被置 1，表明一个算术运算或浮点数比较指令执行时出现错误（错误：溢出、非法操作、不规范格式）。后面的算术运算或浮点数比较指令执行结果正常的话 OV 位就被清 0。

⑦ 条件码 1（CC1）和条件码 0（CC0）　状态字的位 7 和位 6 称为条件码 1 和条件码 0。这两位结合起来用于表示在累加器 1 中产生的算术运算或逻辑运算结果与 0 的大小关系；比较指令的执行结果或移位指令的移出位状态。详见表 5-4 和表 5-5。

表 5-4　算术运算后的 CC1 和 CC0

CC1	CC0	算术运算无溢出	整数算术运算有溢出	浮点数算术运算有溢出
0	0	结果＝0	整数加时产生负范围溢出	平缓下溢

续表

CC1	CC0	算术运算无溢出	整数算术运算有溢出	浮点数算术运算有溢出
0	1	结果<0	乘时负范围溢出；加、减、取负时正溢出	负范围溢出
1	0	结果>0	乘、除时正溢出；加、减时负溢出	正范围溢出
1	1	—	在除时除数为 0	非法操作

表 5-5　比较、移位和循环移位、字逻辑指令后的 CC1 和 CC0

CC1	CC0	比较指令	移位和循环移位指令	字逻辑指令
0	0	累加器 2＝累加器 1	移出位=0	结果=0
0	1	累加器 2＜累加器 1	—	—
1	0	累加器 2＞累加器 1	—	结果≠0
1	1	不规范 （只用于浮点数比较）	移出位=1	—

⑧ 二进制结果位（BR）　它将字处理程序与位处理联系起来，用于表示字操作结果是否正确（异常）。将 BR 位加入程序后，无论字操作结果如何，都不会造成二进制逻辑链中断。在 LAD 的方块指令中，BR 位与 ENO 有对应关系，用于表明方块指令是否被正确执行：如果执行出现了错误，BR 位为 0，ENO 也为 0；如果功能被正确执行，BR 位为 1，ENO 也为 1。

在用户用语句表编写的 FB（功能块）和 FC（功能）程序中，必须对 BR 位进行管理，当功能块正确运行后使 BR 位为 1，否则使其为 0。使用 STL 指令"SAVE"或 LAD 指令"——(SAVE)"，可将 RLO 存入 BR 中，从而达到管理 BR 位的目的。当 FB 或 FC 执行无错误时，使 RLO 为 1 并存入 BR，否则，在 BR 中存入 0。

5.2.5　寻址方式

(1) 指令组成

① 语句指令　一条指令由一个操作码和一个操作数组成，操作数由标识符和参数组成。操作码定义要执行的功能；操作数为执行该操作所需要的信息，例如：A I 1.0 是一条位逻辑操作指令，其中："A"是操作码，它表示执行"与"操作；"I 1.0"是操作数，对输入继电器 I 1.0 进行操作。有些语句指令不带操作数，它们操作的对象是唯一的。例如：NOT 默认是对逻辑操作结果（RLO）取反。

② 梯形逻辑指令　梯形逻辑指令用图形元素表示 PLC 要完成操作。在梯形逻辑指令中，其操作码是用图素表示的，该图素形象表明 CPU 做什么，其操作数的表示方法与语句指令相同。如：—(s)—

指令中：—(s) 可认为是操作码，表示一个二进制置位操作；Q 4.0 是操作数，表示赋值的对象。梯形逻辑指令也可不带操作数。如：—|NOT|—是对逻辑操作结果取反的操作。

(2) 操作数的表示法

① 标识符及表示参数　一般情况下，指令的操作数在 PLC 的存储器中，此时操作数由操作数标识符和参数组成。操作数标识符由主标识符和辅助标识符组成。主标识符表示操作数所在的存储区，辅助标识符进一步说明操作数的位数长度。若没有辅助标识符，指操作数的位数是一位。主标识符有：I（输入过程映像存储区），Q（输出过程映像存储

区)，M（位存储区），PI（外部输入），PQ（外部输出），T（定时器），C（计数器），DB（数据块），L（本地数据）。辅助标识符有：X（位），B（字节），W（字——2 字节），D（双字——4 字节）。

② 操作数的表示法　在 STEP 7 中，操作数有两种表示方法：一是物理地址（绝对地址）表示法；二是符号地址表示法。

用物理地址表示操作数时，要明确指出操作数的所在存储区、该操作数的位数具体位置。例如：Q 4.0。

STEP 7 允许用符号地址表示操作数，如 Q 4.0 可用符号名 MOTOR ＿ ON 替代表示，符号名必须先定义后使用，而且符号名必须是唯一的，不能重名。

定义符号时，需要指明操作数所在的存储区，操作数的位数、具体位置及数据类型。

(3) 寻址方式

操作数是指令的操作或运算对象。所谓寻址方式是指令得到操作数的方式，可以直接给出或间接给出。STEP 7 指令操作对象有：常数；S7 状态字中的状态位；S7 的各种寄存器、数据块；功能块 FB、FC 和系统功能块 SFB、SFC；S7 的各存储区中的单元。

S7 有四种寻址方式：立即寻址、直接寻址、存储器间接寻址和寄存器间接寻址。

① 立即寻址　立即寻址是操作数为常数或常量的寻址方式。操作数本身直接包含在指令中。下面是立即寻址的例子：

SET		//把 RLO 置 1
OW	W＃16＃A320	//将常量 W＃16＃A320 与累加器 1 "或"运算
L	27	//把整数 27 装入累加器 1
L	'ABCD'	//把 ASCII 码字符 ABCD 装入累加器 1
L	C＃0100	//把 BCD 码常数 0100 装入累加器 1

② 直接寻址　直接寻址是对寄存器和存储器的直接寻址。在直接寻址的指令中，直接给出操作数的寄存器或存储器的存储单元地址。例如：

A	I 0.0	//对输入位 I 0.0 进行 "与" 逻辑操作
S	L 20.0	//把本地数据位 L 20.0 置 1
＝	M 115.4	//使存储区位 M 115.4 的内容等于 RLO 的内容
L	IB 10	//把输入字节 IB 10 的内容装入累加器 1
T	DBD 12	//把累加器 1 中的内容传送给数据双字 DBD 12 中

③ 存储器间接寻址　在存储器间接寻址的指令中，给出一个存储器（必须是表 5-3 中的存储器），该存储器的内容是操作数所在存储单元的地址，该地址又被称为地址指针。存储器间接寻址方式的优点是，当程序执行时，能改变操作数的存储器地址，这对程序中的循环尤为重要。例如：

A	I [MD 2]	//对由 MD 2 指出的输入位进行 "与" 逻辑操作。如：MD 2 的值为
		//2＃0000 0000 0000 0000 0000 0000 0101 0110，则是对 I 10.6
		//进行 "与" 操作

32 位双字指针的格式如图 5-7 所示。其中位 3～18（范围 0～65535）表示的是被寻址字节的字节编号；位 0～2（范围 0～7）表示的是被寻址位的位编号。

31		24	23		16	15		8	7		0
0000		0000	0000		0bbb	bbbb		bbbb	bbbb		b×××

图 5-7　存储器间接寻址中双字指针的格式

④ 寄存器间接寻址　在 S7 中有两个地址寄存器,它们是 AR1 和 AR2。通过地址寄存器,可以对各存储区的存储器内容实现寄存器间接寻址。地址寄存器的内容加上偏移量形成地址指针,该指针指向数值所在的存储单元。

地址寄存器存储的地址指针有两种格式:区域内寄存器间接寻址、区域间寄存器间接寻址。其长度均为双字。指针格式如图 5-8 所示。说明如下:

位 31＝0 表明是区域内寄存器间接寻址,位 31＝1 表明是区域间寄存器间接寻址;

位 24、25 和 26 (r r r):被寻址地址的区域标识号;

位 3～18 (bbbb bbbb bbbb bbbb):被寻址位的字节编号 (范围 0～65535);

位 0～2 (×××):被寻址地址中的位编号 (范围 0～7)。

| 31 | 24 | 23 | 16 | 15 | 8 | 7 | 0 |
| x000 | 0rrr | 0000 | 0bbb | Bbbb | bbbb | bbbb | b××× |

图 5-8　寄存器间接寻址中双字指针的格式

5.3　位逻辑指令

5.3.1　梯形图指令

位逻辑指令主要包括位逻辑运算指令、位操作指令和位测试指令。它们完成逻辑运算操作,将运算结果保存在状态字的 RLO 中,逻辑操作结果 (RLO) 用以赋值、置位、复位布尔操作数,也控制定时器和计数器的运行。

在 STEP 中位逻辑指令有以下几种,如图 5-9 所示为 STEP 7 中逻辑指令梯形图形式。

(1) ——┤　├——常开触点

存储在指定＜地址＞的位值为 "1" 时,常开触点处于闭合状态。触点闭合时,梯形图轨道能流流过触点,逻辑运算结果 (RLO)＝"1"。否则,如果指定＜地址＞的信号状态为 "0",触点将处于断开状态。触点断开时,能流不流过触点,逻辑运算结果 (RLO)＝"0"。

串联使用时,通过 AND 逻辑将——┤　├——与 RLO 位进行连接。并联使用时,通过 OR 逻辑将其与 RLO 位进行连接。

常开触点所使用的操作数是:I、Q、M、L、D、T、C。

(2) ——┤／├——常闭触点

存储在指定＜地址＞的位值为 "0" 时,常闭触点处于闭合状态。触点闭合时,梯形图轨道能流流过触点,逻辑运算结果 (RLO)＝"1"。否则,如果指定＜地址＞的信号状态为 "1",将断开触点。触点断开时,能流不流过触点,逻辑运算结果 (RLO)＝"0"。

串联使用时,通过 AND 逻辑将——┤／├——与 RLO 位进行连接。并联使用时,通过 OR 逻辑将其与 RLO 位进行连接。

常闭触点所使用的操作数是:I、Q、M、L、D、T、C。

(3) ——┤NOT├——能流取反

用来将它左边电路的逻辑运算结果 (RLO) 取反,该运算结果若为 1 则变为 0,若为 0 则变为 1。

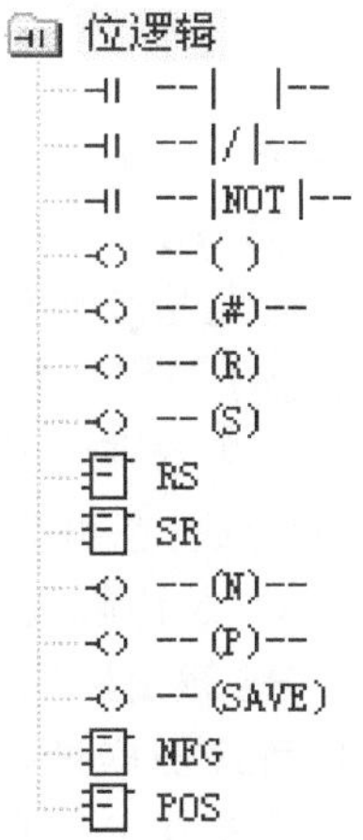

图 5-9　STEP 7 中逻辑指令梯形图形式

(4) ──( )──输出线圈

输出线圈的工作方式与继电器逻辑图中线圈的工作方式类似。如果有能流通过线圈（RLO＝1），将置位＜地址＞位置的位为"1"。如果没有能流通过线圈（RLO＝0），将置位＜地址＞位置的位为"0"。只能将输出线圈置于梯级的右端。可以有多个（最多16个）输出单元，使用──│NOT│──（能流取反）单元可以创建取反输出。

输出线圈所使用的操作数是：I、Q、M、L、D。

(5) ──(♯)──中间输出

中间标有"♯"的中间线圈是一种中间分配单元，它将 RLO 位状态（能流状态）保存到指定＜地址＞。中间输出单元保存前面分支单元的逻辑结果。以串联方式与其他触点连接时，可以像插入触点那样插入──(♯)──，并不影响能流向后传递。不能将──(♯)──单元连接到电源轨道、直接连接在分支连接的后面或连接在分支的尾部。使用──│NOT│──（能流取反）单元可以创建取反──(♯)──。

中间输出所使用的操作数是：I、Q、M、L、D。

(6) ──(R)复位指令

只有在前面指令的 RLO 为"1"（能流通过线圈）时，才会执行──(R)（复位线圈）。如果能流通过线圈（RLO 为"1"），将把单元的指定＜地址＞复位为"0"。RLO 为"0"（没有能流通过线圈）将不起作用，单元指定地址的状态将保持不变。＜地址＞也可以是置复位为"0"的定时器（T 编号）或置复位为"0"的计数器（C 编号）。

复位指令所使用的操作数是：I、Q、M、L、D、T、C。

(7) ──(S)置位指令

只有在前面指令的 RLO 为"1"（能流通过线圈）时，才会执行──(S)（置位线圈）。如果 RLO 为"1"，将把单元的指定＜地址＞置位为"1"，如果此时 RLO＝0，它仍然保持1 状态。RLO＝0 将不起作用，单元的指定地址的当前状态将保持不变。

置位指令所使用的操作数是：I、Q、M、L、D。

(8) ┤RS置位优先指令

如果 R 输入端的信号状态为"1"，S 输入端的信号状态为"0"，则复位 RS（置位优先型 RS 双稳态触发器）。否则，如果 R 输入端的信号状态为"0"，S 输入端的信号状态为"1"，则置位触发器。如果两个输入端的 RLO 状态均为"1"，则指令的执行顺序是最重要的。RS 触发器先在指定＜地址＞执行复位指令，然后执行置位指令，以使该地址在执行余下的程序扫描过程中保持置位状态。

只有在 RLO 为"1"时，才会执行 S（置位）和 R（复位）指令。这些指令不受 RLO "0"的影响，指令中指定的地址保持不变。

复位优先指令所使用的操作数是：S 是 I、Q、M、L、D；R 是 I、Q、M、L、D；Q 是 I、Q、M、L、D。

(9) ┤SR复位优先指令

如果 S 输入端的信号状态为"1"，R 输入端的信号状态为"0"，则置位 SR（复位优先型 SR 双稳态触发器）。否则，如果 S 输入端的信号状态为"0"，R 输入端的信号状态为"1"，则复位触发器。如果两个输入端的 RLO 状态均为"1"，则指令的执行顺序是最重要的。SR 触发器先在指定＜地址＞执行置位指令，然后执行复位指令，以使该地址在执行余下的程序扫描过程中保持复位状态。

只有在 RLO 为"1"时，才会执行 S（置位）和 R（复位）指令。这些指令不受 RLO "0"的影响，指令中指定的地址保持不变。

复位优先指令所使用的操作数同置位优先指令。

(10) ——(N)——RLO 负跳沿检测

检测地址中"1"到"0"的信号变化，并在指令后将其显示为 RLO＝"1"。将 RLO 中的当前信号状态与地址的信号状态（边沿存储位）进行比较。如果在执行指令前地址的信号状态为"1"，RLO 为"0"，则在执行指令后 RLO 将是"1"（脉冲），在所有其他情况下将是"0"。指令执行前的 RLO 状态存储在地址中。

(11) ——(P)——RLO 正跳沿检测

检测地址中"0"到"1"的信号变化，并在指令后将其显示为 RLO＝"1"。将 RLO 中的当前信号状态与地址的信号状态（边沿存储位）进行比较。如果在执行指令前地址的信号状态为"0"，RLO 为"1"，则在执行指令后 RLO 将是"1"（脉冲），在所有其他情况下将是"0"。指令执行前的 RLO 状态存储在地址中。

(12) ——(SAVE)：将 RLO 状态保存到 BR

将 RLO 保存到状态字的 BR 位。建议用户不要在使用 SAVE 后在同一块或从属块中校验 BR 位，因为这期间执行的指令中有许多会对 BR 位进行修改。建议用户在退出块前使用 SAVE 指令，因为 ENO 输出（＝BR 位）届时已设置为 RLO 位的值，所以可以检查块中是否有错误。

(13)　　　　　　　　　**地址下降沿检测**

比较＜address1＞的信号状态与前一次扫描的信号状态（存储在＜address2＞中）。如果当前 RLO 状态为"1"且其前一状态为"0"（检测到下降沿），执行此指令后 RLO 位将在一个扫描周期内是"1"。

(14)　　　　　　　　　**地址上升沿检测**

比较＜address1＞的信号状态与前一次扫描的信号状态（存储在＜address2＞中）。如果当前 RLO 状态为"0"且其前一状态为"1"（检测到上升沿），执行此指令后 RLO 位将在一个扫描周期内是"1"。

下面分类进行详细的讲解和使用举例。

5.3.2　位逻辑运算指令

位逻辑运算指令是"与"（AND）、"或"（OR）、"异或"（XOR）指令及其组合。它对"0"或"1"这些布尔操作数扫描，经逻辑运算后将逻辑操作结果送入状态字的 RLO 位。

A（And，与）指令来表示串联的常开触点。

O（Or，或）指令来表示并联的常开触点。

AN（And Not，与非）来表示串联的常闭触点。

ON（Or Not）来表示并联的常闭触点。

输出指令"＝"将 RLO 写入地址位，与线圈相对应。

图 5-10 所示为位逻辑运算指令梯形图与语句表之间的关系。

(1)"与"和"与非"（A，AN）指令

逻辑"与"在梯形图里是用串联的触点回路表示的，如果串联回路里的所有触点皆闭合，该回路就通"电"了。如图 5-11 所示。

```
A(
O    I    1.0
O    M    1.0
ON   M    1.2
)
AN   I    1.1
=    M    1.0
```

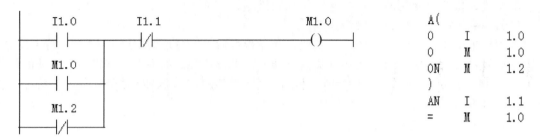

图 5-10 梯形图和语句表程序

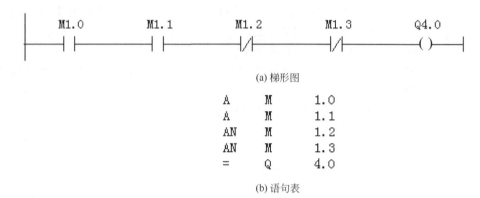

(a) 梯形图

```
A    M    1.0
A    M    1.1
AN   M    1.2
AN   M    1.3
=    Q    4.0
```

(b) 语句表

图 5-11 “与”和“与非”电路

(2) “或”和“或非”（O，ON）指令

逻辑“或”在梯形图里是用并联的触点回路表示的，被扫描的操作数标在触点上方。在图 5-12 中，只要有一个触点闭合，输出 Q4.0 的信号状态就为“1”。

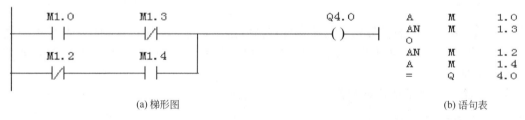

(a) 梯形图

```
A    M    1.0
AN   M    1.3
O
AN   M    1.2
A    M    1.4
=    Q    4.0
```

(b) 语句表

图 5-12 “或”和“或非”电路

(3) “异或”和“同非”（X，XN）指令

图 5-13(a) 是“异或”逻辑梯形图，图 5-13(b) 是与梯形图对应的语句表。在的语句表中，使用了“异或”和“同非”指令，分别用助记符“X”和“XN”来标识。它类似“或”和“或非”指令，用于扫描并联回路能否“通电”。

(a) 梯形图

```
X    M    1.0
X    M    1.2
=    Q    5.0
```

(b) 语句表

图 5-13 “异或”电路

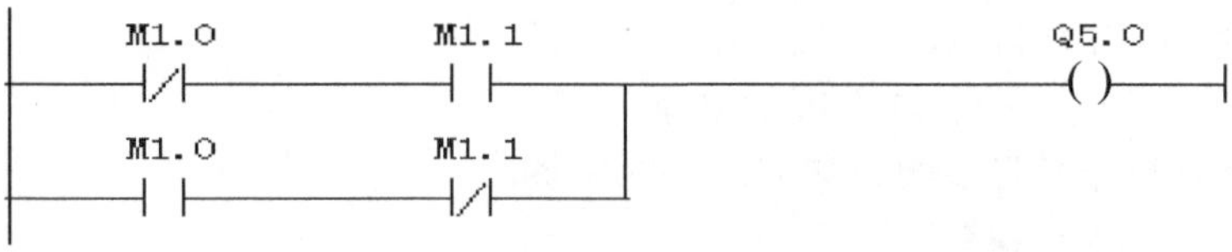

5.3.3　位操作指令

（1）输出指令

逻辑串输出指令又称为赋值操作指令，该操作把状态字中 RLO 的值赋给指定的操作数（位地址）。表 5-6 列出了操作数的数据类型和所在的存储区。

表 5-6　输出指令的功能说明

LAD 指令	STL 指令	功能	类型	存储区
＜位地址＞——（　）	＝＜位地址＞	逻辑串赋值输出	BOOL	Q、M、D、L
＜位地址＞——（#）——	—	中间结果赋值输出	BOOL	Q、M、D、L

一个 RLO 可被用来驱动几个输出元件。在 LAD 中，输出线圈是上下依次排列的。在 STL 中，与输出信号有关的指令被一个接一个地连续编程，这些输出具有相同的优先级。图 5-14 是多重输出梯形图和与之对应的语句表。

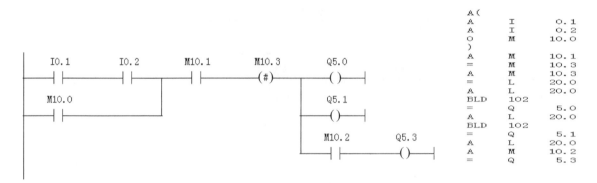

图 5-14　多重输出指令

（2）置位/复位指令

置位/复位指令根据 RLO 的值，来决定被寻址位的信号状态是否需要改变。若 RLO 的值为 1，被寻址位的信号状态被置 1 或清 0；若 RLO 是 0，则被寻址位的信号保持原状态不变。置位/复位指令说明如表 5-7 所示。图 5-15 给出了使用例子。

表 5-7　置位/复位指令

LAD 指令	STL 指令	功能	类型	存储区
＜位地址＞——（R）	R＜位地址＞	复位输出	BOOL TIMER COUNTER	Q、M、D、L T、C
＜位地址＞——（S）——	S＜位地址＞	置位输出	BOOL	Q、M、D、L

（3）RS 触发器

RS 触发器梯形图方块指令表示见表 5-8。方块中标有一个置位输入（S）端，一个复位输入（R）端，输出端标为 Q。触发器可以用在逻辑串最右端，结束一个逻辑串，也可用在逻辑串中，影响右边的逻辑操作结果。

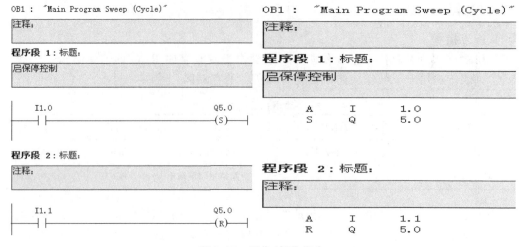

图 5-15　置位/复位指令

表 5-8　RS 触发器

复位优先型 SR	置位优先 RS	参数	数据类型	存储区
⟨位地址⟩	⟨位地址⟩	⟨位地址⟩ 需要置位、复位的位		
		S 允许置位输入	BOOL	Q、M、D、L
		R 允许复位输入		
		Q⟨地址⟩的状态		

图 5-16 给出了使用例子。

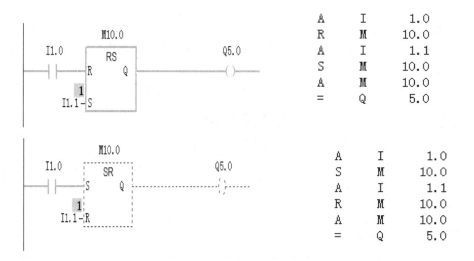

图 5-16　触发器梯形图和语句表

(4) 对 RLO 的直接操作指令

这一类指令直接对逻辑操作结果 RLO 进行操作，改变状态字中 RLO 位的状态。如表 5-9 所示。

表 5-9　对 RLO 的直接操作指令

LAD 指令	STL 指令	功能	说明
—┤NOT├—	NOT	取反 RLO	在逻辑串中,对当前的 RLO 取反
—	SET	置位 RLO	把 RLO 无条件置 1 并结束逻辑串;使 STA 置 1,OR、FC 清 0
—	CLR	复位 RLO	把 RLO 无条件清 0 并结束逻辑串;使 STA、OR、FC 清 0
——(SAVE)	SAVE	保存 RLO	把 RLO 存入状态字的 BR 位,该指令不影响其他状态位

图 5-17 和图 5-18 给出了使用例子。

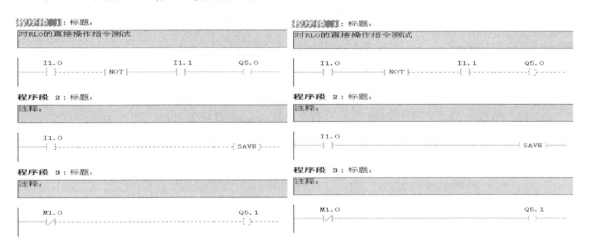

图 5-17　对 RLO 的直接操作梯形图

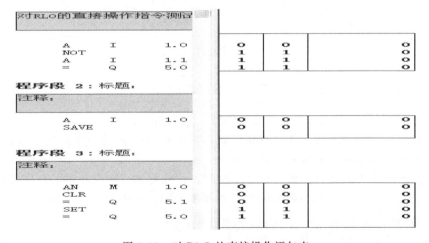

图 5-18　对 RLO 的直接操作语句表

5.3.4　位测试指令

当信号状态变化时就产生跳变沿。当从 0 变到 1 时,产生一个上升沿(或正跳沿);若从 1 变到 0，则产生一个下降沿（或负跳沿）。S7 中有两类跳变沿检测指令，一种是对 RLO 的跳变沿检测的指令，另一种是对触点跳变沿直接检测的梯形图方块指令。如表 5-10 所示。

表 5-10　位测试指令

LAD 指令	STL 指令	功能	操作数	数据类型	存储区
<位地址> —(P)—	FP<位地址>	RLO 正跳沿检测	<位地址>	BOOL	I、Q、M、D、L
<位地址> —(N)—	FN<位地址>	RLO 负跳沿检测	<位地址>	BOOL	I、Q、M、D、L

触点负跳沿检测		触点正跳沿检测		参数	数据类型	存储区
<位地址1> NEG Q <位地址2>— M_BIT		<位地址1> POS Q <位地址2>— M_BIT		<位地址 1> 被检测的位（触点）	BOOL	I、Q、M、D、L
				M_BIT 存储被检测位上一 个扫描周期的状态	BOOL	Q、M、D
				Q 单稳输出	BOOL	I、Q、M、D、L

注意：边沿检测常用于只扫描一次的情况，比如，在程序开始给一个变量赋了初值，如果不加边沿检测指令，由于 PLC 顺序循环扫描的特点，变量将永远是初始值，不发生任何变化。图 5-19 给出了使用例子。

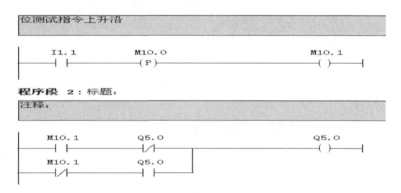

图 5-19　位测试指令

【例 5-1】　行车控制，用 STEP 7 编写程序，要求如下。

用按钮对行车的大车进行左移、右移控制，用按钮对行车的小车进行上升、下降控制，大车及小车的动态状态在数字量显示屏上显示。

分析：根据控制要求可知，要实现行车控制，首先要知道大车小车的启停条件。大车的启动条件有 I0.0 或 I0.1 按下，停止条件是 I0.2 按下或碰到限位开关（M200.0、M200.1）。小车与大车原理相似。

在 STEP 7 的 I/O 分配如表 5-11 所示。

表 5-11　I/O 分配表

序号	状态	符号	地址		数据类型
1		大车停止	I	0.2	BOOL

序号	状态	符号	地址		数据类型
2		大车右移	I	0.0	BOOL
3		大车右移动作	Q	5.0	BOOL
4		大车左移	I	0.1	BOOL
5		大车左移动作	Q	5.1	BOOL
6		上限位	M	200.2	BOOL
7		下限位	M	200.3	BOOL
8		小车上升	I	0.4	BOOL
9		小车上升动作	Q	5.2	BOOL
10		小车停止	I	0.6	BOOL
11		小车下降	I	0.5	BOOL
12		小车下降动作	Q	5.3	BOOL
13		右限位	M	200.0	BOOL
14		左限位	M	200.1	BOOL

梯形图程序如图 5-20 所示。

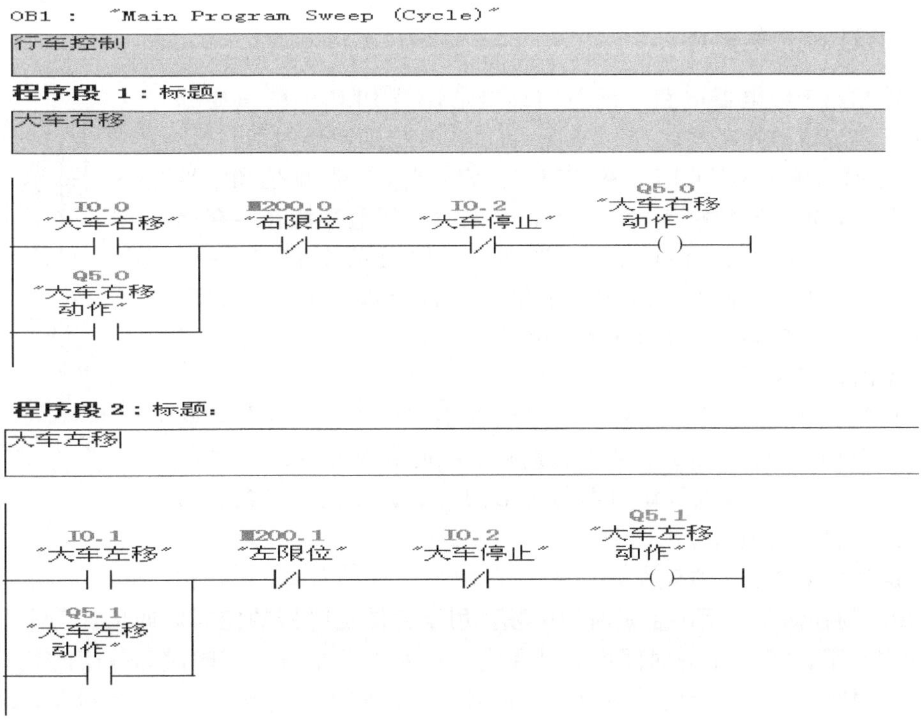

图 5-20

程序段 3: 标题:

小车上升

```
   IO.4           ▥200.2          IO.6          Q5.2
 "小车上升"        "上限位"       "小车停止"     "小车上升
                                                动作"
  ──┤├──────────────┤/├─────────────┤/├──────────( )──
   Q5.2
 "小车上升
  动作"
  ──┤├──
```

程序段 4: 标题:

小车下降

```
   IO.5           ▥200.3          IO.6          Q5.3
 "小车下降"        "下限位"       "小车停止"     "小车下降
                                                动作"
  ──┤├──────────────┤/├─────────────┤/├──────────( )──
   Q5.3
 "小车下降
  动作"
  ──┤├──
```

图 5-20　行车控制梯形图程序

5.4　定时器指令

5.4.1　定时器指令概述

定时器相当于继电器电路中的时间继电器,是 PLC 中的重要部件,它用于实现或监控时间序列。S5 是西门子 PLC 老产品的系列号,S5 定时器是西门子 S5 系列 PLC 的定时器。定时器是一种由位和字组成的复合单元,定时器的触点由位表示,其定时时间值存储在字存储器中。定时器的数目由 CPU 决定,S7-300 定时器的个数(128~2048)与 CPU 的型号有关。S7-300 中定时器包括以下几种,如图5-21 所示分别为定时器的梯形图和线圈指令形式。

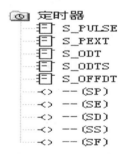

图 5-21　STEP 7 中
定时器指令

(1)　定时器指令分类

S7-300 提供的定时器有五种:脉冲定时器(SP),扩展定时器(SE),接通延时定时器(SD),带保持的接通延时定时器(SS)和断电延时定时器(SF)。这五种定时器的梯形图、数据类型、参数、描述及存储区如表 5-12 所示。

(2)　定时器字的表示方法

在 CPU 的存储器中留出了定时器区域,用于存储定时器的定时时间值。每个定时器为 2B,称为定时字。S7 中定时时间由时基和定时值两部分组成,定时时间等于时基与定时值的乘积。采用减计时,当定时器运行时,定时值不断减 1,直至减到 0,减到 0 表示定时时间到。定时时间到后会引起定时器触点的动作。

定时器的第 0~11 位存放 BCD 码格式的定时值,三位 BCD 码表示的范围是 0~999。第 12、13 位存放二进制格式的时基。如图 5-22 所示。表 5-13 给出了时基的表示方法。

表 5-12　定时器指令说明

名称	梯形图	数据类型	参数	存储区	描述
S_PULSE； 脉冲 S5 定时器	S_PULSE S　Q TV　BI R　BCD	定时器	T 编号	T	定时器标识号，范围取决于 CPU
S_PEXT； 扩展脉冲 S5 定时器	S_PEXT S　Q TV　BI R　BCD	S	BOOL	I、Q、M、L、D	使能输入，启动输入端
		TV	S5TIME	I、Q、M、L、D	预设时间值
S_ODT； 接通延时 S5 定时器	S_ODT S　Q TV　BI R　BCD	R	BOOL	I、Q、M、L、D	复位输入端
		BI	WORD	I、Q、M、L、D	剩余时间值，整型格式
S_ODTS； 保持接通延时 S5 定时器	S_ODTS S　Q TV　BI R　BCD	BCD	WORD	I、Q、M、L、D	剩余时间值，BCD格式
S_OFFDT； 断开延时 S5 定时器	S_OFFDT S　Q TV　BI R　BCD	Q	BOOL	I、Q、M、L、D	定时器的状态

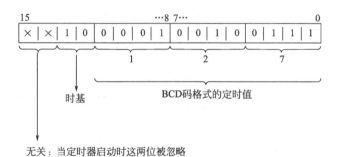

图 5-22　定时器字

表 5-13　时基的表示

时基	二进制时基	分辨率	定时范围
10s	00	0.01s	10ms～9s_990ms
100ms	01	0.1s	100ms～1m_39s_900ms
1s	10	1s	1s～16m_39s
10s	11	10s	10s～2h_46m_30s

从表 5-13 中可以看出：时基小定时分辨率高，但定时范围窄；时基大分辨率低，但定时范围宽。

当定时器启动时，累加器 1 低字的内容被当作定时时间装入定时字中。这一过程是由操作系统控制自动完成的，用户只需给累加器 1 装入不同的数值，即可设置需要的定时时间。

推荐采用下述直观的句法：

L　　W♯16♯ txyz

其中：t＝时基，取值 0、1、2、3，分别表示时基为 10ms、100ms、1s、10s；xyz＝定时值，是 BCD 码格式的时间值，取值范围 1～999。

也可直接使用 S5 中的时间表示法装入定时数值，例如：

L　　S5T♯ aH＿bbM＿ccS＿dddMS

其中：a＝小时，bb＝分钟，cc＝秒，ddd＝毫秒；设定范围为 1MS～2H＿46M＿30S。此时，时基是自动选择的，原则是：根据定时时间选择能满足定时范围要求的最小时基。在梯形图中必须使用"S5T♯"格式的时间预置值 S5T♯ aH＿bbM＿ccS＿dddMS，在输入时可以不输入下划线。

在语句表中，还可以使用 IEC 格式的时间值，即在时间值的前面加 T♯，例如 T♯50S。

5.4.2　定时器指令

图 5-23 给出了 S7-300 中五种类型定时器的工作状态时序图。

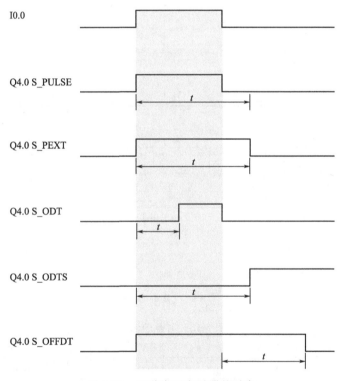

图 5-23　五种类型定时器的时序

(1) 脉冲定时器（SP，Pulse Timer）

如果在启动（S）输入端有一个上升沿，S＿PULSE（脉冲 S5 定时器）将启动指定的定时器。信号变化始终是启用定时器的必要条件。定时器在输入端 S 的信号状态为"1"时运行，但最长周期是由输入端 TV 指定的时间值。只要定时器运行，输出端 Q 的信号状态就为"1"。如果在时间间隔结束前，S 输入端从"1"变为"0"，则定时器将停止。这种情况下，输出端 Q 的信号状态为"0"。

如果在定时器运行期间定时器复位（R）输入从"0"变为"1"，则定时器将被复位。当前时间和时间基准也被设置为零。如果定时器不是正在运行，则定时器 R 输入端的逻辑

"1" 没有任何作用。

可在输出端 BI 和 BCD 扫描当前时间值。时间值在 BI 端是二进制编码，在 BCD 端是 BCD 编码。当前时间值为初始 TV 值减去定时器启动后经过的时间。

脉冲定时器时序波形图如图 5-24 所示。

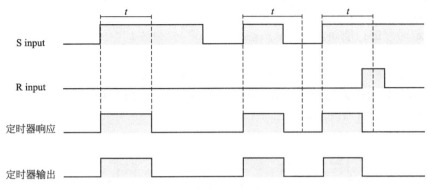

图 5-24　脉冲定时器时序波形图

在 STEP 7 中使用如图 5-25 所示。

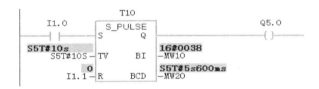

图 5-25　脉冲定时器（SP）

如果输入端 I1.0 的信号状态从 "0" 变为 "1"（RLO 中的上升沿），则定时器 T10 将启动。只要 I1.0 为 "1"，定时器就将继续运行指定的 10s 时间。如果定时器达到预定时间前，I1.0 的信号状态从 "1" 变为 "0"，则定时器将停止。如果输入端 I1.1 的信号状态从 "0" 变为 "1"，而定时器仍在运行，则时间复位。只要定时器运行，输出端 Q5.0 就是逻辑 "1"，如果定时器预设时间结束或复位，则输出端 Q5.0 变为 "0"。MW10、MW20 为时间的当前值。

图 5-25 对应的 STL 语句表如下：

```
A    I1.0
L    S5T#10s        //装入定时时间到 ACCU1
SP   T10            //启动脉冲定时器 T10
A    I1.1
R    T 10           //定时器 T10 复位
L    T 10           //装载当前时间值（整数格式）
T    MW 10
LC   T 10           //装载当前时间值（BCD 格式）
T    MW 20
A    T10
=    Q5.0
```

(2) 扩展脉冲定时器（SE，Extended Pulse Timer）

如果在启动（S）输入端有一个上升沿，S_PEXT（扩展脉冲 S5 定时器）将启动指定的定时器。信号变化始终是启用定时器的必要条件。定时器以在输入端 TV 指定的预设时间间隔运行，即使在时间间隔结束前，S 输入端的信号状态变为"0"。只要定时器运行，输出端 Q 的信号状态就为"1"。如果在定时器运行期间输入端 S 的信号状态从"0"变为"1"，则将使用预设的时间值重新启动（"重新触发"）定时器。

如果在定时器运行期间复位（R）输入从"0"变为"1"，则定时器复位。当前时间和时间基准被设置为零。

可在输出端 BI 和 BCD 扫描当前时间值。时间值在 BI 处为二进制编码，在 BCD 处为 BCD 编码。当前时间值为初始 TV 值减去定时器启动后经过的时间。

扩展脉冲定时器时序波形图如图 5-26 所示。

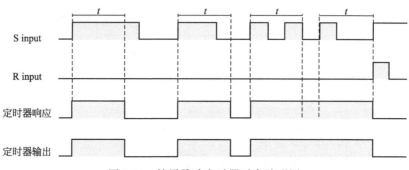

图 5-26　扩展脉冲定时器时序波形图

在 STEP 7 中使用如图 5-27 所示。

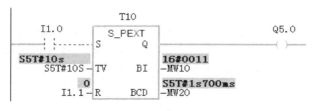

图 5-27　扩展脉冲定时器（SE）

如果输入端 I1.0 的信号状态从"0"变为"1"（RLO 中的上升沿），则定时器 T10 将启动。定时器将继续运行指定的 10s 时间，而不会受到输入端 S 处下降沿的影响。如果在定时器达到预定时间前，I1.0 的信号状态从"0"变为"1"，则定时器将被重新触发。只要定时器运行，输出端 Q4.0 就为逻辑"1"。MW10、MW20 为时间的当前值。

图 5-27 对应的 STL 语句表如下：

```
A    I1.0
L    S5T#10s       //装入定时时间到 ACCU1
SE   T10           //启动扩展脉冲定时器 T10
A    I1.1
R    T10           //定时器 T10 复位
L    T10           //装载当前时间值（整数格式）
T    MW10
```

```
LC   T 10              //装载当前时间值（BCD 格式）
T    MW 20
A    T10
=    Q5.0
```

(3) 接通延时定时器（SD，ON-Delay Timer）

接通延时定时器是使用得最多的定时器。如果在启动（S）输入端有一个上升沿，S＿ODT（接通延时 S5 定时器）将启动指定的定时器。信号变化始终是启用定时器的必要条件。只要输入端 S 的信号状态为 "1"，定时器就以在输入端 TV 指定的时间间隔运行。定时器达到指定时间而没有出错，并且 S 输入端的信号状态仍为 "1" 时，输出端 Q 的信号状态为 "1"。如果定时器运行期间输入端 S 的信号状态从 "1" 变为 "0"，定时器将停止。这种情况下，输出端 Q 的信号状态为 "0"。

如果在定时器运行期间复位（R）输入从 "0" 变为 "1"，则定时器复位。当前时间和时间基准被设置为零。然后，输出端 Q 的信号状态变为 "0"。如果在定时器没有运行时 R 输入端有一个逻辑 "1"，并且输入端 S 的 RLO 为 "1"，则定时器也复位。

可在输出端 BI 和 BCD 扫描当前时间值。时间值在 BI 处为二进制编码，在 BCD 处为 BCD 编码。当前时间值为初始 TV 值减去定时器启动后经过的时间。

接通延时定时器时序波形图如图 5-28 所示。

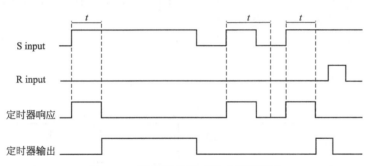

图 5-28　接通延时定时器时序波形图

在 STEP 7 中使用如图 5-29 所示。

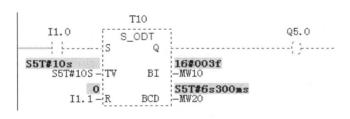

图 5-29　接通延时定时器（SD）

如果 I1.0 的信号状态从 "0" 变为 "1"（RLO 中的上升沿），则定时器 T10 将启动。如果指定的 10s 时间结束并且输入端 I1.0 的信号状态仍为 "1"，则输出端 Q5.0 将为 "1"。如果 I1.0 的信号状态从 "1" 变为 "0"，则定时器停止，并且 Q5.0 将为 "0"（如果 I1.1 的信号状态从 "0" 变为 "1"，则无论定时器是否运行，时间都复位）。MW10、MW20 为时间的当前值。

图 5-29 对应的 STL 语句表如下：

```
A    I 1.0
L    S5T#10s      //装入定时时间到 ACCU1
SD   T10          //启动接通延时定时器 T10
A    I1.1
R    T 10         //定时器 T10 复位
L    T 10         //装载当前时间值（整数格式）
T    MW 10
LC   T 10         //装载当前时间值（BCD 格式）
T    MW 20
A    T10
=    Q5.0
```

（4）带保持的接通延时定时器（SS，Retentive ON-Delay Timer）

如果在启动（S）输入端有一个上升沿，S＿ODTS（保持接通延时 S5 定时器）将启动指定的定时器。信号变化始终是启用定时器的必要条件。定时器以在输入端 TV 指定的时间间隔运行，即使在时间间隔结束前，输入端 S 的信号状态变为"0"。定时器预定时间结束时，输出端 Q 的信号状态为"1"，而无论输入端 S 的信号状态如何。如果在定时器运行时输入端 S 的信号状态从"0"变为"1"，则定时器将以指定的时间重新启动（重新触发）。

如果复位（R）输入从"0"变为"1"，则无论 S 输入端的 RLO 如何，定时器都将复位。然后，输出端 Q 的信号状态变为"0"。

可在输出端 BI 和 BCD 扫描当前时间值。时间值在 BI 端是二进制编码，在 BCD 端是 BCD 编码。当前时间值为初始 TV 值减去定时器启动后经过的时间。

带保持的接通延时定时器时序波形图如图 5-30 所示。

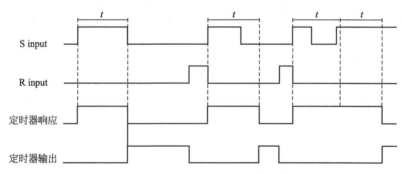

图 5-30　带保持的接通延时定时器时序波形图

在 STEP 7 中使用如图 5-31 所示。

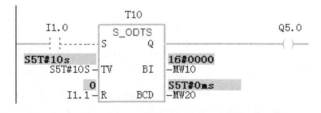

图 5-31　带保持的接通延时定时器（SS）

如果 I1.0 的信号状态从"0"变为"1"（RLO 中的上升沿），则定时器 T10 将启动。无论 I1.0 的信号是否从 "1" 变为 "0"，定时器都将运行。如果在定时器达到指定时间前，I1.0 的信号状态从 "0" 变为 "1"，则定时器将重新触发。如果定时器达到指定时间，则输出端 Q5.0 将变为 "1"。如果输入端 I1.1 的信号状态从 "0" 变为 "1"，则无论 S 处的 RLO 如何，时间都将复位。MW10、MW20 为时间的当前值。

图 5-31 对应的 STL 语句表如下：

```
A    I 1.0
L    S5T#10s      //装入定时时间到 ACCU1
SS   T10          //启动保持型接通延时定时器器 T10
A    I1.1
R    T 10         //定时器 T10 复位
L    T 10         //装载当前时间值（整数格式）
T    MW 10
LC   T 10         //装载当前时间值（BCD 格式）
T    MW 20
A    T10
=    Q5.0
```

（5）断电延时定时器（SF，Off - Delay Timer）

如果在启动（S）输入端有一个下降沿，S_OFFDT（断开延时 S5 定时器）将启动指定的定时器。信号变化始终是启用定时器的必要条件。如果 S 输入端的信号状态为 "1"，或定时器正在运行，则输出端 Q 的信号状态为 "1"。如果在定时器运行期间输入端 S 的信号状态从 "0" 变为 "1" 时，定时器将复位。输入端 S 的信号状态再次从 "1" 变为 "0" 后，定时器才能重新启动。

如果在定时器运行期间复位（R）输入从 "0" 变为 "1"，定时器将复位。

可在输出端 BI 和 BCD 扫描当前时间值。时间值在 BI 端是二进制编码，在 BCD 端是 BCD 编码。当前时间值为初始 TV 值减去定时器启动后经过的时间。

断电延时定时器时序波形图如图 5-32 所示。

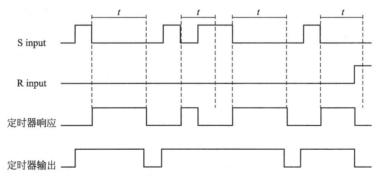

图 5-32　断电延时定时器时序波形图

在 STEP 7 中使用如图 5-33 所示。

如果 I1.0 的信号状态从 "1" 变为 "0"，则定时器启动。I1.0 为 "1" 或定时器运行时，Q5.0 为 "1"。如果在定时器运行期间 I1.1 的信号状态从 "0" 变为 "1"，则定时器复位。MW10、MW20 为时间的当前值。

图 5-33 对应的 STL 语句表如下：

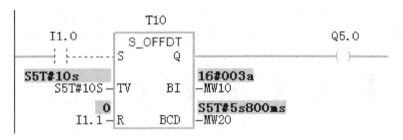

图 5-33　断电延时定时器（SF）

```
A    I 1.0
L    S5T#10s      //装入定时时间到 ACCU1
SF   T10          //启动断电延时定时器器 T10
A    I1.1
R    T 10         //定时器 T10 复位
L    T 10         //装载当前时间值（整数格式）
T    MW 10
LC   T 10         //装载当前时间值（BCD 格式）
T    MW 20
A    T10
=    Q5.0
```

（6）定时器线圈指令

S7-300 中五种类型的定时器还有其线圈指令形式可以使用，如表 5-14 所示。线圈指令的使用可以简化梯形图结构，很方便地来组织程序。

表 5-14　五种类型定时器线圈指令

LAD 指令	STL 指令	功　能
T no. ——(SP) 时间值	SP　T no.	启动脉冲定时器 时间值的数据类型为： S5TIME
T no. ——(SE) 时间值	SE　T no.	启动扩展脉冲定时器
T no. ——(SD) 时间值	SD　T no.	启动接通延时定时器
T no. ——(SS) 时间值	SS　T no.	启动保持型接通延时定时器
T no. ——(SF) 时间值	SF　T no.	启动断电延时定时器
	FR　T no.	允许再启动定时器

线圈指令使用如图 5-34 所示。

对于以上 5 种不同形式的定时器指令，一般的选择原则是：

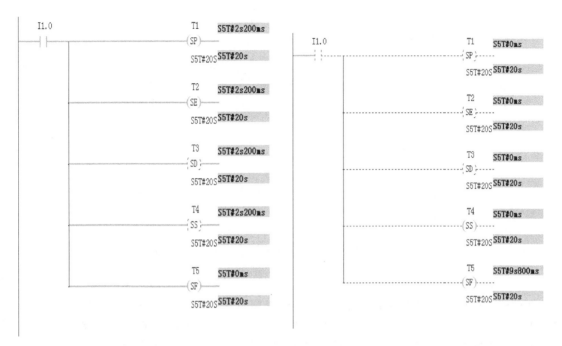

图 5-34　定时器线圈指令

① 如果要求输出信号为 1 的时间等于定时器的设定时间，且要求输入与输出信号状态一致时，可选择脉冲定时器 SP。

② 如果要求输出信号为 1 的时间等于定时器的设定时间，但不要求输入与输出信号状态一致，不考虑输入信号为 1 的时间长短，可选择扩展脉冲定时器 SE。

③ 如果要求设定时间到且输入信号仍为 1 时，输出信号才从 0 变到 1，可选择接通延时定时器 SD。

④如果要求设定时间到时，输出信号才从 0 变到 1，而不考虑输入信号此时的状态及为 1 的时间长短，可选择保持型接通延时定时器 SS 。

⑤ 如果要求输入信号从 0 变化到 1 时，输出信号也从 0 变化到 1，当输入信号从 1 变化到 0 时才开始延时，延时时间到时输出信号才从 1 变化到 0，可选择断电延时定时器 SF。

同时 S7-300 的定时器种类比较多，在编程时恰当使用可以简化程序，并且在定时时间很短或者精度要求比较高时，需要采用外部时钟来实现。

5.4.3　定时器编程举例

【例 5-2】　用接通延时定时器设计周期与占空比可调的振荡电路。

分析：一个周期与占空比可调振荡电路在 PLC 中实现，要用脉冲，而脉冲的占空比用定时器来实现。考虑到脉冲的一个周期有 "0" 和 "1" 两个状态，要用到两个定时器来完成周期与占空比可调的脉冲。具体程序实现见图 5-35。

程序功能分析：当 I0.5 被按下，定时器 T2 开始工作，2s 后，T2 接通，T3 开始工作，再过 3s，T3 接通；下一个扫描周期，T2 停止工作，接下来 T3 停止工作；再下一个扫描周期，T2 又开始工作，如此往复。Q5.0 将以占空比 3：5 的比例输出脉冲。

【例 5-3】　用脉冲定时器设计一个周期振荡电路，振荡周期为 15s，占空比为 1：3（占空比是指高电平在一个周期之内所占的时间比例）。

说明：在设计中，用 T1 和 T2 分别定时 10s 和 5s，用 I0.0 启动振荡电路。因为是周期

OB1： "Main Program Sweep (Cycle)"
程序段 1：标题：

```
      I0.5          T3                              T2
   ──┤ ├────────┤/├──────────────────────────( SD )──
                                                 S5T#2S
```

程序段 2：标题：

```
       T2                                        T3
   ──┤ ├──────────────────────────────────────( SD )──
                                                S5T#3S

                                                Q5.0
                                              ──( )────
```

图 5-35　振荡电路梯形图

振荡电路，所以 T1 和 T2 必须互相启动。具体程序实现如图 5-36 所示。程序段 1 中，T2 需用常闭触点，否则，T1 无法启动。在程序段 2 中，T1 工作期间，T2 不能启动工作。所以 T1 需用常闭触点来启动 T2。即当 T1 定时时间到时，T1 的常闭触点断开，从而产生 RLO 上跳沿，启动 T2 定时器。如此循环，在 Q4.0 端形成振荡电路。

【例 5-4】　周期性的脉冲也可以通过 CPU 的硬件来产生。在 S7 系列 PLC 的 CPU 的位存储器 M 中，可以任意指定一个字节，如 MB100，作为时钟脉冲存储器，当 PLC 运行时，MB100 的各个位，能周期性地改变二进制值，即产生不同频率（或周期）的时钟脉冲。要使用该功能，在硬件配置时需要设置 CPU 的属性，在硬件组态中双击 CPU 所在的槽，在其弹出的属性对话框中，选中"周期/时钟存储器"，其中有一个选项为时钟存储器，选中选择框就可激活该功能。如图 5-37 所示。

分析：时钟存储器各位的周期及频率如表 5-15 所示。

OB1： "Main Program Sweep (Cycle)"
程序段 1：标题：

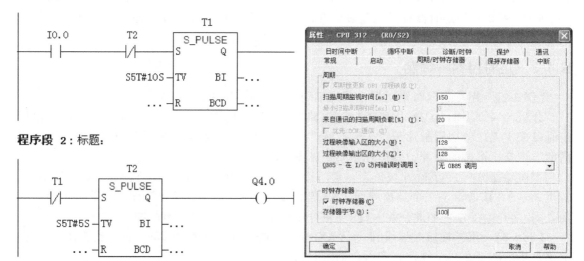

图 5-36　振荡电路梯形图　　　　　　　　　　　图 5-37　周期性脉冲设置

表 5-15　时钟存储器各位的周期及频率表

位	7	6	5	4	3	2	1	0
周期/s	2	1.6	1	0.8	0.5	0.4	0.2	0.1
频率/Hz	0.5	0.625	1	1.25	2	2.5	5	10

【**例 5-5**】　用计数器扩展定时器的定时范围。要求：I0.0 为复位按钮兼启动按钮，定时范围为 12h。12h 之后，将电磁阀 Q4.0 打开。

分析：单个定时器最长的时间是 9990s，2 个多小时。为了实现 12h 的定时功能，可以先设计一周期振荡电路，其中接通延时定时器 T1 和 T2 的定时时间均为 7200s，这样振荡周期为 4h，如果结合一个初始值为 3 的减法计数器，每隔 4h 触发，则在减计数器计数值减至零时，相当于经过了 12h。其梯形图如图 5-38 所示。

OB1：″Main Program Sweep（Cycle）″

程序段 1：标题：

```
     I0.0        T2              T1
    ──┤├──────┤/├───────────────(SD)──
                                S5T#2H
```

程序段 2：标题：

```
     T1                          T2
    ──┤├───────────────────────(SD)──
                                S5T#2H
```

程序段 3：标题：

```
     I0.0        M0.0            C0
    ──┤├────────(P)─────────────(SC)──
                                C#3
```

程序段 4：标题：

```
     T1          M0.1            C0
    ──┤├────────(N)─────────────(CD)──
```

程序段 5：标题：

```
     I0.0                        C0
    ──┤/├───────────────────────(R)──
```

程序段 6：标题：

```
     C0          I0.0            Q4.0
    ──┤/├────────┤├─────────────( )──
```

图 5-38　定时器扩展程序图

5.5 计数器指令

5.5.1 计数器指令概述

计数器的任务是完成计数，在 STEP 7 中计数器用于对 RLO 正跳沿计数。计数器又分普通计数器和高速计数器，本章将对普通计数器进行讲解。计数器是一种由位和字组成的复合单元，计数器的输出由位表示，其计数值存储在字存储器中。在 CPU 的存储器中留出了计数器区域，该区域用于存储计数器的计数值。每个计数器为 2 个字节（Byte），称为计数字。计数器字中的第 0~11 位表示计数值（BCD 码格式），三位 BCD 码表示的计数范围是 0~999，第 12~15 位没有用途。不同的 CPU 模块，用于计数器的存储区域也不同，最多允许使用 64~512 个计数器。计数器字格式如图 5-39 所示。

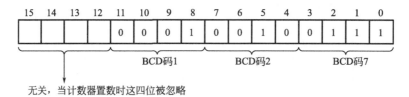

图 5-39 计数器字格式

当计数器启动时，累加器 1 低字的内容被当作计数初值装入计数字中。这一过程是由操作系统控制自动完成的，用户只需给累加器 1 装入不同的数值，即可设置需要的计数初值。只要计数器的计数值不是"0"，计数器的输出就为"1"。

L   C# xyz

其中：xyz＝计数初值，取值范围为 1~999。

5.5.2 计数器指令

在 STEP 7 中计数器有图 5-40 所示的三种。

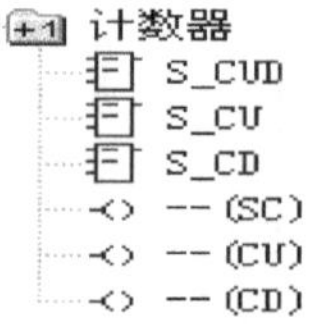

在 STEP 7 中除了块图形式的计数器指令以外，S7-300 系统还为用户准备了 LAD 环境下的线圈形式的计数器。这些指令有计数器初值预置指令 SC、加计数器指令 CU 和减计数器指令 CD。如表 5-16 所示。

图 5-40 STEP 7 中计数器指令

表 5-16 计数器线圈指令

LAD	参数	数据类型	存储区	描述
<C 编号> ——(SC)—— <预设值>	C 编号	COUNTER	C	计数器标识号,其范围依赖于 CPU,地址表示预置初值的计数器号
	预置值	WORD	I、Q、M、L、D	预置值(必须为 BCD 码格式,即为 C#,例如 C#30)
<C 编号> ——(CU)	C 编号	COUNTER	C	地址表示要执行加法计数的计数器号
<C 编号> ——(CD)	C 编号	COUNTER	C	地址表示要执行减法计数的计数器号

当逻辑位 RLO 有正跳沿时，计数器置初值线圈将预置值装入指定计数器中。若 RLO 位的状态没有正跳沿发生，则计数器的值保持不变。

初值预置 SC 指令若与 CU 指令配合可实现 S＿CU 指令的功能，当逻辑位 RLO 有正跳沿时，加法计数器线圈使指定计数器的值加 1，如果 RLO 位的状态没有正跳沿发生，或者计数器数值已经达到最大值 999，则计数器的值保持不变。

SC 指令若与 CD 指令配合可实现 S＿CD 指令的功能，当逻辑位 RLO 有正跳沿时，减法计数器线圈使指定计数器的值减 1，如果 RLO 位的状态没有正跳沿发生，或者计数器数值已经达到最小值 0，则计数器的值保持不变。SC 指令若与 CU 和 CD 配合可实现 S＿CUD 的功能。

(1) 加计数器指令（S＿CU，Up Counter）

加计数器梯形图指令的端子说明如表 5-17 所示。

表 5-17　加计数器

S_CU 加计数器	参数	数据类型	存储区	描述
	C 编号	COUNTER	C	计数器标识号，其范围依赖于 CPU
	CU	BOOL	I、Q、M、L、D	加计数输入
	S	BOOL	I、Q、M、L、D	为预设计数器设置输入
	PV	WORD	I、Q、M、L、D 或常数	将计数器值以"C＃＜值＞"的格式输入（范围 0～999）
	R	BOOL	I、Q、M、L、D	复位输入
	CV	WORD	I、Q、M、L、D	当前计数器值，十六进制
	CV_BCD	WORD	I、Q、M、L、D	当前计数器值，BCD 码
	Q	BOOL	I、Q、M、L、D	计数器状态输出

如果输入 S 有上升沿，则 S＿CU（加计数器）预置为输入 PV 的值。

如果输入 R 为"1"，则计数器复位，并将计数值设置为零。

如果输入 CU 的信号状态从"0"切换为"1"，并且计数器的值小于"999"，则计数器的值增 1。

如果已设置计数器并且输入 CU 为 RLO＝1，则即使没有从上升沿到下降沿或下降沿到上升沿的变化，计数器也会在下一个扫描周期进行相应的计数。

如果计数值大于等于零（"0"），则输出 Q 的信号状态为"1"。

加计数器的使用如图 5-41 所示。

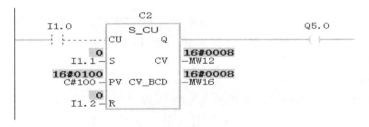

图 5-41　加计数器

如果 I1.1 从"0"改变为"1"，则计数器预置为 MW12、MW16 的值。如果 I1.0 的信号状态从"0"改变为"1"，则计数器 C2 的值将增加 1，当 C2 的值等于"999"时除外。如果 C2 不等于零，则 Q5.0 为 "1"。

(2) 减计数器指令（S_CD，Down Counter）

减计数器梯形图指令的端子说明如表 5-18 所示。

表 5-18　减计数器

S_CD 减计数器	参数	数据类型	存储区	描述
	C 编号	COUNTER	C	计数器标识号,其范围依赖于 CPU
	CD	BOOL	I、Q、M、L、D	减计数输入
	S	BOOL	I、Q、M、L、D	为预设计数器设置输入
	PV	WORD	I、Q、M、L、D 或常数	将计数器值以 "C#<值>" 的格式输入(范围 0~999)
	R	BOOL	I、Q、M、L、D	复位输入
	CV	WORD	I、Q、M、L、D	当前计数器值,十六进制
	CV_BCD	WORD	I、Q、M、L、D	当前计数器值,BCD 码
	Q	BOOL	I、Q、M、L、D	计数器状态

如果输入 S 有上升沿，则 S_CD（减计数器）设置为输入 PV 的值。

如果输入 R 为 1，则计数器复位，并将计数值设置为零。

如果输入 CD 的信号状态从 "0" 切换为 "1"，并且计数器的值大于零，则计数器的值减 1。

如果已设置计数器并且输入 CD 为 RLO＝1，则即使没有从上升沿到下降沿或下降沿到上升沿的变化，计数器也会在下一个扫描周期进行相应的计数。

如果计数值大于等于零（"0"），则输出 Q 的信号状态为 "1"。

减计数器的使用如图 5-42 所示。

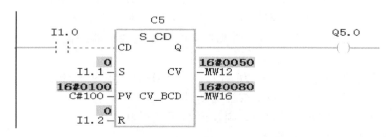

图 5-42　减计数器

如果 I1.1 从 "0" 改变为 "1"，则计数器预置为 MW12、MW16 的值。如果 I1.0 的信号状态从 "0" 改变为 "1"，则计数器 C5 的值将减 1，当 C5 的值等于 "0" 时除外。如果 C5 不等于零，则 Q5.0 为 "1"。

(3) 加减计数器（S_CUD）

加减计数器梯形图指令的端子说明如表 5-19 所示。

如果输入 S 有上升沿，S_CUD（双向计数器）预置为输入 PV 的值。如果输入 R 为 1，则计数器复位，并将计数值设置为零。如果输入 CU 的信号状态从 "0" 改变为 "1"，并且计数器的值小于 "999"，则计数器的值增 1。如果输入 CD 有上升沿，并且计数器的值大于 "0"，则计数器的值减 1。

表 5-19　加减计数器

S_CUD 加减计数器	参数	数据类型	存储区	描述
	C 编号	COUNTER	C	计数器标识号,其范围依赖于 CPU
	CU	BOOL	I、Q、M、L、D	加计数输入
	CD	BOOL	I、Q、M、L、D	减计数输入
	S	BOOL	I、Q、M、L、D	为预设计数器设置输入
	PV	WORD	I、Q、M、L、D 或常数	将计数器值以"C♯<值>"的格式输入(范围 0~999)
	R	BOOL	I、Q、M、L、D	复位输入
	CV	WORD	I、Q、M、L、D	当前计数器值,十六进制
	CV_BCD	WORD	I、Q、M、L、D	当前计数器值,BCD 码
	Q	BOOL	I、Q、M、L、D	计数器状态

如果两个计数输入都有上升沿,则执行两个指令,并且计数值保持不变。

如果已设置计数器并且输入 CU/CD 为 RLO=1,则即使没有从上升沿到下降沿或下降沿到上升沿的变化,计数器也会在下一个扫描周期进行相应的计数。

加减计数器的使用如图 5-43 所示。

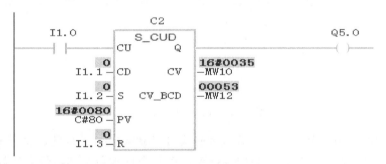

图 5-43　加减计数器

如果 I1.2 从"0"改变为"1",则计数器预置为 C♯80,十六进制为 16♯0050。如果 I1.0 的信号状态从"0"改变为"1",则计数器 C2 的值将增加 1,当 C2 的值等于"999"时除外。如果 I1.1 从"0"改变为"1",则 C2 减少 1,但当 C10 的值为"0"时除外。如果 C2 不等于零,则 Q5.0 为"1"。

(4) 计数器使用注意事项

① 计数脉冲从何而来,即计数器的启动问题;同时注意:计数器指令的加、减计数输入端以及预置值输入端均为上升沿执行,即逻辑位必须有从"0"到"1"的变化时,指令才会执行。

② 在开始动作之前,需要计多少个数,即赋值问题。比如要将 10 个货物装入一个箱子中,那就要赋值为 10,并使用减计数器。

③ 如何复位计数器,让它重新开始计数。比如一个箱子装满 10 个货物后,需要再装另外一个箱子,此时必须重新启动计数器。

④ 计数器触点的状态由计数器的值决定,如果计数值等于零,则计数器触点的状态为低电平"0",如果计数值不等于零(无论等于几),则计数器触点的状态为高电平"1"。

⑤ 如何实现现场监控当前计数值。

5.5.3 计数器编程举例

【例 5-6】 用比较和计数指令编写开关灯程序，要求灯控按钮 I1.0 按下一次，灯 Q5.0 亮，按下两次，灯 Q5.0、Q5.1 全亮，按下三次灯全灭，如此循环。

分析：在程序中所用计数器为加法计数器，当加到 3 时，必须复位计数器，这是关键。灯控制程序如图 5-44 所示。

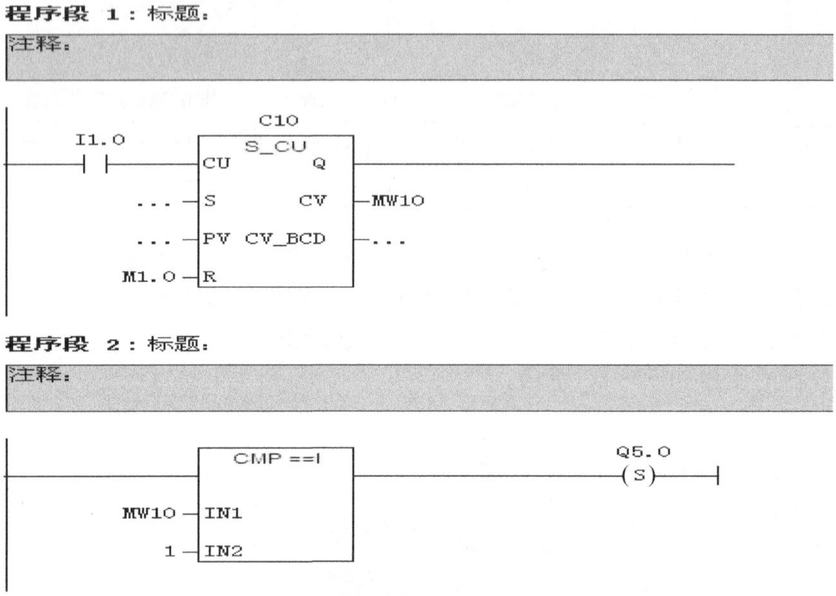

程序段 1：标题：

注释：

```
                       C10
     I1.0             S_CU
    ─┤ ├──────────CU       Q ─────────────────
                ...─S      CV ──MW10
                ...─PV CV_BCD ──...
     M1.0
    ───────────────R
```

程序段 2：标题：

注释：

```
             CMP ==I                    Q5.0
            ┌────────┐                  ─(S)──┤
     MW10 ──┤IN1     │
        1 ──┤IN2     │
            └────────┘
```

图 5-44 开关灯程序梯形图

【例 5-7】 在 S7-300 中，单个计数器的最大计数值是 999，如果要求大于 999 的计数，就要进行扩展。结合应用传送指令和比较指令，将两个计数器级连，最大计数值可达 999^2，n 个计数器级连，最大计数值可达 999^n。程序如图 5-45 所示。

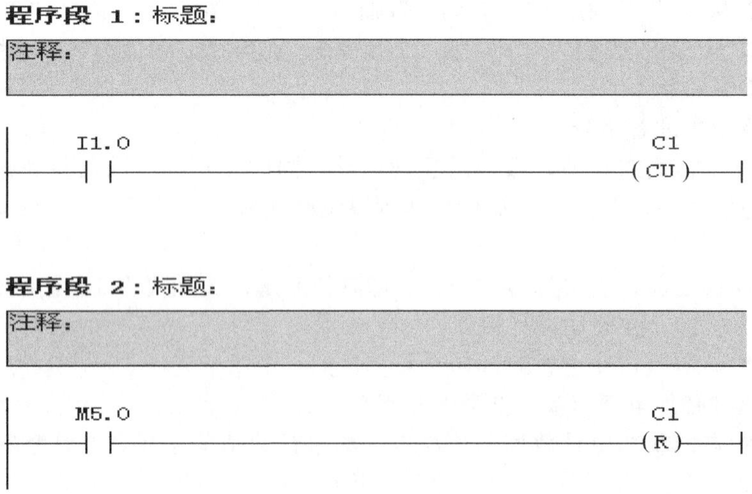

程序段 1：标题：

注释：

```
            I1.0                         C1
         ──┤ ├─────────────────────────(CU)──┤
```

程序段 2：标题：

注释：

```
            M5.0                         C1
         ──┤ ├─────────────────────────(R)──┤
```

程序段 3：标题：

注释：

```
              MOVE
         EN       ENO
C1 ─────  IN       OUT  ─── MW10
```

程序段 4：标题：

注释：

```
                                      M5.0
         CMP ==I                      ─( )─
MW10 ─── IN1
 999 ─── IN2
```

程序段 5：标题：

注释：

```
      M5.0                            C2
      ─┤ ├─                          ─(CU)─
```

程序段 6：标题：

注释：

```
              MOVE
         EN       ENO
C2 ─────  IN       OUT  ─── MW12
```

程序段 7：标题：

注释：

```
                                      Q5.0
         CMP ==I                      ─( )─
MW12 ─── IN1
 999 ─── IN2
```

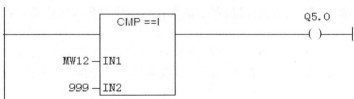

图 5-45　计数器扩展梯形图

5.6 数据传送与转换指令

5.6.1 装入指令与传送指令

(1) 装入指令

装入 L（LOAD）和传送 T（TRANSFER）指令可以在存储区之间或存储区与过程输入、输出之间交换数据。L 指令将源操作数装入累加器 1 中，而累加器原有的数据移入累加器 2 中，累加器 2 中原有的内容被覆盖。T 指令将累加器 1 中的内容写入目的存储区中，累加器的内容保持不变。L 和 T 指令可对字节（8 位）、字（16 位）、双字（32 位）数据进行操作，当数据长度小于 32 位时，数据在累加器右对齐（低位对齐），其余各位填 0。基本的装入和传送指令如下：

```
L    10                  //将立即数 10 装入累加器 1 中
L    MW 20               //将 MW20 中的值装入累加器 1 中
L    IB [DID 10]         //将由数据双字 DID10 指出的输入字节装入累加器 1 中
T    MW 20               //将累加器 1 中的内容传送给存储字 MW20
T    MW [AR1, P#20.0]    //将累加器 1 中的内容传送给由地址寄存器 1 加偏移量
                         //确定的存储字中
```

(2) 读取或传送状态字

L STW（将状态字中 0~8 位装入累加器 1 中，累加器 9~31 位被清 0），将状态字装入累加器 1 中，指令的执行与状态位无关，而且对状态字没有任何影响。

T STW（将累加器 1 的内容传送到状态字），使用 T STW 指令可以将累加器 1 的位 0~8 传送到状态字的相应位，指令的执行与状态位无关。

注意：对 S7-300 系列的 CPU，L STW 不对状态字中的 SC、STA、OR 位进行操作，仅将状态字中的 1、4、5、6、7 位装入累加器 1 的对应位。

(3) 装入时间值或计数值

定时器字中的剩余时间值以二进制格式保存，用 L 指令从定时器字中读出二进制时间值装入累加器 1 中，称为直接装载。也可用 LC 指令以 BCD 码格式读出时间值，装入累加器 1 低字中，称为 BCD 码格式读出时间值。以 BCD 码格式装入时间值可以同时获得时间值和时基，时基与时间值相乘就得到定时剩余时间。

```
L    T2     //将定时器 T2 中二进制格式的时间值直接装入累加器 1 的低字中
LC   T2     //将定时器 T2 的时间值和时基以 BCD 码装入累加器 1 的低字中
```

对当前计数值也可以直接装载和以 BCD 码格式读出当前计数值。

```
L    C5     //将计数器 C5 中二进制格式的计数值直接装入累加器 1 的低字中
LC   C5     //将计数器 C5 中的计数值以 BCD 码格式装入累加器 1 的低字中
```

(4) 地址寄存器装入和传送

对于地址寄存器，可以不经过累加器 1 而直接将操作数装入或传送，或将两个地址寄存器的内容直接交换。

指令格式：LAR1；说明：将操作数的内容装入地址寄存器 1（AR1）。

指令格式：LAR2；说明：将操作数的内容装入地址寄存器 2（AR2）。

指令格式：TAR1；说明：将地址寄存器 AR1 的内容传送给累加器 1。

指令格式：TAR2；说明：将 AR2 的内容传送至累加器 1。

指令格式：CAR；说明：交换 AR1 和 AR2 的内容。

下面的例子说明了指令的用法：

LAR1	P♯ I1.0	//将输入位 I1.0 的地址指针装入 AR1
LAR2	P♯ 0.0	//将二进制数 2♯0000 0000 0000 0000 0000 0000 0000 0000 装入 //AR2
LAR1	P♯Stop	//将符号名为 Stop 的存储器的地址指针装入 AR1
LAR1	AR2	//将 AR2 的内容装入 AR1
LAR1	DBD 10	//将数据双字 DBD 10 的内容装入 AR1
TAR1	AR2	//将 AR1 的内容传送至 AR2
TAR2		//将 AR2 的内容传送至累加器 1
TAR1	MD 30	//将 AR1 的内容传送至存储器双字 MD 30
CAR		//交换 AR1 和 AR2 的内容

(5) 传送指令

MOVE 指令为功能框形式的传送指令，能够复制字节、字或双字数据对象。应用中 IN 和 OUT 端操作数可以是常数、I、Q、M、D、L 等类型，数据类型必须匹配，其梯形图端子如表 5-20 所示。

表 5-20　传送指令

MOVE 传送指令	参数	数据类型	存储区	说明
MOVE EN　OUT IN　ENO	EN	BOOL	I、Q、M、D、L	允许输入
	ENO	BOOL	Q、M、D、L	允许输出
	IN	8、16、32 位长的所有数据类型	I、Q、M、D、L	源数值(可为常数)
	OUT	8、16、32 位长的所有数据类型	Q、M、D、L	目的操作数

MOVE 指令通过启用 EN 输入来激活。在 IN 输入端指定的值将复制到在 OUT 输出端指定的地址。ENO 与 EN 的逻辑状态相同。MOVE 只能复制 BYTE、WORD 或 DWORD 数据对象。用户自定义数据类型（如数组或结构）必须使用系统功能"BLKMOVE"（SFC 20）来实现传输。其使用如图 5-46 所示。

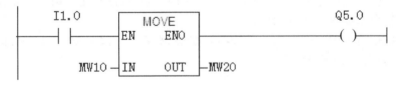

图 5-46　传送指令

当 I1.0 为"1"，则执行指令。把 MW10 的内容复制到 MW20 中，MW10 的数保持不变，Q5.0 为"1"。实现上述相同功能的语句表指令为：

A	I1.0	
JNB	_001	//若 RLO 为 0，则跳转到 _001 处
L	MW 10	//若 RLO 为 1，则执行装载指令
T MW 20		//将 MW 10 的内容送到 MW 20 中
SET		//使 RLO 为 1
SAVE		//保存 RLO，使 BR 为 1
CLR		//清除 RLO

```
_001:   A      BR
        =      Q  5.0
```

注意：在为变量赋初始值时，为了保证传输只执行一次，一般 MOVE 方块指令和边缘触发指令联合使用。

5.6.2 比较指令

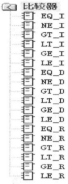

图 5-47 STEP 7 中的比较指令

比较指令用于比较累加器 2 与累加器 1 中的数据大小。比较时应确保两个数的数据类型相同，数据类型可以是整数、长整数或实数。若比较的结果为真，则 RLO 为 1，否则为 0。比较指令影响状态字，用指令测试状态字有关位，可得到两个数更详细的情况。

在 STEP 7 中有 3 种类型、6 种关系的比较指令，即大于、小于、等于、不等于、大于等于和小于等于。这 6 种关系的比较数有三种，即整数、双整数和实数。比较指令只能是相同的数据类型进行数据比较。

在 STEP 7 中的比较指令如图 5-47 所示。

① 整数比较指令的说明如表 5-21 所示。

表 5-21　整数比较指令

LAD 方块	STL 指令	方块上部的符号	比较类型
CMP ==I IN1 IN2	==I	==	IN1 等于 IN2
	<>I	<>	IN1 不等于 IN2
	>I	>	IN1 大于 IN2
	<I	<	IN1 小于 IN2
	>=I	>=	IN1 大于等于 IN2
	<=I	<=	IN1 小于等于 IN2

整数比较指令的使用方法与标准触点类似。它可位于任何可放置标准触点的位置。可根据用户选择的比较类型比较 IN1 和 IN2。

如果比较结果为 TRUE，则此函数的 RLO 为 "1"。如果以串联方式使用该框，则使用"与"运算将其链接至整个梯级程序段的 RLO；如果以并联方式使用该框，则使用"或"运算将其链接至整个梯级程序段的 RLO。

例如，用比较指令编写一个数据筛选器，如果 MW10 的数在 10 和 100 之间，则指示灯 Q5.0 亮。程序如图 5-48 所示。

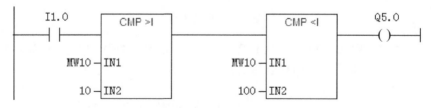

图 5-48　程序图

当 I1.0 为 "1" 时，判断 MW10 中的数据是否在 10 和 100 之间，若是则 Q5.0 为 "1"，若不是则 Q5.0 为 "0"。

【例 5-8】　比较存储字 MW10 和输入字 MW20 中整数的大小。如果两个整数相等，则输出 Q 4.0 为 1；若 MW10 中的数大，则输出 Q 4.1 为 1；若 MW20 中的数大，则输出 Q 4.2 为 1。

```
L  MW 10          //第一个待比较的数装入累加器1
L  MW20           //第二个待比较的数装入累加器1，第一个数被装入累加器2
= = I
= Q 4.0           //若（MW 10）=（MW20），则 Q 4.0 为1，否则为0
> I
= Q 4.1           //若（MW 10）>（MW20），则 Q 4.1 为1，否则为0
< I
= Q 4.2           //若（MW10）<（MW20），则 Q 4.2 为1，否则为0
```

② 双整数比较指令的说明如表 5-22 所示。

表 5-22　双整数比较指令

LAD 方块	STL 指令	方块上部的符号	比较类型
CMP ==D IN1 IN2	==D	==	IN1 等于 IN2
	<>D	<>	IN1 不等于 IN2
	>D	>	IN1 大于 IN2
	<D	<	IN1 小于 IN2
	>=D	>=	IN1 大于等于 IN2
	<=D	<=	IN1 小于等于 IN2

双整数比较指令的使用方法与标准触点类似。它可位于任何可放置标准触点的位置。可根据用户选择的比较类型比较 IN1 和 IN2。

【例 5-9】　用比较指令编写一个求三个数中最大的数的程序。

程序解析：将三个数分别放在 MD20、MD24、MD28，在 PLCSIM、组态软件或触摸屏中输入三个数到 MD20、MD24、MD28 中，当 I1.0 为"1"时，程序作相关运算。得出结果后，将三者中的最大数放到 MD36 中。梯形图程序如图 5-49 所示。

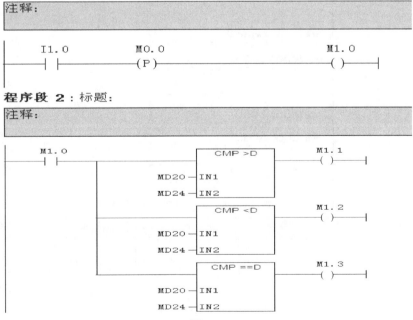

图 5-49

程序段 3：标题：

注释：

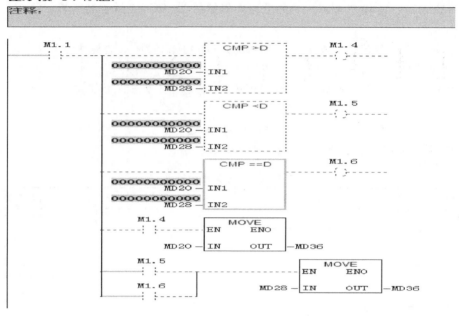

程序段 4：标题：

注释：

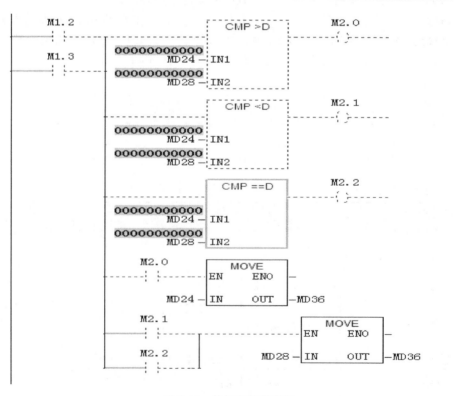

图 5-49　数据比较梯形图

③ 实数比较指令的说明如表 5-23 所示。

表 5-23   实数比较指令

LAD 方块	STL 指令	方块上部的符号	比较类型
CMP ==R（IN1, IN2）	==R	==	IN1 等于 IN2
	<>R	<>	IN1 不等于 IN2
	>R	>	IN1 大于 IN2
	<R	<	IN1 小于 IN2
	>=R	>=	IN1 大于等于 IN2
	<=R	<=	IN1 小于等于 IN2

实数比较指令的使用方法与标准触点类似。它可位于任何可放置标准触点的位置。可根据用户选择的比较类型比较 IN1 和 IN2。

【**例 5-10**】　试用"计数器""比较器"指令设计。要求按钮 I0.0 闭合 10 次之后，输出 Q4.0；按钮 I0.0 闭合 20 次之后，输出 Q4.1；按钮 I0.0 闭合 30 次之后，计数器及所有输出自动复位。手动复位按钮为 I0.1，计数器类型自己考虑。

参考答案如图 5-50 所示。

5.6.3　数据转换指令

在 STEP 7 中数据转换指令的功能是将数据整数、双整数和实数三者之间按照各自指令的规则相互转换。转换指令首先将源数据按照规定的格式读入累加器，然后在累加器中对数据进行类型转换，最后再将转换的结果传送到目的地址。能够实现的转换操作有：BCD 码和整数及长整数间的转换，实数和长整数间的转换，数的取反、取负、字节扩展等。

在 STEP 7 中，整数和长整数是以补码形式表示的。BCD 码数值有两种：一种是字（16位）格式的 BCD 码数，其数值范围从 -999～+999；另一种是双字（32 位）格式的 BCD 码数，范围从 -9999999～+9999999。STEP 7 中数据转换指令如图 5-51 所示，各个指令的功能及存储区等信息将在下面讲到。

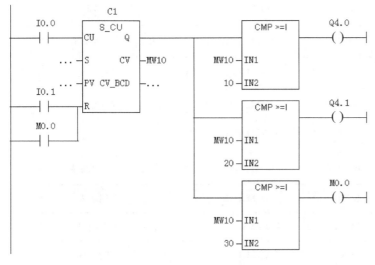

图 5-50　例 5-10 程序梯形图

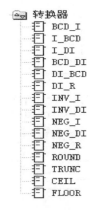

图 5-51　STEP 7 中数据转换指令

（1）BCD 和整数间的转换

如表 5-24 所示。

表 5-24　BCD 和整数间的转换

梯形图、STL 指令	参数	数据类型	存储区	说明
BCD_I EN　ENO IN　OUT BTI 将 3 位 BCD 码转换 为 16 位整数	EN	BOOL	I、Q、M、D、L	使能输入
	ENO	BOOL	Q、M、D、L	使能输出
	IN	WORD	I、Q、M、D、L	BCD 码
	OUT	INT	Q、M、D、L	整数
I_BCD EN　ENO IN　OUT ITB 将 16 位整数转换 为 3 位 BCD 码	EN	BOOL	I、Q、M、D、L	使能输入
	ENO	BOOL	Q、M、D、L	使能输出
	IN	INT	I、Q、M、D、L	整数
	OUT	WORD	Q、M、D、L	BCD 码
I_DINT EN　ENO IN　OUT ITD 将 16 位整数转换 为 32 位整数	EN	BOOL	I、Q、M、D、L	使能输入
	ENO	BOOL	Q、M、D、L	使能输出
	IN	INT	I、Q、M、D、L	要转换的值
	OUT	DINT	Q、M、D、L	转换的结果值
BCD_DI EN　ENO IN　OUT BTD 将 7 位 BCD 码数转换 为 32 位整数	EN	BOOL	I、Q、M、D、L	使能输入
	ENO	BOOL	Q、M、D、L	使能输出
	IN	DWORD	I、Q、M、D、L	BCD 码
	OUT	DINT	Q、M、D、L	由 BCD 码转换成的双整数
DI_BCD EN　ENO IN　OUT DTB 将 32 位整数转换 为 7 位 BCD 码数	EN	BOOL	I、Q、M、D、L	使能输入
	ENO	BOOL	Q、M、D、L	使能输出
	IN	DINT	I、Q、M、D、L	双整数
	OUT	DWORD	Q、M、D、L	BCD 码的结果
DI_R EN　ENO IN　OUT DTR 将 32 位整数转换 为 32 位实数	EN	BOOL	I、Q、M、D、L	使能输入
	ENO	BOOL	Q、M、D、L	使能输出
	IN	DINT	I、Q、M、D、L	要转换的值
	OUT	REAL	Q、M、D、L	转换的结果值

注意：数据转换指令中没有整数到实数的直接转换，如果要实现转换，可以通过双整数中间过渡来实现。即 I→DI→REAL，先实现从整数到双整数的转换，再实现从双整数到实数的转换，最后完成带有实数的运算程序。使用如图 5-52 所示。

图 5-52　整数到实数的转换梯形图

(2) 实数和长整数间的转换

如表 5-25 所示。

表 5-25　实数和长整数间的转换

梯形图、STL 指令	参数	数据类型	存储区	说 明
ROUND EN ENO IN OUT RND 将实数化整为 最接近的整数	EN	BOOL	I、Q、M、D、L	使能输入
	ENO	BOOL	Q、M、D、L	使能输出
	IN	REAL	I、Q、M、D、L	要舍入的值
	OUT	DINT	Q、M、D、L	舍入后的结果
TRUNC EN ENO IN OUT TRUNC 取实数的整数部分 （截尾取整）	EN	BOOL	I、Q、M、D、L	使能输入
	ENO	BOOL	Q、M、D、L	使能输出
	IN	REAL	I、Q、M、D、L	要取整的值
	OUT	DINT	Q、M、D、L	IN 的整数部分
CEIL EN ENO IN OUT RND+ 将实数化整为大于或 等于该实数的最小整数	EN	BOOL	I、Q、M、D、L	使能输入
	ENO	BOOL	Q、M、D、L	使能输出
	IN	REAL	I、Q、M、D、L	要取整的值
	OUT	DINT	Q、M、D、L	上取整后的结果
CEIL EN ENO IN OUT RND− 将实数化整为小于或等 于该实数的最大整数	EN	BOOL	I、Q、M、D、L	使能输入
	ENO	BOOL	Q、M、D、L	使能输出
	IN	REAL	I、Q、M、D、L	要取整的值
	OUT	DINT	Q、M、D、L	下取整后的结果

① ROUND（取整为长整型）　将参数 IN 的内容以浮点数读取，并将其转换为长整型（32 位）。结果为最接近的整数（"取整到最接近值"）。如果浮点数介于两个整数之间，则返回偶数。结果由参数 OUT 输出。如果产生溢出，ENO 的状态为 "0"。

② TRUNC（截断长整型） 将参数 IN 的内容以浮点数读取，并将其转换为长整型（32 位）。（"向零取整模式"）的长整型结果由参数 OUT 输出。如果产生溢出，ENO 的状态为"0"。

③ CEIL（上取整） 将参数 IN 的内容以浮点数读取，并将其转换为长整型（32 位）。结果为大于该浮点数的最小整数。如果产生溢出，ENO 的状态为"0"。

④ FLOOR（下取整） 将参数 IN 的内容以浮点数读取，并将其转换为长整型（32 位）。结果为小于该浮点数的最大整数部分。如果产生溢出，ENO 的状态为"0"。

（3）数的取反、取负

如表 5-26 所示。

表 5-26　数的取反、取负

梯形图、STL 指令	参数	数据类型	存储区	说明
INV_I EN　ENO IN　OUT INVI 对 16 位整数求反码	EN	BOOL	I、Q、M、D、L	使能输入
	ENO	BOOL	Q、M、D、L	使能输出
	IN	INT	I、Q、M、D、L	输入值
	OUT	INT	Q、M、D、L	整数的二进制反码，即各位二进制数由 0 变为 1，由 1 变为 0
INV_DI EN　ENO IN　OUT INVD 对 32 位整数求反码	EN	BOOL	I、Q、M、D、L	使能输入
	ENO	BOOL	Q、M、D、L	使能输出
	IN	DINT	I、Q、M、D、L	输入值
	OUT	DINT	Q、M、D、L	双整数的二进制反码
NEG_I EN　ENO IN　OUT NEGI 对 16 位整数求补码（取反码再加 1），相当于乘 -1	EN	BOOL	I、Q、M、D、L	使能输入
	ENO	BOOL	Q、M、D、L	使能输出
	IN	INT	I、Q、M、D、L	输入值
	OUT	INT	Q、M、D、L	整数的二进制补码
NEG_DI EN　ENO IN　OUT NEGD 对 32 位整数求补码	EN	BOOL	I、Q、M、D、L	使能输入
	ENO	BOOL	Q、M、D、L	使能输出
	IN	DINT	I、Q、M、D、L	输入值
	OUT	DINT	Q、M、D、L	双整数的二进制补码
NEG_R EN　ENO IN　OUT NEGR 对 32 位实数的符号位求反码	EN	BOOL	I、Q、M、D、L	使能输入
	ENO	BOOL	Q、M、D、L	使能输出
	IN	REAL	I、Q、M、D、L	输入值
	OUT	REAL	Q、M、D、L	对输入值求反的结果

① INVI（对整数求反码）　读取 IN 参数的内容，并使用十六进制掩码 W♯16♯FFFF 执行布尔"异或"运算。此指令将每一位变成相反状态。ENO 始终与 EN 的信号状态相同。

② INVD（对长整数求反码）　读取 IN 参数的内容，并使用十六进制掩码 W♯16♯FFFF FFFF 执行布尔"异或"运算。此指令将每一位转换为相反状态。ENO 始终与 EN 的信号状态相同。

③ NEGI（对整数求补码）　读取 IN 参数的内容并执行求二进制补码指令，将整数逐位取反后再加 1。二进制补码指令等同于乘以－1，相当于求一个数的相反数（例如：从正值变为负值）。ENO 始终与 EN 的信号状态相同，以下情况例外：如果 EN 的信号状态＝1 并产生溢出，则 ENO 的信号状态＝0。

④ NEGD（对长整数求补码）　读取参数 IN 的内容并执行二进制补码指令。二进制补码指令等同于乘以－1 后改变符号（例如：从正值变为负值）。ENO 始终与 EN 的信号状态相同，以下情况例外：如果 EN 的信号状态＝1 并产生溢出，则 ENO 的信号状态＝0。

⑤ NEGR（取反浮点）　读取参数 IN 的内容并改变符号。指令等同于乘以－1 后改变符号（例如：从正值变为负值）。ENO 始终与 EN 的信号状态相同。

5.7　运算指令

5.7.1　整数与浮点数数学运算指令

算术运算十分重要，因为一般的自动控制系统都需要 PID 控制器，其算法的实现离不开基本的算术运算。在 STEP 7 中可以对整数、长整数和实数进行加、减、乘、除算术运算。算术运算指令在累加器 1 和 2 中进行，在累加器 2 中的值作为被减数或被除数。算术运算的结果保存在累加器 1 中，累加器 1 原有的值被运算结果覆盖，累加器 2 中的值保持不变。

CPU 在进行算术运算时，不必考虑 RLO，对 RLO 也不产生影响。学习算术运算指令必须注意算术运算的结果将对状态字的某些位产生影响，这些位是：CC1 和 CC0，OV，OS。在位操作指令和条件跳转指令中，经常要对这些标志位进行判断来决定进行什么操作。

整数与浮点数数学运算指令属于 STEP 7 中的两大类运算指令，它们能够完成大多数的基本运算，比如加减乘除、三角函数等。

（1）整数数学运算指令

如表 5-27 所示。

表 5-27　整数数学运算指令

LAD	STL 指令	方块上部的符号	说明
ADD_I EN　ENO IN1 IN2　OUT	+I	ADD_I	将 IN1 和 IN2 中的 16 位整数相加,结果保存到 OUT 中
	－I	SUB_I	IN1 整数减去 IN2,结果在 OUT 中
	*I	MUL_I	IN1 和 IN2 整数相乘,结果以 32 位整数存到 OUT 中
	/I	DIV_I	将 IN1 中 16 位整数除以 IN2 中的 16 位整数,商保存到 OUT 中

续表

LAD	STL 指令	方块上部的符号	说明
ADD_I EN ENO IN1 IN2 OUT	+D	ADD_DI	IN1 和 IN2 的双字相加,存到 OUT
	−D	SUB_DI	IN1 减去 IN2,结果保存到 OUT 中
	*D	MUL_DI	将 IN1 和 IN2 中的 32 位整数相乘,结果保存到 OUT 中
	/D	DIV_DI	将 IN1 中 32 位整数除以 IN2 中的 32 位整数,商保存到 OUT 中
	MOD	MOD	将 IN1 中 32 位整数除以 IN2 中的 32 位整数,余数保存到 OUT 中

整数数学运算指令比较简单,不再给出梯形图程序,其语句表指令使用如下所示。

```
L   MW0      //将 MW 0 中的值装入累加器 1 低字
L   LMW2     //将 MW 2 中的值装入累加器 1 低字,累加器 1 低字中的原值移入累加
             //器 2 低字
+I           //将累加器 1 低字和累加器 2 中的低字相加
T   MW10     //将运算结果送到 MW 10
```

(2) 浮点数数学运算指令

S7-300 系列 CPU 可以处理符合 IEEE 标准的 32 位浮点数。可以完成 32 位浮点数的加、减、乘、除运算,以及取绝对值、平方、开平方、指数、对数、三角函数、反三角函数等指令。浮点数数学运算指令如表 5-28 所示。

表 5-28 浮点数数学运算指令

STL 指令	梯形图	说 明
+R	ADD_R	将累加器 1、2 中的 32 位浮点数相加,32 位结果保存在累加器 1 中
−R	SUB_R	用累加器 2 中的 32 位浮点数减去累加器 1 中的浮点数,结果保存在累加器 1 中
*R	MUL_R	将累加器 1、2 中的 32 位浮点数相乘,32 位乘积保存在累加器 1 中
/R	DIV_R	用累加器 2 中的 32 位浮点数除以累加器 1 中的浮点数,32 位商保存在累加器 1 中
ABS	ABS	对累加器 1 中的 32 位浮点数取绝对值
SQR	SQR	求累加器 1 中的 32 位浮点数的平方值
SQRT	SQRT	求累加器 1 中的 32 位浮点数的开平方根
EXP	EXP	求累加器 1 中的 32 位浮点数以 e 为底的指数
LN	LN	求累加器 1 中的 32 位浮点数的自然对数
SIN	SIN	求累加器 1 中的 32 位浮点数的正弦值
COS	COS	求累加器 1 中的 32 位浮点数的余弦值
TAN	TAN	求累加器 1 中的 32 位浮点数的正切值
ASIN	ASIN	求累加器 1 中的 32 位浮点数的反正弦值
ACOS	ACOS	求累加器 1 中的 32 位浮点数的反余弦值
ATAN	ATAN	求累加器 1 中的 32 位浮点数的反正切值

【例 5-11】　运用算术运算指令完成下面的方程式运算，其梯形图如图 5-53 所示。

$$MW4 = [(IW\,0 + DBW\,3) \times 15] / MW\,0$$

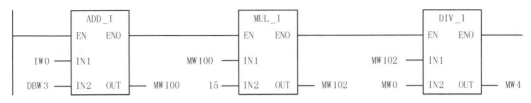

图 5-53　例 5-11 算术运算梯形图

实现例 5-11 相同运算的语句表如下：

```
L  IW0     //将输入字 IW0 的内容装入累加器 1
L  DBW3    //将 DBW3 的内容装入累加器 1，累加器 1 原内容装入累加器 2
+I         //累加器 2 与累加器 1 相加，结果存入累加器 1 中
L  +15     //将常数 15 装入累加器 1，累加器 1 原内容（和）装入累加器 2
*I         //累加器 2 与累加器 1 相乘，结果为长整数放在累加器 1 中
L  MW0     //将 MW0 的内容装入累加器 1，累加器 1 原内容装入累加器 2
/I         //累加器 2 除累加器 1，结果的整数部分存在累加器 1 中
T  MW4     //将运算结果传送至存储到 MW4 中
```

完成相同运算功能的梯形图程序和语句表各有优缺点：梯形图程序直观易读；语句表简洁，而且使用中间结果存储器较少。

5.7.2　字逻辑运算指令与累加器指令

(1) 字逻辑运算指令

字逻辑指令将两个字（16 位）或两个双字（32 位）逐位进行逻辑运算。两个数中的一个在累加器 1 中，另一个可以在累加器 2 中或在指令中以立即数（常数）的方式给出，字逻辑运算指令的逻辑运算结果放在累加器 1 低字中，双字逻辑运算结果存放在累加器 1 中，累加器 2 的内容保持不变。

逻辑运算结果影响状态字的标志位。如果逻辑运算的结果为 0，则 CC1 位被复位为 0。如果逻辑运算的结果非 0，则 CC1 被置为 1。

在任何情况下，状态字中的 CC0 和 OV 位都被复位为 0。在 STEP 7 中字逻辑运算指令包括单字与运算（WAND＿W）、单字或运算（WOR＿W）、单字异或运算（WXOR＿W）、双字与运算（WAND＿DW）、双字或运算（WOR＿DW）、双字异或运算（WXOR＿DW）。字逻辑运算指令如表 5-29 所示。

表 5-29　字逻辑运算指令

LAD 方块	STL 指令	方块上部的符号	功能说明
WAND＿W EN　ENO IN1　OUT IN2	AW	WAND_W	16 位字逻辑与指令
	OW	WOR_W	16 位字逻辑或指令
	XOW	WXOR_W	16 位字逻辑异或指令

LAD 方块	STL 指令	方块上部的符号	功能说明
WAND_DW EN ENO IN1 OUT IN2	AD	WAND_DW	32 位字逻辑与指令
	OD	WOR_DW	32 位字逻辑或指令
	XOD	WXOR_DW	32 位字逻辑异或指令

字逻辑运算指令使用比较简单，按位进行相应的运算即可。比如对于 16 位字逻辑与指令 AW，当使能输入端 EN 输入为"1"时，将来自 IN1 和 IN2 端的两个 16 位二进制数据逐位相与，结果由 OUT 端输出。使能输出端 ENO＝使能输入端 EN。运算如下：

IN1 ＝0101010101010101

IN2 ＝0000000000001111

OUT＝0000000000000101

字逻辑运算指令梯形图使用如图 5-54 所示，在 PLCSIM 中监控如图 5-55 所示。

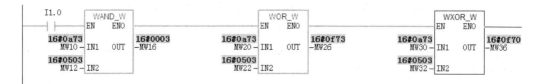

图 5-54 字逻辑运算梯形图

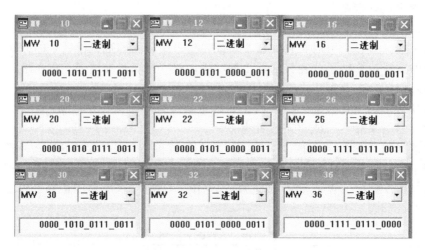

图 5-55 PLCSIM 监控图

（2）累加器操作指令

累加器是程序执行中经常用到的寄存器之一，累加器操作指令如表 5-30 所示。

表 5-30 累加器操作指令

指令	说 明
TAK	累加器 1 和累加器 2 的内容互换

续表

指令	说　明
PUSH	把累加器 1 的内容移入累加器 2，累加器 2 原内容被丢掉
POP	把累加器 2 的内容移入累加器 1，累加器 1 原内容被丢掉
INC	把累加器 1 低字的低字节内容加上指令中给出的常数，常数范围：0～255；指令的执行是无条件的，结果不影响状态字
DEC	把累加器 1 低字的低字节内容减去指令中给出的常数，常数范围：0～255；指令的执行是无条件的，结果不影响状态字
CAW	交换累加器 1 低字中的字节顺序
CAD	交换累加器 1 中的字节顺序

对表 5-30 中的指令说明如下：

① CAW 是将累加器 1 低字的高位字节和低位字节交换，高字不变。交换顺序如表 5-31 所示。

表 5-31　CAW 操作指令

指令执行	ACCU1_H-H	ACCU1_H-L	ACCU1_L-H	ACCU1_L-L
CAW 指令执行前	数据 A	数据 B	数据 C	数据 D
CAW 指令执行后	数据 A	数据 B	数据 D	数据 C

② CAD 是累加器 1 中的 4 个字节进行整字节交换。交换顺序如表 5-32 所示。

表 5-32　CAD 操作指令

指令执行	ACCU1_H-H	ACCU1_H-L	ACCU1_L-H	ACCU1_L-L
CAD 指令执行前	数据 A	数据 B	数据 C	数据 D
CAD 指令执行后	数据 D	数据 C	数据 B	数据 A

③ INC 指令在循环中起比较重要的作用。

【例 5-12】　该例说明了在有条件触发的程序中 INC 指令是如何工作的。本例以存储字节 MB10 作为循环次数计数暂存器，用 INC 指令修正循环次数，循环体中的程序连续执行 5 次。

```
LOOP：L    MB10        //循环体开始，装载存储字节至累加器 1
INC    1              //循环计数器加 1
T    MB10             //保存循环次数
L    B#16#5
<＝I
JC    LOOP            //如果循环次数小于等于 5 次，则继续循环
L    1               //循环体外的操作，为下次循环做好准备
T    MB10
```

5.7.3　移位指令

移位指令可以将累加器 1 的低字或整个累加器的内容进行左移或右移一定的位数。二进制数左移一位相当于将原数值乘以 2，右移一位相当于将原数值除以 2。

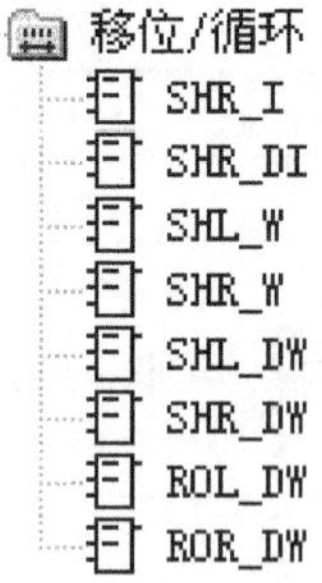

移位/循环
├─ SHR_I
├─ SHR_DI
├─ SHL_W
├─ SHR_W
├─ SHL_DW
├─ SHR_DW
├─ ROL_DW
└─ ROR_DW

参数 N 表示移位的次数。移出的空位根据不同的指令由 0 或符号位的状态填充。最后移出的位的状态同时被装入到状态字的 CC1 位，CC0 和 OV 位被复位。在 STEP 7 中移位指令如图 5-56 所示。

（1）无符号移位指令

无符号移位指令的格式如表 5-33 所示。

左移字（SLW）和右移字（SRW）的工作过程如图 5-57 所示。

【例 5-13】 将 MW20 中的数左移 7 位。如图 5-58 所示。

移位前 MW20 中的数 B#1100_1111_0011_0000，移位后 MW20 中的数 B#1001_1000_0000_0000。

图 5-56　移位指令

表 5-33　无符号移位指令

LAD 方块	STL 指令	LAD 方块	STL 指令
SHL_W EN　ENO IN　OUT N	SLW 将 IN 中的字逐位左移， 空出位填以 0	SHL_DW EN　ENO IN　OUT N	SLD 将 IN 中的双字逐位左移， 空出位填以 0
SHR_W EN　ENO IN　OUT N	SRW 将 IN 中的字逐位右移， 空出位填以 0	SHR_DW EN　ENO IN　OUT N	SRD 将 IN 中的双字逐位右移， 空出位填以 0

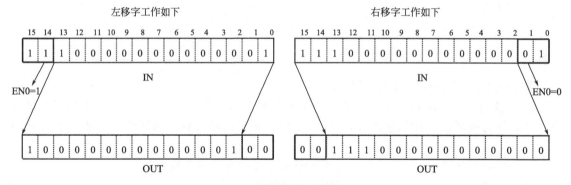

图 5-57　字移位工作过程

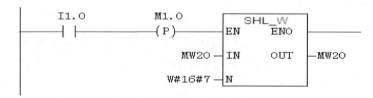

图 5-58　左移梯形图

（2）有符号移位指令

有符号移位指令的格式如表 5-34 所示。

表 5-34　有符号移位指令

LAD 方块	STL 指令	参数	数据类型	存储区	说　明
SHR_I	SSI 将 IN 中的字逐位右移,空出位填以符号位	EN	BOOL	I、Q、M、D、L	使能输入
		ENO	BOOL	Q、M、D、L	使能输出
		IN	WORD	I、Q、M、D、L	要移位值
		N	WORD	Q、M、D、L	要移位数
		OUT	WORD	I、Q、M、D、L	操作结果
SHR_DI	SSD 将 IN 中的双字逐位右移,空出位填以符号位	EN	BOOL	I、Q、M、D、L	使能输入
		ENO	BOOL	Q、M、D、L	使能输出
		IN	DINT	I、Q、M、D、L	要移的值
		N	WORD	I、Q、M、D、L	要移位数
		OUT	DINT	Q、M、D、L	操作结果

说明：STL 指令格式：SSI　＜number＞，其工作原理如下：

① 当使能输入端 EN＝1 时，执行整数右移指令。将来自输入端 IN 的 16 位整数右移 N 位后，由 OUT 端输出。

② N 端输入要移位的次数，如果 N 大于 16 则其作用与 N＝16 相同。

③ 移出的空位由符号位的状态填充，如果是正数，以 0 填充，如果是负数，以 1 填充。

④ 如果 N 不等于 0，则执行该指令后，CC0 和 OV 位总是等于 0。

⑤ ENO＝EN。如图 5-59 所示。

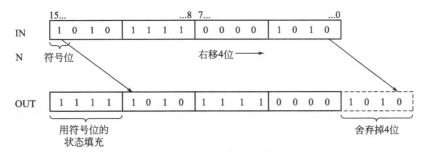

图 5-59　有符号数右移过程

【例 5-14】　将 MW10 中的数右移 5 位。如图 5-60 所示。

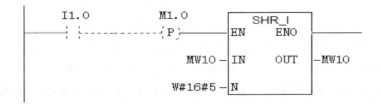

图 5-60　右移梯形图

移位前 MW10 中的数 B#1111＿0011＿1111＿1100，移位后 MW10 中的数 B#1111＿1111＿1001＿1111。若移位前 MW10 中的数是 B#0111＿0000＿0101＿1100，移位后 MW10 中的数 B#0000＿0011＿1000＿0010。

(3) 循环移位指令

循环移位指令的格式如表 5-35 所示。

表 5-35　循环移位指令

LAD 方块	STL 指令	参数	数据类型	存储区	说　明
ROL_DW EN　ENO IN　OUT N	RLD 将 IN 中的双字逐位左移，空出位填以移出的位	EN	BOOL	I、Q、M、D、L	使能输入
		ENO	BOOL	Q、M、D、L	使能输出
		IN	WORD	I、Q、M、D、L	要移位值
		N	WORD	Q、M、D、L	要移位数
		OUT	WORD	I、Q、M、D、L	操作结果
ROR_DW EN　ENO IN　OUT N	RRD 将 IN 中的双字逐位右移，空出位填以移出的位	EN	BOOL	I、Q、M、D、L	使能输入
		ENO	BOOL	Q、M、D、L	使能输出
		IN	DINT	I、Q、M、D、L	要移的值
		N	WORD	I、Q、M、D、L	要移位数
		OUT	DINT	Q、M、D、L	操作结果

说明：STL 指令格式为 RLD ＜number＞。

① 当使能输入端 EN＝1 时，执行双字左循环指令。将来自输入端 IN 的 32 位双字左循环 N 位后，由 OUT 端输出。

② N 端输入要移位的次数。

③ 如果 N 不等于 0，则执行该指令后，CC0 和 OV 位总是等于 0。

④ ENO＝EN。如图 5-61 所示。

⑤ 移位指令通常需与边缘触发指令结合！

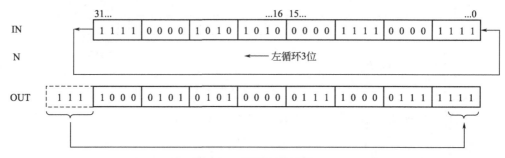

图 5-61　循环左移过程

【例 5-15】　走马灯的实现。要求：运用循环移位指令实现 8 个彩灯的循环左移和右移。其中 I0.0 为启停开关，MD20 为设定的初始值，MW12 为移位位数，输出为 Q0.0～Q0.7。

分析：首先建立定时振荡电路，振荡周期为 2.25s，使得每次定时时间到后，循环移位指令开始移位。在循环移位指令的使用中运用了边缘触发指令，使循环移位在每个定时时间内只移位一次。在程序开始时，必须给循环存储器 MD20 赋初值，比如开始时，只有最低位的彩灯亮（为 1），则初值设定必须为 DW♯16♯01010101（为了能循环显示，必须设定 MB20、MB21、MB22、MB23 中的值均相同，为 W♯16♯01，否则，8 位彩灯轮流亮过后，彩灯会有一段时间不亮）。梯形图程序如图 5-62 所示。

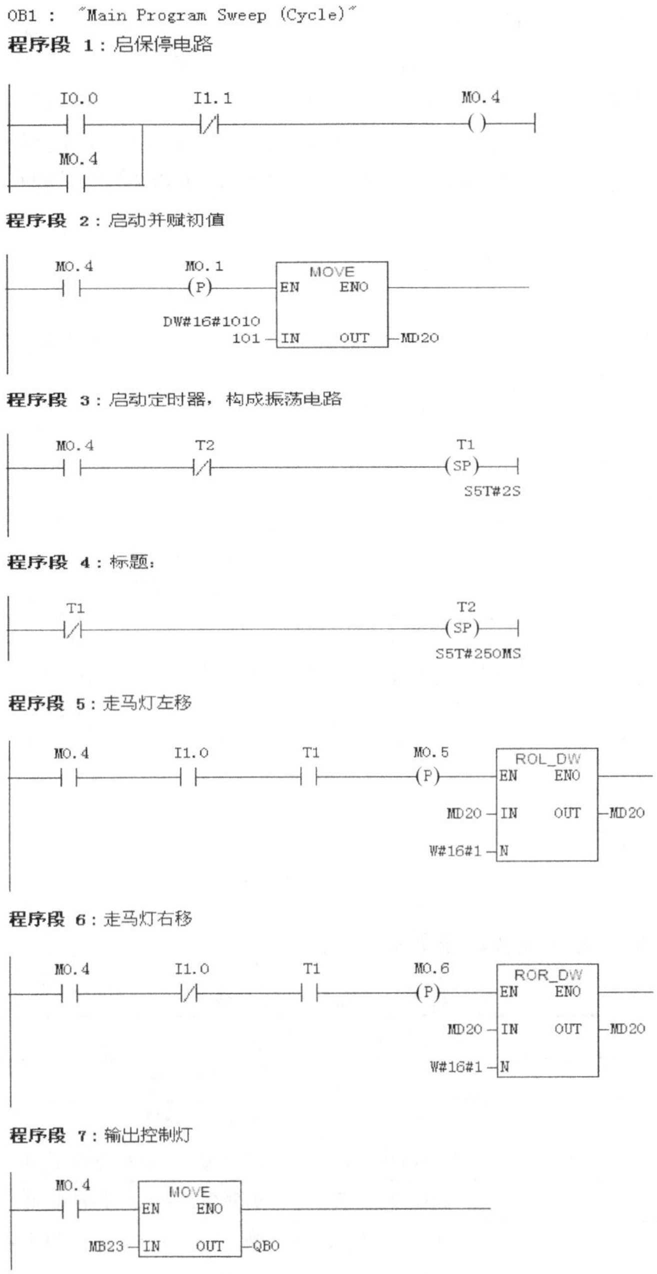

OB1 :　"Main Program Sweep (Cycle)"

程序段 1：启保停电路

```
    I0.0          I1.1                            M0.4
 ┤├───────────┤/├────────────────────────────( )─┤
    M0.4
 ┤├
```

程序段 2：启动并赋初值

```
    M0.4          M0.1         ┌── MOVE ──┐
 ┤├──────────────(P)──────────┤EN     ENO├
             DW#16#1010        │          │
                   101─────────┤IN    OUT├──MD20
```

程序段 3：启动定时器，构成振荡电路

```
    M0.4          T2                            T1
 ┤├───────────┤/├────────────────────────────(SP)─┤
                                              S5T#2S
```

程序段 4：标题：

```
    T1                                          T2
 ┤/├────────────────────────────────────────(SP)─┤
                                            S5T#250MS
```

程序段 5：走马灯左移

```
    M0.4      I1.0      T1      M0.5     ┌── ROL_DW ──┐
 ┤├────────┤├───────┤├──────(P)─────────┤EN      ENO├
                                         │            │
                              MD20───────┤IN     OUT├──MD20
                              W#16#1──────┤N          │
```

程序段 6：走马灯右移

```
    M0.4      I1.0      T1      M0.6     ┌── ROR_DW ──┐
 ┤├────────┤/├───────┤├──────(P)─────────┤EN      ENO├
                                         │            │
                              MD20───────┤IN     OUT├──MD20
                              W#16#1──────┤N          │
```

程序段 7：输出控制灯

```
    M0.4      ┌── MOVE ──┐
 ┤├───────────┤EN     ENO├
              │          │
      MB23────┤IN    OUT├──QB0
```

图 5-62　走马灯梯形图

5.8　控制指令

STEP 7 中，控制指令分为逻辑控制指令和程序控制指令。

5.8.1　逻辑控制指令

逻辑控制指令是指逻辑块内的跳转和循环指令，这些指令改变了程序原有的线性逻辑流，使程序转移到另外的程序地址，重新开始扫描。转移到的新地址用目标地址标号（简称

标号）表示，在一个逻辑块内的标号是唯一的，不能重复，在不同的逻辑块内，标号可以相同。标号最多为 4 个字符，第一个字符必须是字母，其余字符可以是字母或数字（例如 CAS1）。每个——(JMP)或——(JMPN)都还必须有与之对应的跳转标号（LABEL）。

在 STL 指令中，标号或必须紧接冒号，后接目标指令。在 LAD 指令中，标号必须在一个网络的开始，可在梯形图程序编辑器上，从编程元件浏览器中选择 LABEL（标号），在出现的空方块中填上标号。在 STEP 7 中的跳转指令如图 5-63 所示。

```
跳转
-<> -- (JMP)
-<> -- (JMPN)
-□ LABEL
```

图 5-63 跳转指令

① 无条件跳转指令（STL 形式的为 JU，Jump Unconditional） 无条件跳转指令（JU）将无条件中断正常的程序逻辑流，使程序跳转到目标处继续执行。如图 5-64 所示。

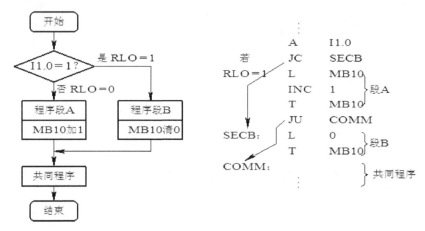

图 5-64 无条件跳转指令实例图

② 条件跳转指令 条件跳转指令如表 5-36 所示。

表 5-36 条件跳转指令

STL 指令	说 明
JC	当 RLO=1 时跳转
JCN	当 RLO=0 时跳转
JCB	当 RLO=1 且 BR=1 时跳转，将 RLO 保存在 BR 中
JNB	当 RLO=0 且 BR=0 时跳转，将 RLO 保存在 BR 中
JBI	当 BR=1 时跳转，指令执行时，OR、FC 清 0，STA 置 1
JNBI	当 BR=0 时跳转，指令执行时，OR、FC 清 0，STA 置 1
JO	当 OV=1 时跳转
JOS	当 OS=1 时跳转，指令执行时，OS 清 0
JZ	累加器 1 中的计算结果为零跳转
JN	累加器 1 中的计算结果为非零跳转
JP	累加器 1 中的计算结果为正跳转
JM	累加器 1 中的计算结果为负跳转
JMZ	累加器 1 中的计算结果小于等于零（非正）跳转
JPZ	累加器 1 中的计算结果大于等于零（非负）跳转
JUO	实数溢出跳转

③ 循环指令　使用循环指令（LOOP）可以多次重复执行特定的程序段，重复执行的次数存在累加器 1 中，即以累加器 1 为循环计数器。LOOP 指令执行时，将累加器 1 低字中的值减 1，如果不为 0，则回到循环体开始处继续循环过程，否则执行 LOOP 指令后面的指令。循环体是指循环标号和 LOOP 指令间的程序段。

LOOP 指令以 WORD 数据类型作为循环计数器来判断，因为循环次数不能是负值，所以程序应保证作为循环计数器的累加器 1 中的值为正整数（数值范围：0～32767），或者是字型数据（数值范围：W♯16♯0000～W♯16♯FFFF）。存储区为 I、Q、M、D、L。在图 5-65 中，考虑到循环体（程序段 A）中可能用到累加器 1，特设置了循环计数暂存器 MB10。

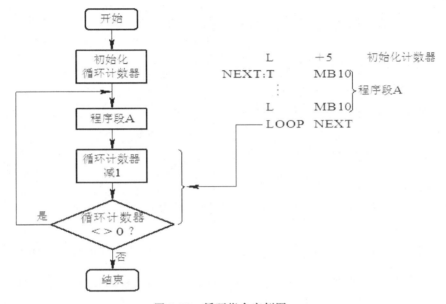

图 5-65　循环指令实例图

【**例 5-16**】　用循环指令求 10 的阶乘。

用语句表实现如下：

```
        L    L♯1              //初始化累乘器为 1
        T    MD   20
        L    10               //循环次数装入累加器中
JIEC: T MW   10               //循环次数保存于 MW10 中
        L    MD   20
       *D                     //MD20 与 MW10 中内容相乘
        T    MD   20          //乘积结果存入 MD20 中
        L    MW   10
        LOOP JIEC             //如果累加器中的循环次数减 1 后大于零，则跳转到标号
                                处继续执行
```

④ 梯形图逻辑控制指令　梯形逻辑控制指令只有两条，可用于无条件跳转或条件跳转控制。由于无条件跳转时对应 STL 指令 JU，因此不影响状态字；由于在梯形图中目的标号只能在梯形网络的开始处，因此条件跳转指令会影响到状态字。

a. ——(JMP)无条件跳转。当左侧电源轨道与指令间没有其他梯形图元素时执行的是绝对跳转。每一个——(JMP)都还必须有与之对应的目标（LABEL）。跳转指令和标号间的所有指

令都不予执行。如图 5-66 所示。始终执行跳转，并忽略跳转指令和跳转标号间的指令。

b. ——(JMP) 条件跳转。——(JMP)（为 1 时在块内跳转）当其前面逻辑运算的 RLO 为"1"时执行的是条件跳转。每一个——(JMP) 都还必须有与之对应的目标（LABEL）。跳转指令和标号间的所有指令都不予执行。如图 5-67 所示。

OB1: "Main Program Sweep (Cycle)"

程序段 1: 标题:

```
                                    TEST
├──────────────────────────────────(JMP)──┤
```

程序段 2: 标题:

```
      I0.0                           Q4.0
├──────┤ ├──────────────────────────( )────┤
```

程序段 3: 标题:

```
┌──────────┐
│  TEST    │
└──────────┘
      I0.1                           Q5.0
├──────┤ ├──────────────────────────( )────┤
```

图 5-66 无条件跳转例图

OB1: "Main Program Sweep (Cycle)"

程序段 1: 标题:

```
      I0.1                           TEST
├──────┤ ├──────────────────────────(JMP)──┤
```

程序段 2: 标题:

```
      I1.0                           Q5.1
├──────┤ ├──────────────────────────( )────┤
```

程序段 3: 标题:

```
┌──────────┐
│  TEST    │
└──────────┘
      I1.1                           Q5.0
├──────┤ ├──────────────────────────( )────┤
```

图 5-67 条件跳转例图

如果 I0.1="1"，则执行跳转到标号 TEST。由于此跳转的存在，即使 I1.0 处有逻辑"1"，也不会使 Q5.1="1"。

c. ——(JMPN) 若"否"则跳转。——(JMPN)（若"否"则跳转）相当于在 RLO 为"0"时执行的"转到标号"功能。每一个——(JMPN) 都还必须有与之对应的目标（LABEL）。跳转指令和标号间的所有指令都不予执行。

⑤ 状态位触点指令 在 STEP 7 中还有大量的状态位触点指令可以使用，见图 5-68。

5.8.2 程序控制指令

程序控制指令是指功能块（FB、FC、SFB、SFC）调用指令和逻辑块（OB、FB、FC）结束指令。调用块或结束块可以是有条件的或是无条件的。STEP 7 中的功能块实质上就是子程序。在 STEP 7 中如图 5-69 所示。

图 5-68 状态位触点指令

📇 程序控制
```
──< > ── (CALL)
──< > ── (MCR<)
──< > ── (MCR>)
──< > ── (MCRA)
──< > ── (MCRD)
──< > ── (RET)
```

图 5-69 程序控制指令

(1) STL 程序控制指令 （见表 5-37）

表 5-37　STL 程序控制指令

指令	说　明
CALL	该指令在程序中无条件执行,调用 FB、FC、SFB、SFC
UC	该指令在程序中无条件调用功能块(一般是 FC 或 SFC),但不能传递参数
CC	RLO=1,调用功能块(一般是 FC),但不能传递参数
BE	块结束指令
BEU	该指令无条件结束当前块的扫描,将控制返回给调用块
BEC	若 RLO=1,则结束当前块的扫描,将控制返回给调用块 若 RLO=0,则将 RLO 置 1,程序继续在当前块内扫描

(2) 梯形图程序控制指令 （见表 5-38）

表 5-38　梯形图程序控制指令

LAD 指令	参数		数据类型	存储区	说　明
＜FC/SFC no.＞ ——(CALL)	FC/SFC　no.		BLOCK_FC	—	no. 为被调用的不带参数的 FC 或 SFC 号数
＜DB no.＞ FB no. EN　ENO	方块上部符号	参数			
	FB no.	DB no.	BLOCK_DB	—	调用 FB 时背景数据块号
	FC no.	Block no.	BLOCK_FB/ BLOCK_FC	—	被调用的功能块号
	SFB no.	EN	BOOL	I、Q、M、D、L	允许输入
	SFC no.	ENO	BOOL	Q、M、D、L	允许输出
——(RET)	—		—	—	块结束

说明:

① ——(Call) 调用不带参数的 FC 或 SFC　——(Call)（不带参数调用 FC 或 SFC）用于调用没有传递参数的功能（FC）或系统功能（SFC）。只有在 CALL 线圈上 RLO 为 "1" 时,才执行调用。

② —(RET) 返回　—(RET)（返回）用于有条件地退出块。对于该输出,要求在前面使用一个逻辑运算。比如图 5-70 所示当 I0.1 为 "1" 时,退出块。

图 5-70　RET 示例图

5.8.3　主控继电器指令与数据块指令

(1) 主控继电器指令 （Master Control Relay，MCR）

主控继电器（MCR）是一种梯形图逻辑主控开关,用来控制信号流（电流路径）的通断，它可以控制 MCR 区内的指令是否被正常地执行，相当于一个用来接通和断开"能流"的主令开关。MCR 指令用得并不多，S7-200 中没有 MCR 指令。其指令如表 5-39 所示。

表 5-39　STEP 7 中与主控继电器相关的指令

STL 指令	LAD 指令	说　明
MCRA	——(MCRA)	激活 MCR 区,表明一个 MCR 区域的开始
MCRD	——(MCRD)	表明一个按 MCR 方式操作区域的结束
MCR(	——(MCR<)	主控继电器,并产生一条母线(子母线)
)MCR	——(MCRA>)	恢复 RLO,结束子母线,返回主母线

说明：

① ——(MCRA) 主控制继电器激活　——(MCRA)（激活主控制继电器）激活主控制继电器功能。在该命令后，可以使用下列命令编程 MCR 区域：

——(MCR<)

——(MCR>)

② ——(MCRD) 主控制继电器取消激活　——(MCRD)（取消激活主控制继电器）取消激活 MCR 功能。在该命令后，不能编程 MCR 区域。

③ ——(MCR<) 主控制继电器打开　——(MCR<)（打开主控制继电器区域）在 MCR 堆栈中保存 RLO。MCR 嵌套堆栈为 LIFO（后入先出）堆栈，且只能有 8 个堆栈条目（嵌套级别）。当堆栈已满时，——(MCR<) 功能产生一个 MCR 堆栈故障（MCRF）。

④ ——(MCR>) 主控制继电器关闭　——(MCR>)（关闭最后打开的 MCR 区域）从 MCR 堆栈中删除一个 RLO 条目。其使用如图 5-71 所示。

程序段　1：标题：

注释：

——————————————————————————————(MCRA)——

程序段　2：标题：

注释：

```
      I1.0
——————| |——————————————————————————( MCR< )——
```

程序段　3：标题：

注释：

```
      I1.1                                    Q5.0
——————| |——————————————————————————————( S )——
```

程序段　N-2　：标题：

注释：

```
      I1.2                                    Q5.1
——————| |————————————————————————————————( )——
```

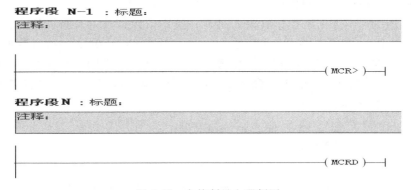

图 5-71　主控制继电器例图

MCRA 梯级激活 MCR 功能。MCR<和 MCR>（输出 Q5.0、Q5.1）之间的梯级按如下执行：

I1.0＝"1"（MCR 打开）：当 I1.1 为逻辑"1"时，将 Q5.0 设置成"1"，或当 I1.1 为"0"时，Q5.0 保持不变，并将 I1.2 的逻辑状态分配给 Q5.1。

I1.0＝"0"（MCR 关闭）：无论 I1.1 的逻辑状态如何，Q5.0 保持不变，无论 I1.2 的逻辑状态如何，Q5.1 为"0"。

在下一个梯级中，指令——（MCRD）取消激活 MCR。这表示不能再使用指令对——（MCR<）和——（MCR>）编程更多的 MCR 区域。

注意：MCRA 和 MCRD 指令必须成对使用。编程在 MCRA 和 MCRD 之间的指令根据 MCR 位的信号状态执行。编程在 MCRA 和 MCRD 程序段之外的指令与 MCR 位的信号状态无关。

(2) 数据块指令

① 打开数据块指令格式：OPN <data block>。

说明：打开一个数据块作为共享数据块（DB）或者作为背景数据块（DI）。可以同时打开一个共享数据块和一个背景数据块，打开的共享数据块和背景数据块的编号分别存放在 DB 寄存器和 DI 寄存器中。打开新的数据块后，原来打开的数据块自动关闭。调用一个功能块时，它所关联的背景数据块被自动打开。如果该功能块调用了其他的逻辑块，调用结束后返回该功能块，原来打开的背景数据块不再有效，必须重新打开它。其使用如下所示。

OPN	DB 10	//打开数据块 DB 10 作为共享数据块
L	DB W35	//将 DB 10 的数据字 W35 装入到累加器 1 的低字
T	M W22	//将累加器 1 的低字传输到 M W22
OPN	DI 20	//打开数据块 DI 20 作为背景数据块
L	DI B12	//将 DI 20 的数据字节 B12 装入到累加器 1 的低字
T	DB B37	//将累加器 1 的低字传输到 DB 10 的字节 37 中

② 交换共享数据块和背景数据块，其指令格式：CDB。

说明：交换共享数据块和背景数据块，共享数据块变成背景数据块，背景数据块变成共享数据块。

③ 装共享数据块的长度到累加器 1，指令格式：L　DBLG。

④ 装共享数据块的编号到累加器 1，指令格式：L　DBNO。

⑤ 装背景数据块的长度到累加器 1，指令格式：L　DILG。

⑥ 装背景数据块的编号到累加器 1, 指令格式: L　DINO。

⑦ 在梯形图中, 与数据块操作有关的只有一条无条件打开共享数据块或背景数据块的指令, 即——(OPN) 打开数据块: DB 或 DI。——(OPN) 函数是一种对数据块的无条件调用, 将数据块的编号传送到 DB 或 DI 寄存器中。如图 5-72 所示的实例, 打开数据块 DB20, 触点地址 (DBX1.0) 引用包含在 DB20 中的当前数据记录的数据字节 1 的第 0 位, 并将此位的信号状态分配给输出 Q5.0。

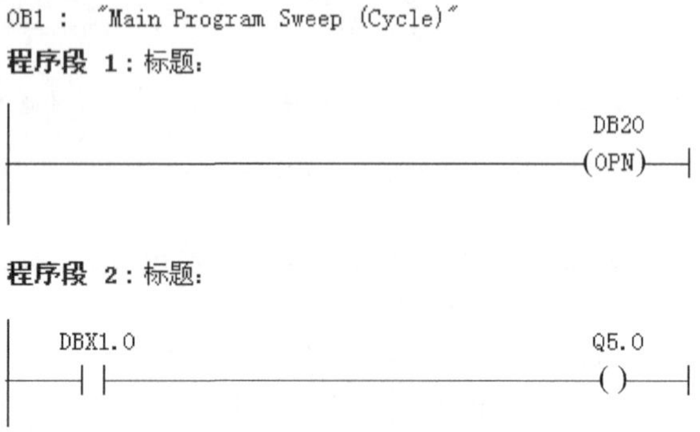

OB1 : "Main Program Sweep (Cycle)"

程序段 1: 标题:

```
                                                    DB20
├───────────────────────────────────────────────────(OPN)───┤
```

程序段 2: 标题:

```
     DBX1.0                                          Q5.0
├──────┤ ├──────────────────────────────────────────( )───┤
```

图 5-72　打开数据块例图

【**例 5-17**】　调用数据块 DB20, 当数据块长度超过 30 Byte 时, 程序转移到标号为 ABC 处, 调用功能 FC15。用 STL 编写的程序如下所示。

```
OPN        DB20
L          DBLG
L          +30
>=I
JC         ABC
A          I0.1
BEU
ABC: CALL   FC15
```

(3) 显示和空操作指令

显示和空操作指令如表 5-40 所示。这些指令是在梯形图转换为语句表指令时自动添加的, 无特别的意义。但如果在语句表中将这些指令去掉, 语句表指令就不能再自动转换为梯形图。

表 5-40　显示和空操作指令

STL 指令	说明
BLD	控制编程器显示程序的形式,不影响程序的执行
NOP 0	空操作 0
NOP 1	空操作 1

5.9　库分类及应用

5.9.1　库的分类

库用于存放 SIMATIC S7/M7 中可多次使用的程序部件。这些程序部件可从已有的项目中复制到库中，也可以直接在库中生成。该库与其他项目无关。程序中的库如图 5-73 所示。

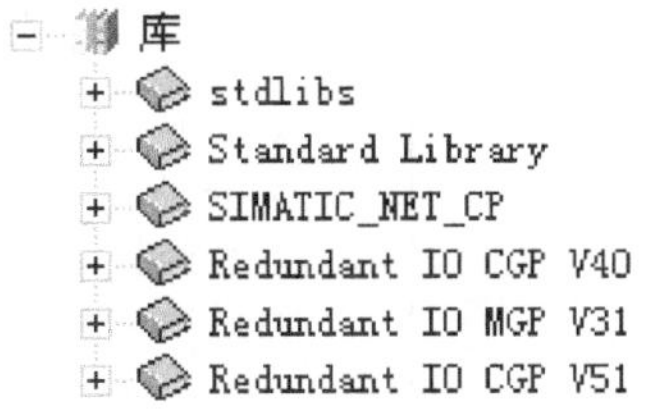

如果在 S7 Program 下的库中存放有用户希望多次调用的块，可节省大量的编程时间并提高效率。可以将这些程序块复制到用户程序中所需要的地方。

在 STEP 7 标准软件包中标准程序库如图 5-74 所示，其中标准程序库包含有下面的功能及功能块：

① TI-S7 Converting Blocks（TI-S7 转换块）：通用标准功能，如模拟数值的规范化等。

② PID Control Blocks（PID 控制块）：用于 PID 控制的功能块（FB）。

③ IEC Function Blocks（IEC 功能块）：用于 IEC 功能的块，例如处理时间和日期信息、比较操作、字符串处理以及选择最大值和最小值。

④ System Function Blocks（系统功能块）：包括系统功能块（SFB）和系统功能（SFC）。

⑤ S5-S7 Converting Blocks（S5-S7 转换块）：包含将 S5 程序转换成 S7 程序所需的标准功能块，用于转换 STEP 5 程序的块。

⑥ Organization Blocks（组织块）：标准组织块（OB）。

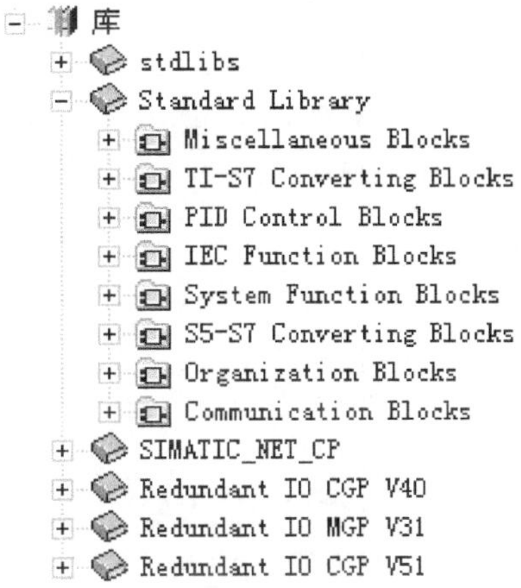

⑦ Communication Blocks（通信块）：包含使用 S7-300 PROFIBUS CP 时连接分布式 I/O 的块。

当安装其他软件包时，可增加其他库，附加库是在安装可选包时创建的。

图 5-73　程序中的库

图 5-74　标准程序库

5.9.2　库的应用

【例 5-18】　I0.0 为电动机的启/停按钮，Q4.0 和 Q4.1 为两个电动机负载。要求：当按下 I0.0 5s 后负载 Q4.0 启动，再计时 4s 后负载 Q4.1 启动；当 I0.0 为 "0" 时，负载 Q4.0 和 Q4.1 同时停止。

编写程序可以直接调用标准库中的系统功能块 SFB4 TON（通电延时定时器），具体功能见 IEC 定时器，程序如图 5-75 所示。

5.9.3　库的生成

用户可以将项目中编写的功能或功能块添加进库中，应用于其他项目。如要创建一个库，可按如下操作进行：在 SIMATIC 管理器中，选择菜单命令 "文件" → "新建"，弹出提示对话框，选择 "库" 选项卡，如果希望将新库插入到一个多重项目中，请选择复选框 "插入当前的多重项目中"。只有当已在项目窗口中预先选择了多重项目时，才可使用复选框。在对话框中，为新库输入一个名称，在 "类型" 栏选择 "库"，单击 "确定" 生成一个新的库，如图 5-76 所示。

创建库后出现一个拆分窗口，在窗口的左半部分显示代表库的图标。可将 S7/M7 程序从项目复制到库中，或创建库中的 S7/M7 程序（使用菜单命令 "插入" → "程序" → "S7 程序" 或 → "插入" → "程序" → "M7 程序"）。如图 5-77 所示。

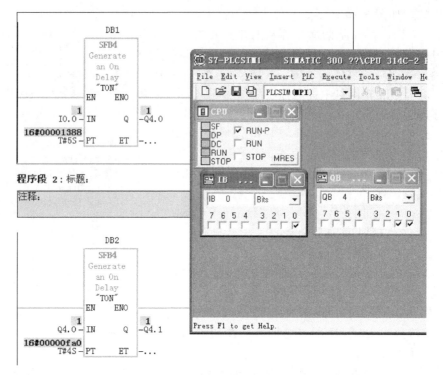

图 5-75　调用库中的系统功能块

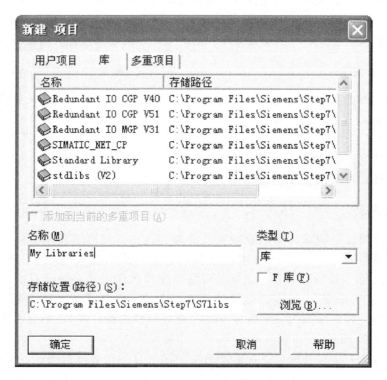

图 5-76　创建用户库

将编写的功能或功能块可拖放到图 5-77 所生成的"块"中，如图 5-78 所示，即可在编程界面中调用，如图 5-79 所示。还可以对所创建的库进行复制和删除等操作。

图 5-77　生成库

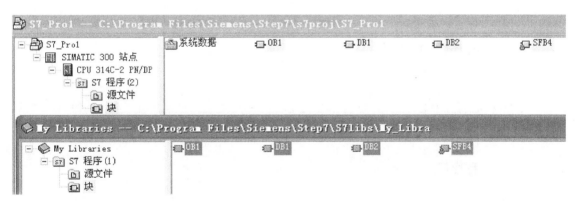

图 5-78　编辑库

【例 5-19】　SAVE 指令将 RLO 的状态存入 BR 寄存器，如果没有存储 BR 位信号，编写的函数或函数块使用 LAD 程序直接调用时，ENO 不能直接输出，函数显示为虚线，如图 5-80 所示，FC1 的 ENO 不能输出，M1.0 不能为 1。

从程序显示上看，FC1 似乎没有调用，实际已经调用，只是显示问题，在调用 FC1 前加入条件（常开触点或常闭触点）即可，如图 5-81 所示。或者 FC1 的程序结尾使用"——(SAVE)"指令，可以改变 FC1 调用的显示状态，如图 5-82 和图 5-83 所示。

图 5-79　库的调用

OB1 : "Main Program Sweep (Cycle)"
程序段 1: 标题:
FC1
EN
ENO
M1.0

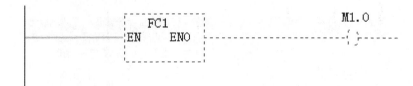

图 5-80 没有将 RLO 状态存入 BR 位调用 FC1 的显示状态

OB1 : "Main Program Sweep (Cycle)"
程序段 1: 标题:
I0.0
FC1
EN
ENO
M1.0

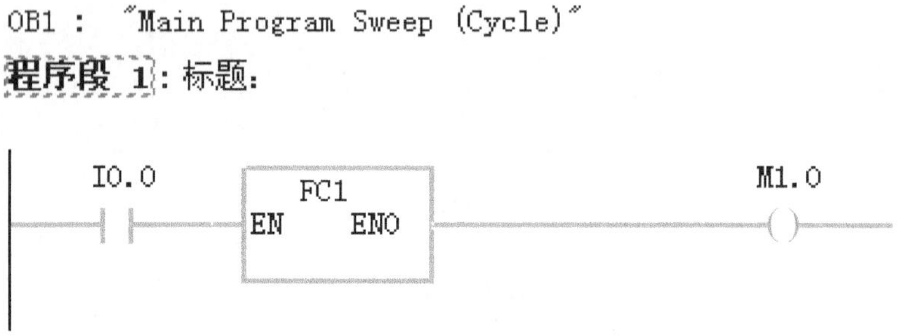

图 5-81 调用 FC1 前加入控制条件的显示状态

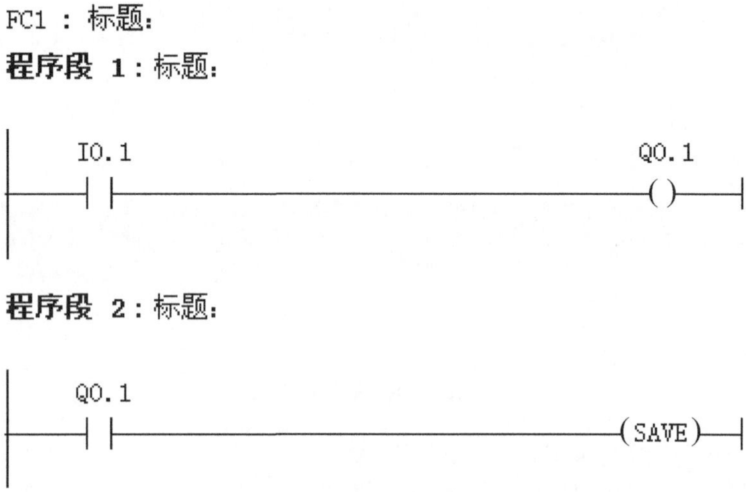

FC1 : 标题:
程序段 1: 标题:
I0.1
Q0.1
程序段 2: 标题:
Q0.1
SAVE

图 5-82 FC1 中添加 SAVE 指令

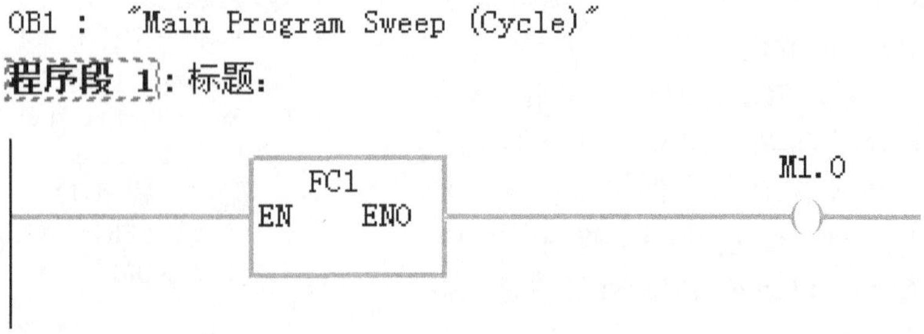

OB1 : "Main Program Sweep (Cycle)"
程序段 1: 标题:
FC1
EN
ENO
M1.0

图 5-83 将 RLO 状态存入 BR 位后调用 FC1 的显示状态

5.10 指令综合使用举例

【例 5-20】 抢答器有三个输入，分别为 I0.0、I0.1 和 I0.2，输出分别为 Q4.0、Q4.1 和 Q4.2，复位输入是 I0.3。要求：三人中任意抢答，谁先按按钮，谁的指示灯优先亮，且只能亮一盏灯，进行下一问题时主持人按复位按钮，抢答重新开始。实现其功能的梯形图如图 5-84 所示。

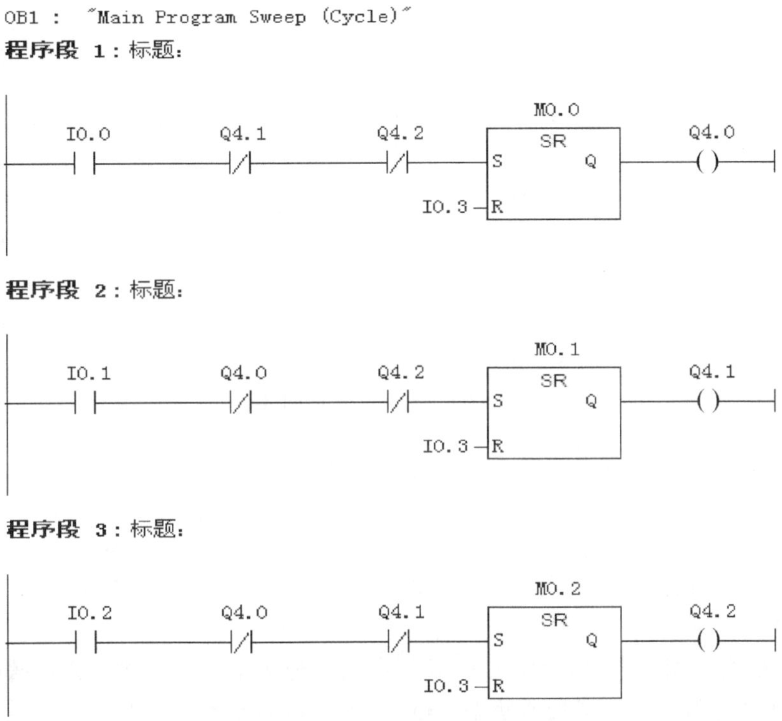

OB1 : "Main Program Sweep (Cycle)"
程序段 1：标题：

程序段 2：标题：

程序段 3：标题：

图 5-84 抢答器梯形图 1

也可以使用如图 5-85 所示的梯形图来实现，程序的编写不拘一格，关键在于合理的组织，能实现控制功能即可。

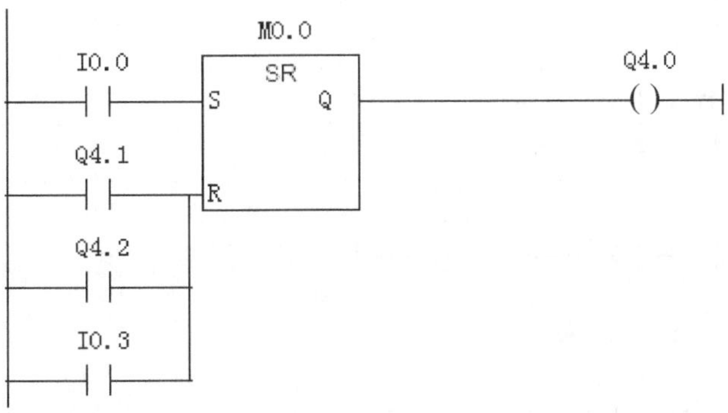

图 5-85

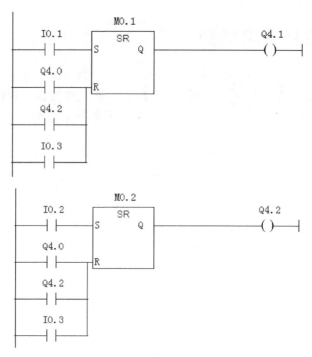

图 5-85 抢答器梯形图 2

注意：SR 指令上的存储位不能重复，否则程序出错！

【例 5-21】 设计一个乒乓电路，按动按钮 I0.0，使灯泡亮，再按动按钮，灯泡灭。实现其功能的梯形图如图 5-86 所示。对于图 5-86 所示的梯形图，分析如下：

① 第一次按动按钮时，I0.0 接通，在一个扫描周期中，则 M0.1 通；M0.2 接通，Q4.0 通，电灯亮。

② 当一个扫描周期结束时，M0.1 断开；在第二分支中，由于 M0.2 是通的，同时常闭触点 M0.1 是通的，M0.2 保持接通状态，Q4.0 通，电灯继续保持亮。

③ 当 I0.0 再一次点按时，M0.1 接通；在程序段 2 中第一分支和第二分支能流不通，M0.2 断开，Q4.0 不通，电灯灭，之后系统循环运行。

OB1 : "Main Program Sweep (Cycle)"

程序段 1：标题：

```
    I0.0        M0.0              M0.1
----| |--------(P)---------------( )----
```

程序段 2：标题：

```
    M0.1        M0.2              M0.2
----| |--------|/|-----------+----( )----
                             |
    M0.2        M0.1         |
----| |--------|/|----------+
```

程序段 3：标题：

```
    M0.2                          Q4.0
----| |--------------------------( )----
```

图 5-86 闪烁灯控制梯形图 1

也可以使用如图 5-87 所示的梯形图来实现。

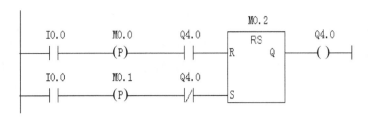

图 5-87　闪烁灯控制梯形图 2

【例 5-22】　要求控制 8 盏灯以 1s 的速度自左向右亮起。如此反复下去。

方法一：利用 CPU 硬件时钟发生器。方法步骤如下。

① 首先在项目的硬件组态中设置 CPU 的"周期/时钟存储器"，如图 5-88 所示。

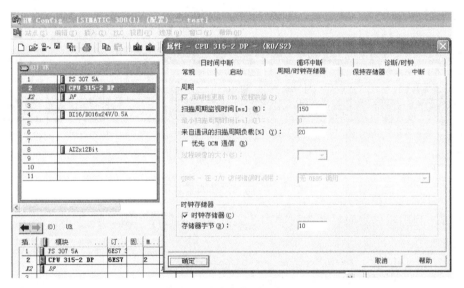

图 5-88　时钟存储器硬件设置

② 由表 5-15 可知，MB10 字节的第 5 位能产生周期为 1s 的方波信号，可以在程序中使用，其梯形图如图 5-89 所示。

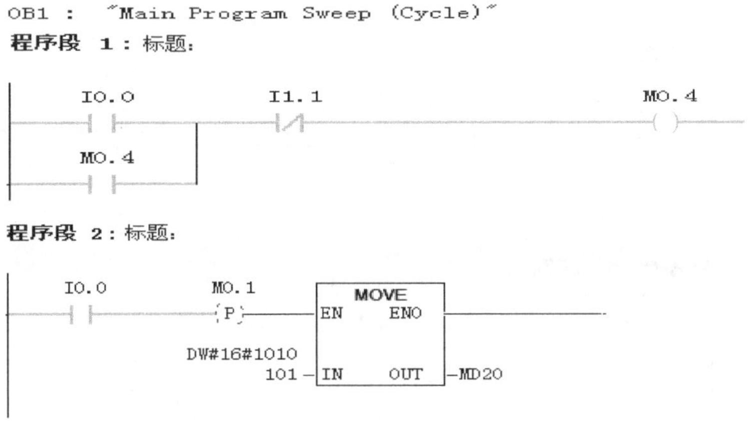

OB1 :　"Main Program Sweep (Cycle)"
程序段　1：标题：

```
      I0.0            I1.1                              M0.4
  ─────┤ ├────┬──────┤/├──────────────────────────────( )────
      M0.4     │
  ─────┤ ├─────┘
```

程序段　2：标题：

```
      I0.0           M0.1           ┌────MOVE────┐
  ─────┤ ├───────────(P)────────────┤EN      ENO├────
                                    │            │
                      DW#16#1010    │            │
                          101 ──────┤IN     OUT ├──MD20
                                    └────────────┘
```

图 5-89

程序段 3：标题：

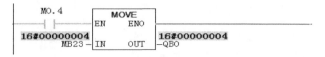

程序段 4：标题：

图 5-89　跑马灯梯形图 1

③ 在 PLCSIM 中进行仿真，其结果如图 5-90 所示。

图 5-90　跑马灯仿真监控图

方法二：利用软件定时器产生时间因子，其实现的程序如图 5-91 所示。

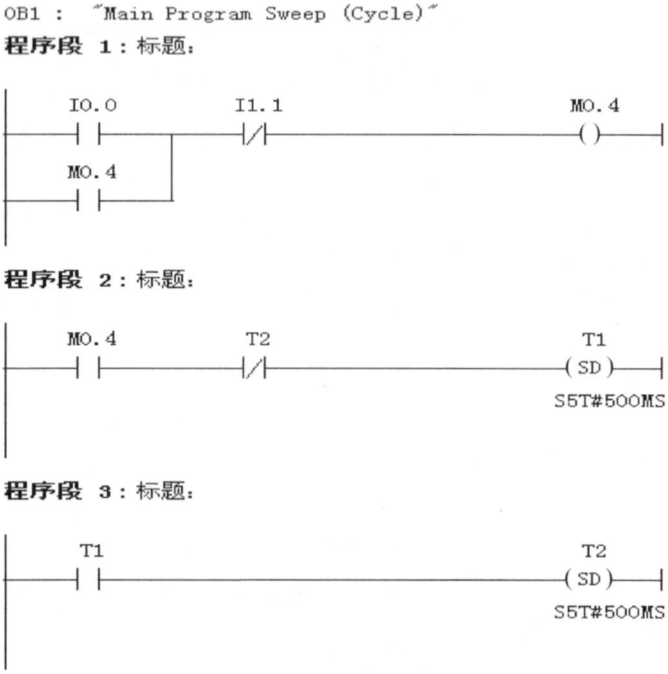

OB1 : "Main Program Sweep (Cycle)"

程序段 1：标题：

```
        I0.0          I1.1                      M0.4
        ─┤ ├─         ─┤/├─                    ─( )─
        M0.4
        ─┤ ├─
```

程序段 2：标题：

```
        M0.4          T2                        T1
        ─┤ ├─         ─┤/├─                    ─(SD)─
                                              S5T#500MS
```

程序段 3：标题：

```
        T1                                      T2
        ─┤ ├─                                  ─(SD)─
                                              S5T#500MS
```

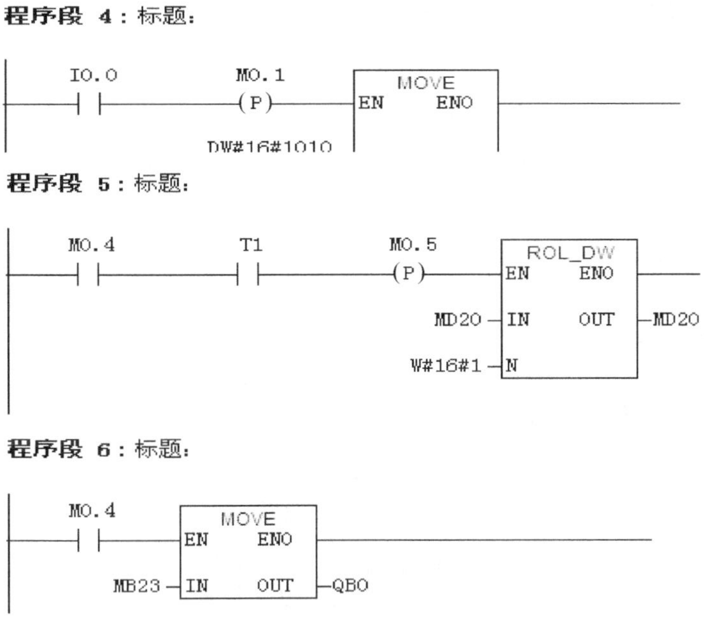
程序段 4：标题:
I0.0
M0.1
(P)
MOVE
EN
ENO
DW#16#1010
程序段 5：标题:
M0.4
T1
M0.5
(P)
ROL_DW
EN
ENO
MD20
IN
OUT
MD20
W#16#1
N
程序段 6：标题:
M0.4
MOVE
EN
ENO
MB23
IN
OUT
QB0

图 5-91　跑马灯梯形图 2

方法三：利用 OB35 的循环中断来产生时间因子。

① S7 提供了多达 9 个的周期性中断 OB（OB30～OB38），它们以固定的时间间隔来中断用户程序。首先在项目硬件组态的 CPU 中对 OB35 进行相应的设置。如图 5-92 所示。并对其进行编译下载到 CPU 中。

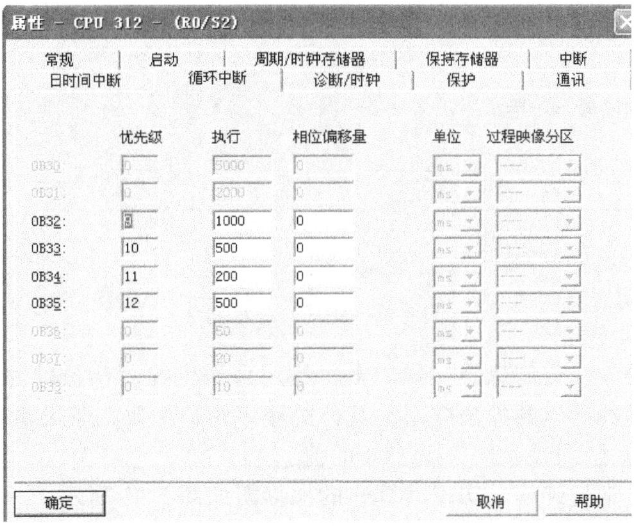
属性 - CPU 312 - (R0/S2)
常规
启动
周期/时钟存储器
保持存储器
中断
日时间中断
循环中断
诊断/时钟
保护
通讯
优先级
执行
相位偏移量
单位
过程映像分区
OB32:
9
1000
0
OB33:
10
500
0
OB34:
11
200
0
OB35:
12
500
0
确定
取消
帮助

图 5-92　OB35 参数设置

② 在 OB35 中编写周期振荡程序，如图 5-93 所示。

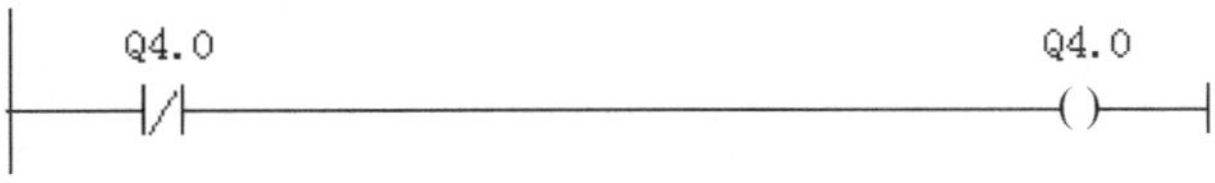
Q4.0
Q4.0

图 5-93　周期振荡梯形图

③ 在 OB1 中编写控制主程序，如图 5-94 所示。主要将移位指令的控制端进行更换即可。

OB1 : "Main Program Sweep (Cycle)"

程序段 1：标题：

```
    I0.0          I1.1                          M0.4
────┤ ├────┬────┤/├──────────────────────────(  )───┤
            │
    M0.4    │
────┤ ├────┘
```

程序段 2：标题：

```
    I0.0      M0.1          ┌──────────┐
────┤ ├──────(P)───────────┤   MOVE   │
                           ┤EN     ENO├────────────────
                           │          │
           DW#16#1010      │          │
                 101 ──────┤IN     OUT├── MD20
                           └──────────┘
```

程序段 3：标题：

```
    M0.4      Q4.0      M0.5      ┌──────────┐
────┤ ├──────┤ ├───────(P)───────┤  ROL_DW  │
                                 ┤EN     ENO├─────────
                                 │          │
                       MD20 ─────┤IN     OUT├── MD20
                                 │          │
                     W#16#1 ─────┤N         │
                                 └──────────┘
```

程序段 4：标题：

```
    M0.4      ┌──────────┐
────┤ ├───────┤   MOVE   │
              ┤EN     ENO├──────────────────────────
              │          │
     MB23 ────┤IN     OUT├── QB0
              └──────────┘
```

图 5-94　跑马灯梯形图 3

总结：以上三种方法控制思想一样，主要是用来产生控制移位的时间脉冲方法不一样，也可以把这些周期脉冲产生的方法应用在其他的程序中，主要在于灵活地使用。

【例 5-23】　求算式 $1+2+3+\cdots+100$ 的值。

方法一：线性化常规编程，实现其算式的梯形图如图 5-95 所示。

程序段 1：标题：

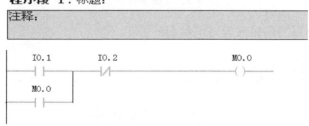

程序段 2：标题：

注释：

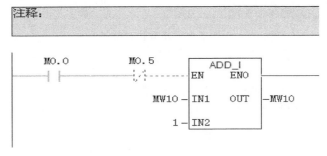

程序段 3：标题：

注释：

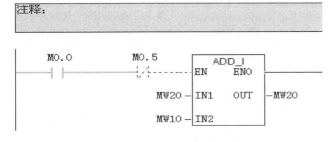

程序段 4：标题：

注释：

程序段 5：标题：

注释：

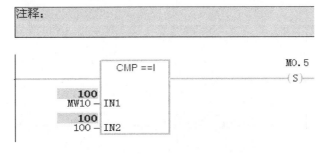

图 5-95　求和梯形图 1

在 PLCSIM 中进行仿真结果如图 5-96 所示。

方法二：利用逻辑控制指令，其实现的梯形图如图 5-97 所示。

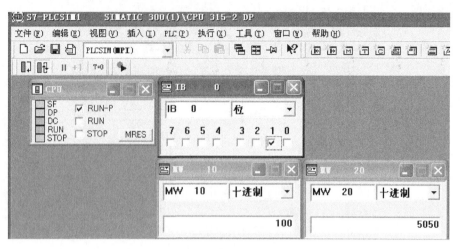

图 5-96 求和仿真结果

OB1 : "Main Program Sweep (Cycle)"
程序段 1: 标题:

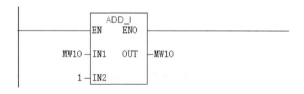

程序段 2: 标题:

程序段 3: 标题:

程序段 4：标题：
ADD_I
EN
ENO
MW10
IN1
OUT
MW20
MW20
IN2
程序段 5：标题：
aaa
MOVE
EN
ENO
MW20
IN
OUT
MW60

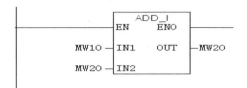

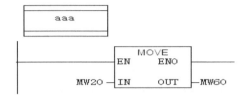

图 5-97　求和梯形图 2

方法三：利用 LOOP 指令，实现其算式的语句表如图 5-98 所示。

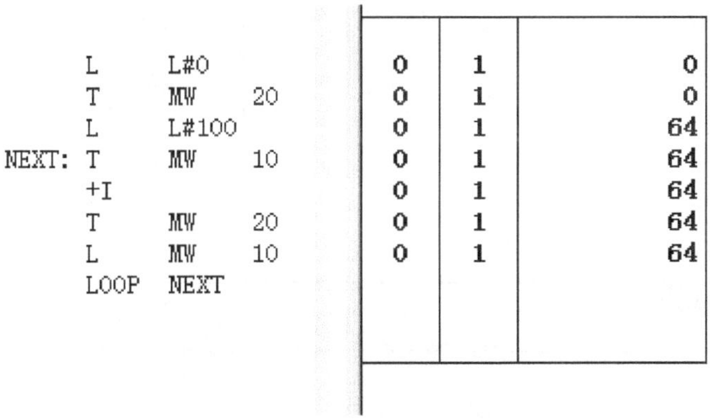

L　L#0
T　MW　20
L　L#100
NEXT: T　MW　10
+I
T　MW　20
L　MW　10
LOOP　NEXT
0　1　0
0　1　0
0　1　64
0　1　64
0　1　64
0　1　64
0　1　64

图 5-98　求和语句表

【例 5-24】 设计一个简易计算器，具有两个整数加减乘除的功能。

① I/O 分配如图 5-99 所示。

② 梯形图程序如图 5-100 所示。

	状态	符号	地址		数据类型
1		开始	I	0.0	BOOL
2		清零	I	0.1	BOOL
3		加	I	0.2	BOOL
4		减	I	0.3	BOOL
5		乘	I	0.4	BOOL
6		除	I	0.5	BOOL
7		数据1	MD	10	DWORD
8		数据2	MD	20	DWORD
9		结果	MD	36	DWORD
10					

图 5-99　简易计算器 I/O 分配

程序段 1：标题：

注释：

```
      I0.0              I0.1
     "开始"            "清零"                        M0.0
  ─────┤ ├───────┬──────┤/├──────────────────────────( )──────
                 │
      M0.0       │
  ─────┤ ├───────┘
```

程序段 2：标题：

注释：

```
      M0.0            M0.1                        MOVE
  ─────┤ ├───────────( P )──────┬──────────────EN    ENO────
                                │
                                │    MD10
                                │   "数据1"──IN    OUT──MD16
                                │
                                │                 MOVE
                                └──────────────EN    ENO────
                                     MD20
                                    "数据2"──IN    OUT──MD26
```

程序段 3：标题：

注释：

```
      I0.2
     "加"            M0.2              ADD_DI
  ─────┤ ├┈┈┈┈┈┈┈┈┈┈( N )──────────EN    ENO────
                                MD16──IN1   OUT──MD32
                                MD26──IN2
```

程序段 4：标题：

注释：

```
      I0.3
     "减"            M0.3              SUB_DI
  ─────┤ ├┈┈┈┈┈┈┈┈┈┈( N )──────────EN    ENO────
                                MD16──IN1   OUT──MD32
                                MD26──IN2
```

程序段 5：标题：

程序段 6：标题：

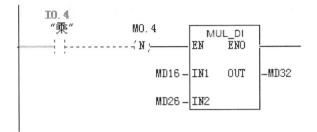

程序段 7：标题：

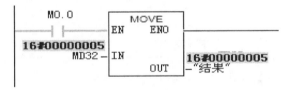

图 5-100　简易计算器梯形图

【例 5-25】　编写程序进行 $1+3+5+\cdots+99$ 的算式实现，要求用语句表编程实现，并将最后结果存放到 MW20 中。

```
        L       0
        T       MW      20
        L       99
JIA：   T       MW      10
        L       MW      20
        +I
        T       MW      20
        L       1
        L       MW      10
```

```
        = = I
        JC      XX
        DEC     1
XX:     LOOP    JIA
```

【例 5-26】 编写程序进行 $2+4+6+\cdots+100$ 的算式实现，要求用语句表编程实现，并将最后结果存放到 MW20 中。

```
        L       0
        T       MW      20
        L       100
JIA:    T       MW      10
        L       MW      20
        + I
        T       MW      20
        L       MW      10
        DEC     1
        LOOP    JIA
```

习　题

5-1　目前 S7-300 PLC 的常用的编程语言共有几种？

5-2　S7-300 系列 PLC 如何直接寻址？什么是间接寻址？如何使用？

5-3　请用 SR 触发器功能块设计一抢答器，I0.0、I0.1、I0.2 为三个抢答按钮。I0.3 为主持人复位按钮。Q0.0、Q0.1、Q0.2 为分别对应 I0.0、I0.1、I0.2 三个输入的指示灯。要求：谁先按按钮，谁的指示灯亮，可以答题。主持人按复位按钮后，所有灯灭，下一轮抢答开始。

5-4　依据图 5-101 所示的 LAD 程序以及 I0.0 的时序图，画出 Q4.0 和 Q4.1 的输出波形（I0.1 的状态总为 OFF）。

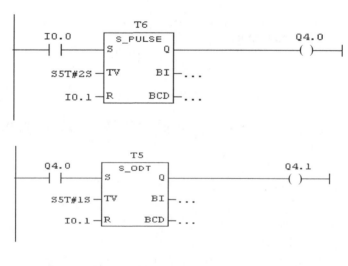

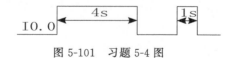

图 5-101　习题 5-4 图

5-5 设计一个对锅炉鼓风机和引风机控制的梯形图程序。控制要求：

① 开机时首先启动引风机，10s 后自动启动鼓风机；

② 停止时立即关断鼓风机，20s 后自动关断引风机。

5-6 分析图 5-102 程序功能（I0.0 为点击按钮，机械上不能自锁，Q0.0 表示一个灯）。

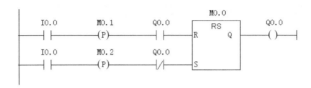

图 5-102 习题 5-6 图

5-7 分析下列程序段，请填写执行后相应寄存器的数值。

```
L       DW#16#12345678
T       MD      0
L       MD      0
CAD
T       MD      4
```

请填写 MB4 中的数据是_____；累加器 ACCU1 中的数据是_____；累加器 ACCU2 中的数据是_____。

5-8 分析下列程序段，请填写执行后相应寄存器的数值。

```
L       -90.7
T       MD      20
RND -
T       MD      24
L       MD      20
TRUNC
T       MD      20
```

请填写 MD24 中的数据是_____；MD20 中的数据是_____。

5-9 编一个 2s ON，4s OFF 的占空比可调的脉冲发生器程序。

5-10 用 STEP 7 的算术逻辑指令完成算术运算："(235.5＋125.0)×13.7÷7.8＝?"；试画出其完成运算的梯形图。要求：用 I0.0（外接常开点）启动运算，用 MD20 存储计算结果。

5-11 如图 5-103 所示为某仓库区及显示面板。在两个传送带之间有一个装 100 件物品的仓库，传送带 1 将物品送至临时仓库。传送带 1 靠近仓库区一端的光电传感器（I0.0）确定有多少物品运送至仓库区，传送带 2 将仓库区中的物品运送至货场，传送带 2 靠近仓库区一端的光电传感器（I0.1）确定已有多少物品从库区送至货场。显示面板上有五个指示灯（Q12.0～Q12.4）显示仓库区物品的占有程度。编写梯形图来实现其功能。

5-12 编写实现走马灯的梯形图程序。要求：运用循环移位指令实现 4 个彩灯的循环左移和右移，即每经过 4s 的时间间隔，亮灯的状态移动到下一位。其中 I0.0 为启停开关；I1.0 为控制彩灯左右移动的开关，当 I1.0 按下时，彩灯左移，当 I1.0 弹起按下时，彩灯右移；MD20 为设定的初始值，输出为 Q0.0～Q0.3。

5-13 用按钮对行车的大车进行左移、右移和停车控制；用按钮对行车的小车进行上

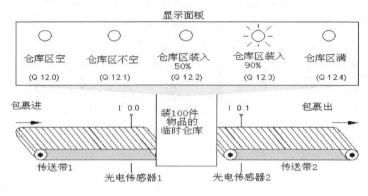

图 5-103 习题 5-11 图

移、下移和停车控制。①进行 I/O 地址分配；②画出控制程序梯形图。

5-14 多级皮带运输机控制。如图 5-104 所示是一个四级传送带系统示意图。整个系统有四台电动机 M1、M2、M3、M4，落料漏斗 Y0 由一个阀控制。控制要求如下：

① 落料漏斗启动后，传送带 M1 应马上启动，经 6s 后须启动传送带 M2；

② 传送带 M2 启动 5s 后应启动传送带 M3；

③ 传送带 M3 启动 4s 后应启动传送带 M4；

④ 落料停止后，应根据所需传送时间的差别，分别隔 6s、5s、4s、3s 将四台电动机停车。要求画出简单的 I/O 分配以及 PLC 外围接线图，并编写梯形图实现控制任务。

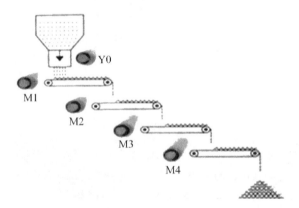

图 5-104 习题 5-14 图

S7-300/400 PLC 结构化编程

S7-300/400 系列 PLC 采用 STEP 7 编程语言，用文件块的形式来管理用户编写的程序及程序运行所需要的数据，组成结构化的用户程序。这样的组织使得 PLC 程序结构清晰，组织明确，便于修改。

6.1 编程方式和程序结构

6.1.1 编程方式

用户的编程方式主要有线性化编程、分部式编程和结构化编程三种。

线性化编程是将整个用户程序放在组织块 OB1 中，在 CPU 循环扫描时执行 OB1 中的全部指令。其特点是线性程序的结构简单，分析起来一目了然。这种结构适用于编写一些规模较小、运行过程比较简单的控制程序。然而某些相同或相近的操作需要多次执行，这样会造成不必要的编程工作。再者，由于程序结构不清晰，会造成管理和调试的不方便。所以在编写大型程序时，应避免线性化编程。

分部式编程是将整个程序按任务分成若干个部分，并分别放置在不同的功能（FC）、功能块（FB）及组织块中，在一个块中可以进一步分解成段。在组织块 OB1 中包含按顺序调用其他块的指令，并控制程序执行。在分部程序中，既无数据交换，也不存在重复利用的程序代码。功能（FC）和功能块（FB）不传递也不接收参数，分部程序结构的编程效率比线性程序有所提高，程序测试也较方便，对程序员的要求也不太高。对不太复杂的控制程序可考虑采用这种程序结构。

但是对于复杂的自动控制任务，上述两种编程方式显得"捉襟见肘"，故而引出第三种编程方式——结构化编程。结构化编程是将过程要求类似或相关的任务归类，在功能或功能块中编程，形成通用解决方案。通过不同的参数调用相同的功能或通过不同的背景数据块调用相同的功能块。其特点是每个块在 OB1 中可能会被多次调用，以完成具有相同过程工艺的不同控制对象，这种结构必须对系统功能进行合理分析、分解和综合，以简化程序设计过程，提高编程的效率。

6.1.2 程序结构

西门子公司 S7-300/400 系列 PLC 采用的是"块式程序结构",用"块"的形式来管理用户编写的程序及程序运行所需要的数据,组成完整的 PLC 应用程序系统。

(1) 用户程序使用的块

在 S7-300 PLC 中,PLC 的程序分为操作系统和用户程序。操作系统处理的是底层的系统级任务,它为 PLC 应用搭建了一个平台,提供了一套用户程序的调用机制,主要用来实现与特定的控制任务无关的功能,比如处理 PLC 的启动、刷新输入/输出过程映像表、调用用户程序、处理中断和错误、管理存储区和处理通信等。用户程序在这个搭建的平台上完成自己特定的自动化控制任务,而这个程序需要用户自己编写。通常用户程序主要完成暖启动和热启动的初始化工作、处理过程数据(数字信号、模拟信号)、对中断响应、对异常和错误处理等工作。

通常用户编写的程序和程序过程中所需的数据均被 STEP 7 放置在块中,使单个的程序标准化。这样做的好处是:块与块之间的调用使程序结构化、简单化、透明化,易于理解、修改、查错和调试。

用户程序是由块组成的,构成用户程序的逻辑块包括:组织块 OB(Organization Block)、功能块 FB(Function Block)、功能 FC(Function)、系统功能块 SFB(System Function Block)、系统功能 SFC(System Function) 等。各种块的简单说明如表 6-1 所示。

表 6-1　用户程序中的块

块	简要描述
组织块(OB)	操作系统与用户程序的接口,决定用户程序的结构
系统功能块(SFB)	集成在 CPU 模块中,通过 SFB 调用一些重要的系统功能,有存储区
系统功能(SFC)	集成在 CPU 模块中,通过 SFC 调用一些重要的系统功能,无存储区
功能块(FB)	用户编写的包含经常使用的功能的子程序,有存储区
功能(FC)	用户编写的包含经常使用的功能的子程序,无存储区
背景数据块(DI)	调用 FB 和 SFB 时用于传递参数的数据块,在编译过程中自动生成数据
共享数据块(DB)	存储用户数据的数据区域,供所有的块共享

组织块 OB 是操作系统和用户程序之间的界面,用于控制扫描循环和中断程序的执行、PLC 的启动和错误处理等,其他的组织块有启动组织块和中断组织块。档次较高的 CPU 可以使用的同类型组织块也较多。操作系统只调用组织块,其他的程序块需要通过用户程序中的指令调用,操作系统才会加以处理(扫描)。其中最主要的组织块是 OB1,它是用户程序的主程序,也是操作系统自动做循环扫描的唯一的一个块。CPU 的操作系统完成启动过程后就循环执行 OB1,此时就可以在 OB1 中调用其他逻辑块。如果出现中断事件,当前正在执行的组织块只有在当前指令执行完以后才会被停止,操作系统才会分配给该事件一个组织块。这个中断事件(组织块)执行完后,被中断的块将会从断点处继续执行。

功能 FC 和功能块 FB 是用户程序中主要的逻辑操作块,二者皆是用户编写的子程序,只是功能(FC)不需要背景数据块,无存储区,调用结束数据消失;而功能块始终存在如影随形的背景数据块,有存储区,主要的控制、运算、操作等均由它们来完成。组织块负责安排 FC 和 FB 的调用条件和调用顺序。对于功能块,操作系统为参数及静态变量分配的存储空间是背景数据块。操作系统在 L 堆栈中给 FB 的临时变量分配空间;对于功能,操作系统同样也在 L 堆栈中给 FC 的临时变量分配空间，只是 FC 不能使用静态变量。输入、输出、I/O 参数以指向实参的指针形式存储在操作系统为参数传递而保留的额外空间中。

系统功能块 SFB 和系统功能 SFC 集成在 S7 CPU 的操作系统中，预先编好程序的逻辑块，它们不占用程序空间。其中系统功能块通过 SFB 调用系统功能，有专用的存储区（即背景数据块），而系统功能通过 SFC 调用系统功能，没有专用的存储区。用户不能打开它们，也不能修改它们内部的程序。通常用于完成一些通用的功能，如读写实时时钟、设置参数、数据通信等。在 S7-300 CPU 中通常会固化有一部分 SFB 和 SFC，用户在编程时可以调用。通常 SFC 和 SFB 提供一些系统级的功能调用，比如 SFC39 "DIS_IRT" 用来禁止中断和异步错误处理，可以禁止所有的中断、有选择地禁止某些范围的中断和某个中断；SFC40 "EN_IRT" 用来激活新的中断和异步错误处理，可以允许所有的中断和有选择地允许某些中断等。在调用 SFB 时，需要用户指定背景功能块（CPU 中不包含其背景数据块），并确定将背景数据块下载到 PLC 中。

共享数据块 DB 只用来存放用户数据。在共享数据块中只有数据和变量，没有程序。但共享数据块占用程序容量。共享数据块中没有 STEP 7 的指令，STEP 7 按数据生成的顺序自动地为共享数据块中的变量分配地址。共享数据块可以分为全局（共享）数据块和背景（伴随）数据块两种。

应首先生成功能块，然后生成它的背景数据块。在生成背景数据块时指明它的类型为背景数据块（Instance）和它的功能块的编号。

（2）块的调用

在系统上电启动之后，首先开始运行初始化程序 OB100，之后进入可编程的工作周期，OB1 是循环扫描的主程序块，它的优先级最低。各种块的关系如图 6-1 所示。组织块 OB 可以调用 SFB、SFC、FB 和 FC；而 FB 和 FC 也可以调用另外的 FB 和 FC，称为嵌套。FB 和 SFB 使用时需要配有相应的背景数据块（IDB）。

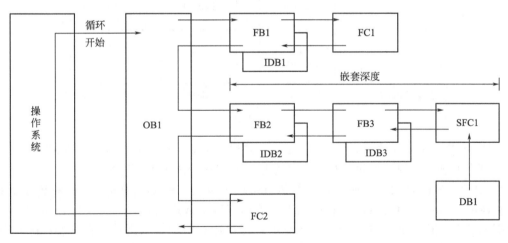

图 6-1　块的调用关系

（3）用户程序使用的堆栈

堆栈是 CPU 中的一块特殊的存储区，堆栈采用"先入后出"的规则存入和取出数据。最上面的存储单元称为栈顶。要保存的数据从栈顶"压入"堆栈时，堆栈中原有的数据依次向下移动一层，最下面的存储单元的数据丢失。在取出栈顶的数据后，堆栈中所有的数据依次向上移动一层。堆栈的这种"先入后出"的存取顺序，刚好满足块调用时（包括中断处理的块调用）存储和取出数据的要求，因此，堆栈在计算机的程序设计中得到了广泛的应用。

① 局部数据堆栈（L 堆栈）   各逻辑块都有它的局部变量（L）存储区，局部变量在逻辑块的变量声明表中生成，只在它被创建的块中有效。局部数据堆栈用来存储块的局部数据区的临时变量、组织块的启动信息、块传递参数的信息和梯形图程序的中间结果。每个组织块用 20B 的临时局部数据来存储它的启动信息。局部数据可以按位、字节、字和双字来存取，例如 L0.0、LB9、LW4 和 LD52。

CPU 分配给当前正在处理的块的临时局部数据的存储容量是有限的，这一存储区的大小和 CPU 的型号有关。CPU 给每一个优先级分配了局部数据区，这样可以保证不同优先级的 OB 都有它们可以使用的局部数据空间。S7-300 CPU 每一优先级的局部数据区的大小是固定的。

② 块堆栈（B 堆栈）   如果一个块的处理因为调用另外一个块，或者被更高优先级的 OB 块中止，CPU 将在块堆栈中存储以下消息：

a.被中断的块的类型（OB、FB、FC、SFB、SFC）、编号和返回地址。

b.从 DB 和 DI 寄存器中获得的块被中断时打开的共享数据块和背景数据块的编号。

c.局部数据堆栈的指针。

利用这些数据，可以在中断它的任务处理完后恢复被中断的块的处理。在多重调用时，堆栈可以保存参与嵌套调用的几个块的信息。图 6-2 给出了堆栈中数据的动态变化的情况。图中 OB1 调用功能 FC2，FC2 的执行被电源故障组织块 OB81 中断。

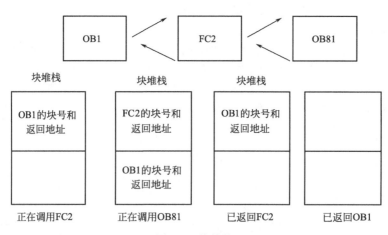

图 6-2   块堆栈

CPU 处于 STOP 模式时，可以在 CPU 的模块信息对话框中查看堆栈保存的进入 STOP 模式时没有处理完的块，在块堆栈中，信息按照它们被处理的顺序存储。

③ 中断堆栈（I 堆栈）   如果程序的执行被优先级更高的 OB 中断，操作系统将保存下述寄存器的内容：当前的累加器和地址寄存器的内容、数据块寄存器 DB 和 DI 的内容、局部数据的指针、状态字、MCR（主控继电器）寄存器和块堆栈的指针。新的 OB 执行完后，操作系统读取中断堆栈中的信息，从被中断的地方开始继续执行程序。

CPU 在 STOP 或 HOLD 模式时，可以用 STEP 在 CPU 的模块信息中查看中断堆栈保存的数据，由此找出使 CPU 进入 STOP 模式的原因。

6.2   结构化编程的实现

结构化编程就是把一些过程要求类似或相关的功能进行分类、归纳、抽象化，然后编写一个与之相关的通用程序，这个程序就是一个结构。这种结构可以多处、多次使用。利用各种结构组合成程序的方法，就是结构化编程的方法。

6.2.1　结构化编程

　　结构化编程是对应于一些典型的控制要求编写通用的程序块，这些程序块可以反复被调用以控制不同的目标。这些通用的程序块就称为结构，利用各种结构来组成程序就称为结构化编程。要实现结构化编程有两个必要条件：一是程序能够分割，二是能够实现参数赋值。S7 程序是由块组成的，程序块也可以实现参数赋值，所以可以实现结构化。结构化编程除了可以避免上述缺点外，还有许多优点。它使程序通用化、标准化，简化了程序设计过程，缩短了程序的长度，减少了代码长度，减少了编程工作量，提高了编程效率。

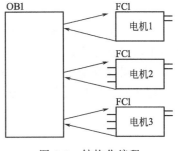

图 6-3　结构化编程

　　图 6-3 所示为编一个控制电机的通用程序（如 FC1），在主程序 OB1 中多次调用以控制不同的电机。

6.2.2　实现形式

　　以图 6-4 电机单向启动/停止程序为例，其中 I0.0 为启动按钮，I0.1 为停止按钮，Q4.0 为控制电机的接触器。该程序只能完成针对某个电机特定的控制。

OB1 : ″Main Program Sweep (Cycle)″

程序段 1：标题：

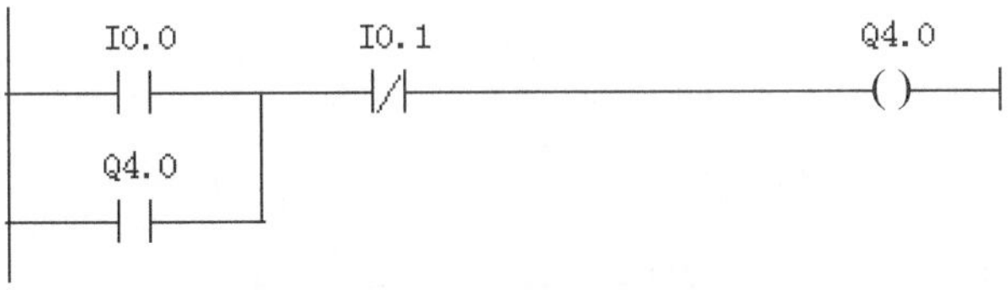

```
      I0.0        I0.1                          Q4.0
      ─┤ ├─       ─┤/├─                         ─( )─

      Q4.0
      ─┤ ├─
```

图 6-4　电机单向启动/停止程序

　　现在建一个功能 FC1，在 FC1 的变量声明表里声明：Start 为 IN 参数，数据类型为 Bool；Stop 为 IN 参数，数据类型为 Bool；Motor 为 OUT 参数，数据类型为 Bool。然后，用变量名（Start、Stop、Motor）代替原来的地址，如图 6-5 所示。

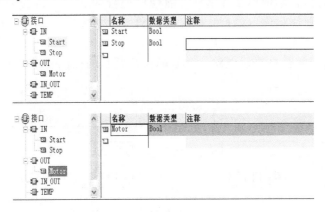

图 6-5

程序段 1：标题：

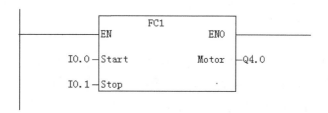

图 6-5　参数化的编程

这样，FC1 就变成了电机单向启动/停止的通用程序，也就成了一个结构。这一结构在程序中可以被多次调用，在每次调用中再指定具体的控制目标，如图 6-6 所示。图中，FC1 框中的变量称为形式参数，在框外填上的地址称为实际参数。PLC 在运行中每次调用 FC1 时，把实际参数代到形式参数中进行运算，这称为参数赋值。

OB1 : ″Main Program Sweep (Cycle)″
程序段 1：标题：

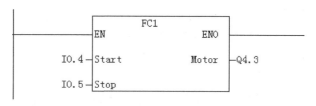

程序段 2：标题：

图 6-6　OB1 中多次调用 FC1 的程序

凡是通用的、典型的程序，都可以参数化、结构化。在 STEP 7 中工作的顺序是：在 FC、FB 的变量声明表中规范变量，也就是声明变量的名称、变量的类型和变量的数据类型。在编写程序的时候，不使用实际地址，而使用变量的名称（形式参数），得到一个普通的程序。在调用这些通用程序（结构）的时候，利用参数赋值的方法指定实际的控制条件和控制目标。

【例 6-1】　设计故障信息显示电路，其故障信息显示的控制要求如图 6-7 所示。

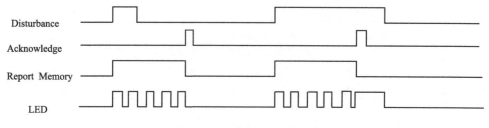

图 6-7　故障信息显示的时序

　　故障信号"Disturbance"出现的时候，故障显示 LED 闪烁。值班人员看到后，按应答按钮"Acknowledge"，此时，如果故障已经排除，故障显示 LED 熄灭；如果故障尚未排除，故障显示 LED 长亮。很短的故障信息也需要显示，为此，利用故障信号"Disturbance"的上升沿将"Report Memory"信号置 1，作为 LED 的工作标志。应答信号"Acknowledge"将这个工作标志复位（清 0）。如果按照故障信号"Disturbance"和显示信号 LED 的实际地址来编程，这个程序只能对付一个故障。把它参数化、结构化，这就是故障显示的通用程序。建立故障处理的功能 FC10 并填写变量声明表，如表 6-2 所示。

表 6-2　FC10 的变量声明表

Address	Declaration	Name	Type	Start Value	Comment
0.0	IN	Disturb_input	BOOL		
0.1	IN	Acknowledge	BOOL		
0.2	IN	Flash_freq	BOOL		
2.0	OUT	Display	BOOL		
4.0	IN_OUT	Edge_men_bit	BOOL		
4.1	IN_OUT	Report_memory	BOOL		

　　变量声明表中的参数，有 IN、OUT、IN_OUT 三种参数类型，其中：IN 为输入参数，其值需要在被调用时从外部输入，在本块程序中是只读变量；OUT 为输出参数，其值需要送出外部，在本块程序中是只写变量；IN_OUT 输入/输出参数，可以从外部输入也可以送出外部，是读/写变量。

　　变量声明表中还有临时变量 TEMP，用于存放一些中间结果。对于一个变量，除了要声明它的变量、参数类型之外，还要声明它的数据类型，可以用的数据类型与数据块的相同。

　　按照控制要求，利用变量声明表中提供的参数编写程序，如图 6-8 所示。

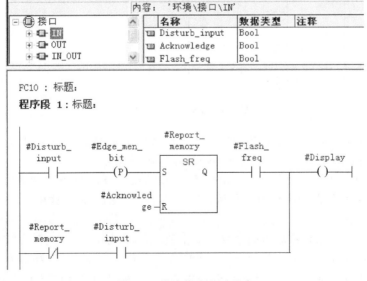

图 6-8　故障信息显示程序

　　程序中，变量值符号前面有"#"的，说明其是本块变量（Local Variable），而全局变量（Global Variable，在符号表中定义）的变量名上会有双引号。如果全局变量和本块变量没有重名，系统会自动辨别；如果有重名，系统首先会认为是本块变量，如果不是则需要用户在输入的时候自己加上双引号。

现在，FC10 就可以被多次调用了。在 OB1 中两次调用 FC10 的例子如图 6-9 所示。

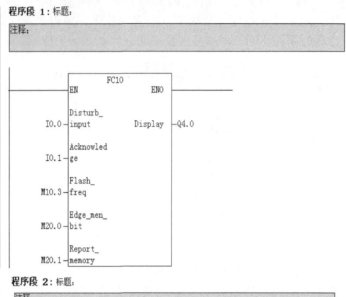

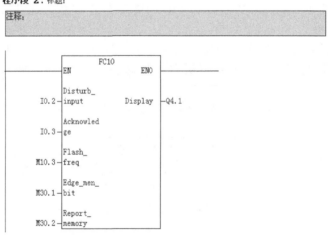

图 6-9　OB1 中调用 FC10

程序中的 M10.3 是一个闪烁的信号。可以自己利用定时器指令软件设计，也可以利用系统 CPU 属性的 Clock Memory，其具体使用参照硬件组态。

① 在变量声明表中把 Report_memory 和 Edge_men_bit 两个变量放在 IN_OUT 变量中，是因为这两个变量在程序中要进行读、写。在调用 FC10 时，这两个变量就作为形式参数出现。

② 临时变量 temp 用来存放中间结果，变量值不需要从外面送出去。同时，变量 Report_memory 和 Edge_men_bit 不可以放在临时变量中。因为临时变量存放在 L 堆栈（Local Stack）中。当 FC10 执行完毕，返回主调块时，在 L 堆栈中的 FC10 的临时变量就会被清除。也就是说，FC 中的临时变量不能记住上一次调用时的数值；而变量 Report_memory 和 Edge_men_bit 在上一个扫描周期所取得的状态是必须记住的。程序中的 MW110 就是典型

的中间变量，用临时变量来代替可以节省全局变量。

③ S7-300 的 L 堆栈的大小见表 6-3。

表 6-3　S7-300 的 L 堆栈

执行的程序		对于 S7-300	
		优先级	局部堆栈大小
启动程序(只执行一次)		27	256Byte
循环扫描程序		1	
时间中断	日时钟中断	2	256Byte
	延时处理中断	3	256Byte
	循环处理中断	12	256Byte
事件驱动中断	硬件中断	16	256Byte
	启动过程中的错误处理中断	28	256Byte
	循环扫描中的错误处理中断	26	

④ L 堆栈的大小影响到程序调用时嵌套的深度，如图 6-10 所示。

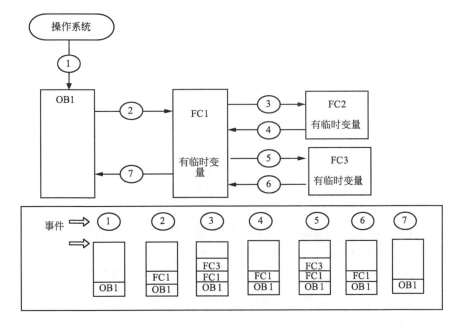

图 6-10　程序运行中的 L 堆栈的分配

在程序调用中，如果临时变量的数据超过了 L 堆栈的允许长度，CPU 进入 STOP 状态，并且把停机原因 "STOP caused by error when allocating data" 写入诊断缓冲区 diagnostics buffer 中。

6.3　功能与功能块

功能（FC）、功能块（FB）和组织块（OB）统称为逻辑块（或程序块）。

功能块（FB）有一个数据结构与该功能块的参数完全相同的数据块，称为背景数据块，背景数据块依附于功能块，它随着功能块的调用而打开，随着功能块的结束而关闭。存放在背景数据块中的数据在功能块结束时继续保持。而功能（FC）则不需要背景数据块，功能调用结束后数据不能保持。

6.3.1 功能块

（1）生成功能块

选中 SIMATIC 管理器左边窗口中的"块"图标，用右键单击右边窗口，执行出现的快捷菜单中的"插入新对象"→"功能块"命令，生成一个新的功能块，如图 6-11 所示。在出现的功能块属性对话框中，采用系统自动生成的功能块的名称"FB1"，选择梯形图为默认的编程语言。单击"多重背景功能"前面的复选框，使小框中的"√"消失，如图 6-12 所示。单击"确认"键后返回 SIMATIC 管理器，可以看到右边窗口中新生成的功能块 FB1。

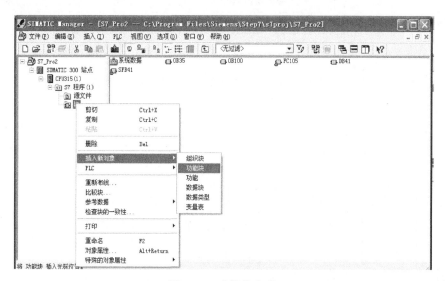

图 6-11　功能块生成

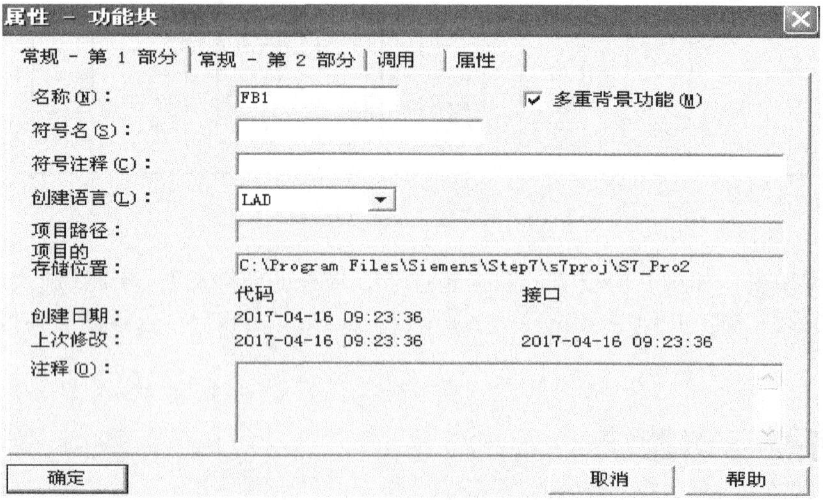

图 6-12　功能块常规参数设置

（2）局部变量

双击生成的"FB1"，打开程序编辑器。将鼠标的光标放在右边的程序区最上面的分隔条上，按住鼠标左键，往下拉动分隔条，分隔条上面是功能块的变量声明表，下面是程序区，左边是指令列表框和库。将水平分隔条拉至程序编辑器视窗的顶端，不再显示变量声明表，但是它依然存在。在变量声明表中声明块专用的局部变量，局部变量只能在它所在的块中使用。

变量声明表的左边窗口给出了该表的总体结构，选中某一变量类型，例如"STAT"，在表的右边显示的是输入参数"earlyValue"等的详细情况。具体设置如图 6-13 所示。

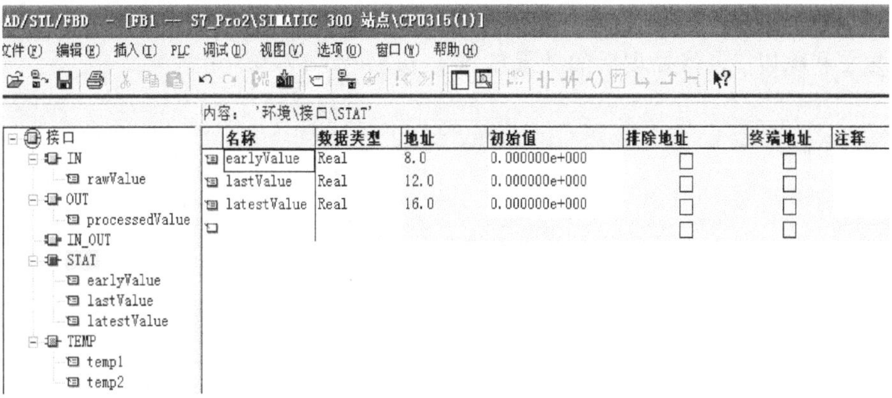

图 6-13　功能块形式参数设置

由图 6-13 可知，功能块有 5 种局部变量。

① IN（输入参数）：用于将数据从调用块传送到被调用块。

② OUT（输出参数）：用于将块的执行结果从被调用块返回给调用它的块。

③ IN_OUT（输入_输出参数）：参数的初值由调用它的块提供，块执行后由同一个参数将执行结果返回给调用它的块。

④ TEMP（临时变量）：暂时保存在局部数据区中的变量。只是在执行块时使用临时变量，执行完后，不再保存临时变量的数值，它可能被同一优先级中别的块里临时数据覆盖。临时变量区（L 堆栈）相当于没有人管理的公告栏，谁都可以往上面贴告示，后贴的告示将原来的告示覆盖掉。

⑤ STAT（静态变量）：从功能块执行完，到下一次重新调用它，静态变量的值保持不变。在功能块的背景数据块中使用。关闭功能块后，其静态数据保持不变。功能（FC）没有静态变量。

选中变量声明表左边窗口中的输入参数"IN"，在右边窗口中生成两个 BOOL 变量和一个 INT 变量。用类似的方法生成其他局部变量，如图 6-13 所示，FB1 的背景数据块中的变量与变量声明表中的局部变量（不包括临时变量）相同。

块的局部变量名必须以字母开始，只能由英文字母、数字和下划线组成，不能使用汉字，但是在符号表中定义的共享数据块的符号名可以使用其他字符（包括汉字）。

在变量声明表中赋值时，不需要指定存储器地址；根据各变量的数据类型，程序编辑器各自为所有的局部变量指定存储器地址。

块的输入参数、输出参数的数据类型可以使用基本数据类型、复杂数据类型、Timer（定时器）、Counter（计数器）、块（FB、FC、DB）、Pointer（指针）和 ANY 等。

（3）生成梯形图程序

图 6-14 的程序是功能块 FB1 的梯形图程序。其实现的功能是将最近采样的 3 个值先求和，再除以 3 作为当前采样值，一般用于工业上对采集的模拟量进行滤波处理。其中 raw-Value 表示要处理的原始数据，earlyValue 表示 3 个数中最早采集的数据，lastValue 表示 3 个数中较早采集的数据，latestValue 表示 3 个数中最近采集的数据，processedValue 表示处理后的数据，temp1 与 temp2 是计算的中间结果。程序先将较早采集的数据放入最早采集数据的单元中，接着将最近采集的数据放入较早采集的数据单元中，再将要处理的原始数据放入最近采集的数据单元中，这样就把最新采集的要处理的原始数据与前 3 个数据中的后两个数据组合在一起构成了最新的 3 个数据，原来 3 个数据中最早的数据被覆盖，不再用。在此基础上对 3 个数据进行了相加，其中经过了两次加法，结果存在 temp1 与 temp2 中，最后，对 3 个数据之和除以 3，将处理后的结果放入了 processedValue 中。

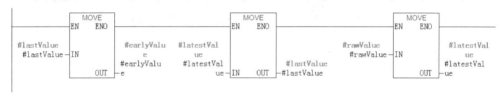

程序段 2：标题：

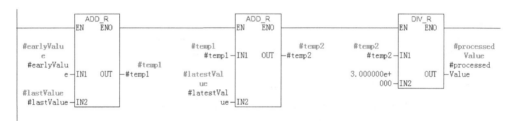

图 6-14　功能块 FB1 的梯形图程序

（4）背景数据块

由于功能块带有存储区，有一个称为背景数据块的局部数据块被分配给功能块，当调用功能块时，实际参数的值存在背景数据块中。如果在块调用时没有实际参数分配给形式参数，则在程序执行中采用上一次存储在背景数据块中的参数值。

背景数据块用来保存 FB 和 SFB 的输入参数、输出参数、IN_OUT 参数和静态数据，背景数据块中的数据是自动生成的。它们是功能块变量声明表中的变量，临时变量存储在局部数据堆栈中。每次调用功能块时应指定不同的背景数据块。背景数据块相当于每次调用功能块时对应被控对象的私人数据仓库，它保存的数据不受其他逻辑块的影响。

功能块的数据保存在它的背景数据块中，功能块执行完后也不会丢失，以供下次执行时使用。其他逻辑块可以访问背景数据块中的变量。用户不能直接删除和修改背景数据块中的变量，只能在它对应的功能块的变量表中删除和修改这些变量。

使用不同的背景数据块调用功能块，可以控制多个同类的对象。生成功能块后，可以首先生成它的背景数据块，然后在调用该功能块时使用它。选中 SIMATIC 管理器左边窗口中的"块"图标，用右键单击右边的窗口，执行出现的快捷菜单中的"插入新对象"→"数据块"命令，生成一个新的数据块。在出现的数据块属性对话框中，选择数据块的类型为"背景数据块"，如果有多个功能块，还需要设置它是哪一个功能块的背景数据块。功能块的变量声明表决定了它的背景数据块的结构和变量。

选中 SIMATIC 管理器左边窗口中的"块"图标,用右键单击右边窗口,执行出现的快捷菜单中的"插入新对象"→"数据块"命令,生成一个新的数据块,其设置如图 6-15 所示。

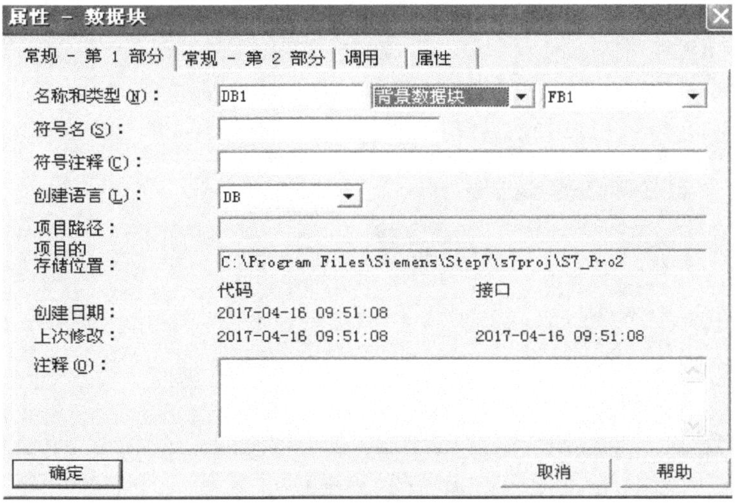

图 6-15　数据块参数设置

背景数据块中保存的数据就是在功能块中设置的形式参数,打开建立的数据块,其结果如图 6-16 所示。值得注意的是,背景数据块中的数据只能读,不能编辑。

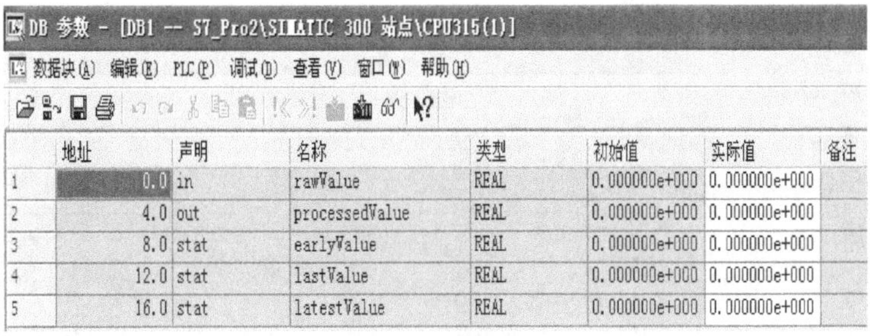

图 6-16　背景数据块

生成功能块的输入参数、输出参数和静态变量时,它们被自动指定一个初始值,可以修改这些初始值。它们被传送给 FB 的背景数据块,作为同一个变量的初始值,调用 FB 时没有指定实参的形参使用背景数据块中的初始值。

6.3.2　功能

如果逻辑块执行完后不需要保存它内部的数据,可以用功能(FC)来编程。与功能块(FB)相比较,FC 不需要配套的背景数据块。

(1) 生成功能

用鼠标右键单击 SIMATIC 管理器左边窗口中的"块",执行出现的快捷菜单中的"插入新对象"→"功能"命令,生成一个新的功能。在出现新的功能属性对话框中,采用系统自动生成的功能的名称"FC1",选择梯形图为功能默认的编程语言。功能生成及其参数设置分别如图 6-17 与图 6-18 所示。

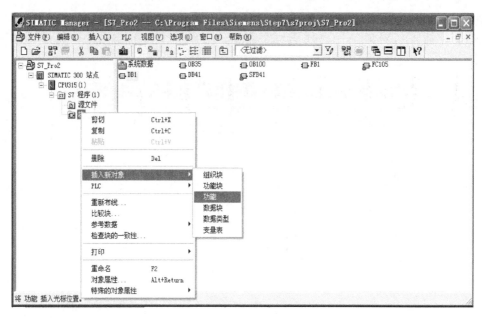

图 6-17 功能生成

图 6-18 功能参数设置

(2) 功能的局部变量

双击 SIMATIC 管理器中的 "FC1" 的图标，打开程序编辑器，设置功能 FC1 的形式参数如图 6-19 所示。

仍以前述对采集的模拟量进行滤波处理为例，将最近采样的 3 个模拟量值先求和，再除以 3 作为当前采样值，FC1 程序编写如图 6-20 所示。

与功能块的变量声明表相比，功能没有静态变量（STAT），退出 FC 后不能保存它的临时局部变量。功能多了一个返回值 RET_VAL，它实际上是一个输出参数。返回值的设置与 IEC 61131 标准有关，该标准的功能没有输出参数，只有一个返回值。在内部程序上，两者

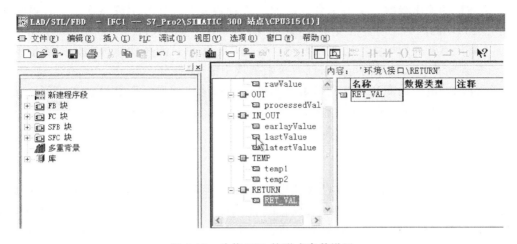

图 6-19　功能 FC1 的形式参数设置

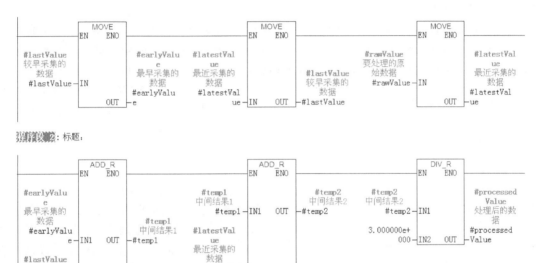

图 6-20　功能 FC1 程序

看不出有什么区别。

（3）功能与功能块的区别

FB 和 FC 均为用户编写的子程序，局部数据均有 IN、OUT、IN_OUT 和 TEMP，临时变量 TEMP 存储在局部数据堆栈中。

① FC 的返回值 RET_VAL 实际上是输出参数，因此，有无静态变量是两者的局部变量的本质区别，功能块的静态变量用背景数据块来保存。功能如果有执行完后需要保存的数据，只能存放在全局变量（I/Q、PI/PQ、M、T、C 和共享数据块）中，但是这样会影响功能的可移植性。如果功能或功能块的内部不使用全局变量，只使用局部变量，不需要做任何修改，就可以将块移植到其他项目。如果块的内部使用了全局变量，在移植时需要重新统一分配它们内部使用的全局变量的地址，以保证不会出现地址冲突。当程序很复杂，子程序和中断程序很多时，这种重新分配全局变量地址的工作量很大，也很容易出错。如果逻辑块有执行完后需要保存的数据，显然应使用功能块，而不是功能。

② 功能块的输出参数不仅与来自外部的输入参数有关，还与用静态变量保存的内部状态数据有关。功能因为没有静态变量，相同的输入参数产生的执行结果是相同的。

③ 功能块有背景数据块，功能没有背景数据块。用户只能在功能内部访问功能的局部变量，其他逻辑块和人机界面可以访问背景数据块中的变量。

④ 不能给功能的局部变量设置初始值，可以给功能块的局部变量设置初始值。在调用功能块时，如果没有设置某些输入参数的实参，将使用背景数据块中的初始值，或上一次执行后的值。调用功能是应给所有的形参指定实参。

6.3.3 功能的调用

功能和功能块的调用必须用实参代替形参，因为形参是在功能或功能块的变量声明表中定义的。为保证功能或功能块对同一类设备的通用性，在编程中不能使用实际对应的存储区地址参数，而是使用抽象参数，这就是形参。而块在调用时，必须将实际参数（实参）替代形参，从而可以通过功能或功能块实现对具体设备的控制。OB1 通过两次调用 FB1 和 FC1，实现对汽油机和柴油机的控制。

块调用分为条件调用和无条件调用。用梯形图调用块时，块的 EN（Enable，使能）输入端有能流流入时执行块中的程序，反之则不执行。条件调用时使能输入端 EN 受到触点电路的控制。块被正确执行时 ENO（Enable Output，使能输出端）为 1，反之为 0。

OB1 : "Main Program Sweep (Cycle)"
程序段 1：采集数据滤波程序

图 6-21　在 OB1 中调用 FC1

双击打开 SIMATIC 管理器中的 OB1，在梯形图显示方式，将左边窗口中的"FC块"文件夹中的 FC1 拖入到程序段 1 的水平导线上，无条件调用符号名为"采集数据滤波"的 FC1。如图 6-21 所示。

方框的左边是块的输入参数和输入/输出参数，右边是输出参数。方框内的 rawValue、earlyValue 等是 FC1 的变量声明表中定义的形式参数，简称为形参。方框外的 MD10、MD14 等是形参对应的实际参数，简称为实参。调用功能或功能块时应将实参赋值给形参，并保证实参与形参的数据类型一致。

输入参数的实参可以是绝对地址、符号地址或常数，输出参数或输入/输出参数的实参必须指定为绝对地址或符号地址。功能 FC1 可以多次调用，将不同的实参赋值给形参，就可以实现对类似的但是不完全相同的被控对象的控制。

6.3.4 功能块的调用

将 OB1 左边窗口中的"FB 块"文件夹中的 FB1 图标拖放到程序 1 的水平导线上，如图 6-22 所示。FB1 的符号名为"发动机控制"。方框内的 rawValue、pro-cessedValue 是 FB1 的变量声明表中定义的输入、输出参数（形参）。方框外的 MD30、MD40 是方框内的形参对应的实参。在调用块时，CPU 将实参分配给形参

OB1 : "Main Program Sweep (Cycle)"
程序段1：采集数据滤波程序

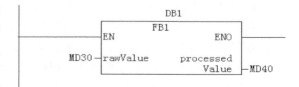

图 6-22　在 OB1 中调用 FB1

的值存储在背景数据块中。如果调用时没有给形参指定实参，功能块使用背景数据块中形参的数值。该数值可能是在功能块的变量声明表中设置的形参的初始值，也可能是上一次调用时存储在背景数据块中的数值。

在 FB1 方框的上面，可以输入已经生成的 FB1 的背景数据块 DB1，也可以输入一个不存在的背景数据块，例如 DB2。输入后按"Enter"键，出现提示信息"实例数据块 DB2 不存在，是否要生成它？"单击"是"按钮确认，可以在 SIMATIC 管理器中看到新生成的 DB2。

功能块 FB1 同样可以多次被调用，使用不同的实参和不同的背景数据块，使 FB1 分别用于任务相同的控制环节，区别仅在于变量的值（即实参的值）不同。

就此例而言，我们关心的只是 3 个采集数据的平均值，对 3 个采集数据本身并不关心。当用功能编程时，需要为 3 个采集数据提供全局地址进行保存，这样做给编程带来一定的麻烦，而用功能块编程时，只需为关心的数据提供全局地址即可，调用时显得简洁。

6.4　结构化程序设计实例

下面通过几个实例详细介绍结构化程序设计的思想和使用方法。

6.4.1　编辑并调用有参功能（FC）

有参功能（FC）是指编辑功能（FC）时，在局部变量声明表内定义了形式参数，在功能（FC）中使用了虚拟的符号地址完成控制程序的编程，以便在其他块中能重复调用有参功能（FC）。这种方式一般应用于结构化程序编写。

【例 6-2】　多级分频器控制程序设计。本例拟在功能 FC1 中编写二分频器控制程序，然后在 OB1 中通过调用 FC1 实现多级分频器的功能。多级分频器的时序关系如图 6-23 所示。其中 I0.0 为多级分频器的脉冲输入端；Q4.0～Q4.3 分别为 2、4、8、16 分频的脉冲输出端；Q4.4～Q4.7 分别为 2、4、8、16 分频指示灯驱动输出端。

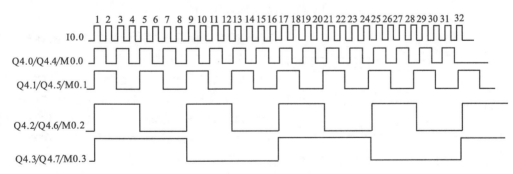

图 6-23　多级分频器控制时序图

（1）编辑有参功能（FC）

① 创建多级分频器的 S7 项目：使用菜单"File" → "'New Project' Wizard"创建多级分频器的 S7 项目，并命名为"有参 FC"。

② 硬件配置：在"有参 FC"项目内打开"SIMATIC 300 站点"文件夹，双击硬件配置图标打开硬件配置窗口，并按图 6-24 所示完成硬件配置。

③ 编写符号表：打开 S7 程序文件夹，双击符号编辑器图标将其打开，编辑符号表，如图 6-25 所示。

④ 规划程序结构：按结构化方式设计控制程序，如图 6-26 所示，结构化的控制程序由

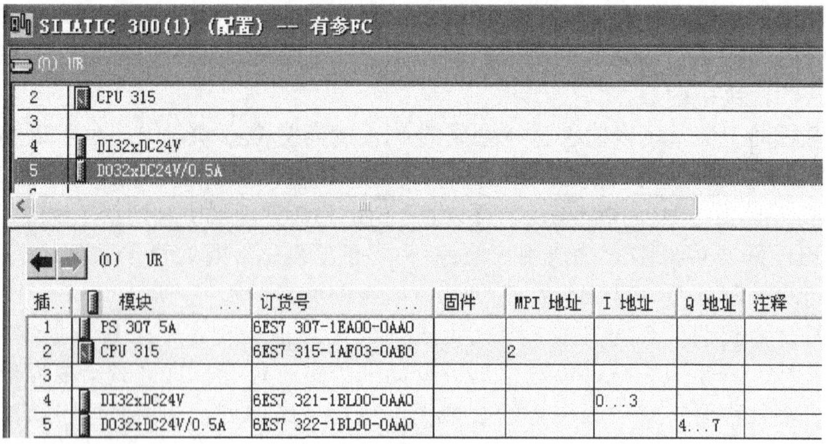

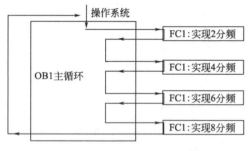

插...	模块	订货号	固件	MPI 地址	I 地址	Q 地址	注释
1	PS 307 5A	6ES7 307-1EA00-0AA0					
2	CPU 315	6ES7 315-1AF03-0AB0		2			
3							
4	DI32xDC24V	6ES7 321-1BL00-0AA0			0...3		
5	DO32xDC24V/0.5A	6ES7 322-1BL00-0AA0				4...7	

图 6-24 硬件配置

	状态	符号	地址		数据类型	注释
1		二分频器	FC	1	FC 1	对输入信号二分频
2		In_port	I	0.0	BOOL	脉冲信号输入端
3		F_P2	M	0.0	BOOL	2分频器上升沿检测标志
4		F_P4	M	0.1	BOOL	4分频器上升沿检测标志
5		F_P8	M	0.2	BOOL	8分频器上升沿检测标志
6		F_P16	M	0.3	BOOL	16分频器上升沿检测标志
7		Cycle_Execution	OB	1	OB 1	主循环组织块
8		Out_port2	Q	4.0	BOOL	2分频器脉冲信号输出端
9		Out_port4	Q	4.1	BOOL	4分频器脉冲信号输出端
10		Out_port8	Q	4.2	BOOL	8分频器脉冲信号输出端
11		Out_port16	Q	4.3	BOOL	16分频器脉冲信号输出端
12		LED2	Q	4.4	BOOL	2分频信号指示灯
13		LED4	Q	4.5	BOOL	4分频信号指示灯
14		LED8	Q	4.6	BOOL	8分频信号指示灯
15		LED16	Q	4.7	BOOL	16分频信号指示灯
16						

图 6-25 多级分频器符号表

图 6-26 多级分频器程序结构

两个逻辑块构成，其中 OB1 为主循环组织块，FC1 为二分频器控制程序。

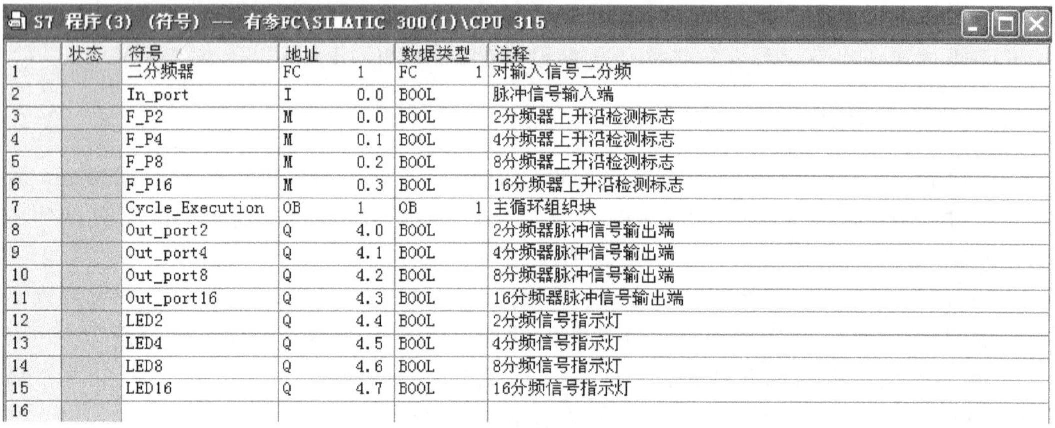

⑤ 创建有参 FC1：选择“有参 FC”项目的“Blocks”文件夹，然后执行菜单命令“Insert”→“S7 Block”→“Function”，在块文件夹内创建一个功能，并命名为“FC1”。由于在符号表内已经为 FC1 定义了符号，因此在创建 FC 的属性对话框内系统会自动添加符号表。

a. 编辑 FC1 的变量声明表：在 FC1 的变量声明表内，声明 4 个参数，如表 6-4 所示。

表 6-4 FC1 的变量声明表

接口类型	变量名	数据类型	注释
IN	S_IN	BOOL	脉冲输入信号
OUT	S_OUT	BOOL	脉冲输出信号
OUT	LED	BOOL	输出状态指示
IN_OUT	F_P	BOOL	上跳沿检测标志

b. 编辑 FC1 的控制程序：二分频器的时序如图 6-27 所示。分析二分频器的时序图可以看到，输入信号每出现一个上升沿，输出便改变一次状态，据此可采用上跳沿检测指令实现。

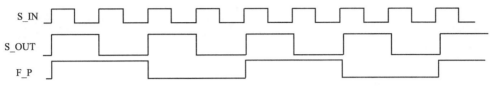

图 6-27　二分频器的时序图

如果输入信号 S_IN 出现上升沿，则对 S_OUT 取反，然后将 S_OUT 的信号状态送 LED 显示；否则，程序直接跳转到 LP1，将 S_OUT 的信号状态送 LED 显示。

在项目内选择"块"文件夹，双击 FC1，编写二分频的控制程序，如图 6-28 所示。

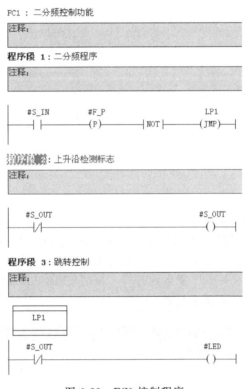

图 6-28　FC1 控制程序

(2) 在 OB1 中调用有参功能（FC）

在"有参 FC"项目内选择"块"文件夹，打开 OB1。在 LAD 语言环境下可以以块图的形式调用 FC1，如图 6-29 所示。

6.4.2　多重背景使用举例

使用多重背景可以有效地减少数据块的数量，其编程思想是创建一个比 FB1 级别更高的功能块，如 FB10，将未作任何修改的 FB1 作为一个"局部背景"，在 FB10 中调用。对于 FB1 的每一个调用，都将数据存储在 FB10 的背景数据块 DB10 中。

【例 6-3】　发动机组控制系统设计——使用多重背景。

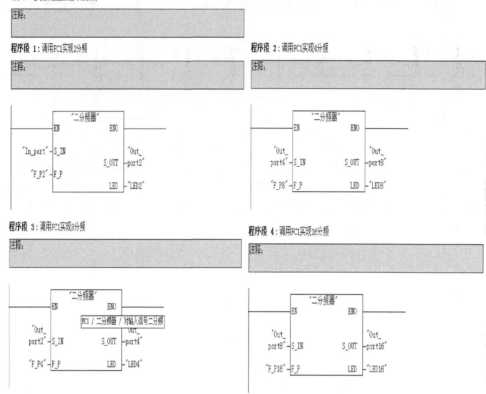

图 6-29   OB1 程序

(1) 创建多重背景的 S7 项目

① 创建 S7 项目：使用菜单"File"→"'New Project' Wizard"创建发动机组控制系统的 S7 项目，并命名为"多重背景"。CPU 选择 CPU 315-2DP，项目包含组织块 OB1。

② 硬件配置：在"多重背景"项目内打开"SIMATIC 300 站点"文件夹，打开硬件配置窗口，并按图 6-30 所示完成硬件配置。

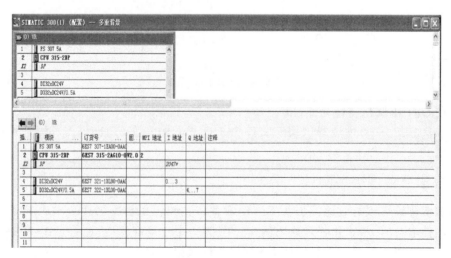

图 6-30   硬件配置

③ 编辑符号表：打开符号编辑器，编辑好的符号表如图 6-31 所示。

	状态	符号	地址		数据类型	注释
1		Automatic_Mode	Q	4.2	BOOL	运行模式
2		Automatic_On	I	0.5	BOOL	自动运行模式控制按钮
3		DE_Actual_Speed	MW	4	INT	柴油发动机的实际转速
4		DE_Failure	I	1.6	BOOL	柴油发动机故障
5		DE_Fan_On	Q	5.6	BOOL	启动柴油发动机风扇的命令
6		DE_Foolow_On	T	2	TIMER	柴油发动机风扇的继续运行时间
7		DE_On	Q	5.4	BOOL	柴油发动机的启动命令
8		DE_Preset_Speed	Q	5.5	BOOL	显示"已达到柴油发动机的预设转速"
9		Engine	FB	1	FB 1	发动机控制
10		Engine_Data	DB	10	DB 10	FB10的实例数据块
11		Engines	FB	10	FB 10	多重实例的上层功能块
12		Fan	FC	1	FC 1	风扇控制
13		Main_Program	OB	1	OB 1	此块包含用户程序
14		Manual_On	I	0.6	BOOL	手动运行模式控制按钮
15		PE_Actual_Speed	MW	2	INT	汽油发动机的实际转速
16		PE_Failure	I	1.2	BOOL	汽油发动机故障
17		PE_Fan_On	Q	5.2	BOOL	启动汽油发动机风扇的命令
18		PE_Foolow_On	T	1	TIMER	汽油发动机风扇的继续运行时间
19		PE_On	Q	5.0	BOOL	汽油发动机的启动命令
20		PE_Preset_Speed	Q	5.1	BOOL	显示"已达到汽油发动机的预设转速"
21		S_Data	DB	3	DB 3	共享数据块
22		Switch_Off_DE	I	1.5	BOOL	关闭柴油发动机
23		Switch_Off_PE	I	1.1	BOOL	关闭汽油发动机
24		Switch_On_DE	I	1.4	BOOL	启动柴油发动机
25		Switch_On_PE	I	1.0	BOOL	启动汽油发动机
26						

图 6-31　发动机组控制系统符号表

④ 规划程序结构：程序结构如图 6-32 所示，FB10 为上层功能块，它把 FB1 作为其"局部实例"，通过二次调用本地实例，分别实现对汽油机和柴油机的控制。这种调用不占用数据块 DB1 和 DB2，它将每次调用（对于每个调用实例）的数据存储到体系的上层功能块 FB10 的背景数据块 DB10 中。

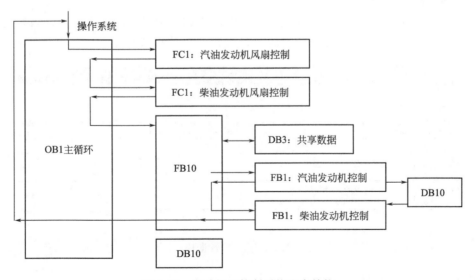

图 6-32　发动机组控制系统程序结构

(2) 编辑功能(FC)

FC1 用来实现发动机（汽油机或柴油机）的风扇控制，按照控制要求，当发动机启动时，风扇应立即启动；当发动机停机后，风扇应延时关闭。因此 FC1 需要一个发动机启动信号、一个风扇控制信号和一个延时定时器。

① 定义局部变量声明表：局部变量声明表如表 6-5 所示，表中包含 3 个变量，其中 2 个 IN 型变量，1 个 OUT 型变量。

表 6-5　局部变量声明表

接口类型	变量名	数据类型	注释
IN	Engine_On	BOOL	发动机启动信号
IN	Timer_Off	Timer	用于关闭延迟的定时器功能
OUT	Fan_On	BOOL	启动风扇信号

② 编辑 FC1 的控制程序：FC1 所实现的控制要求为发动机启动时风扇启动，当发动机再次关闭后，风扇继续运行 4s，然后停止。定时器采用断电延时定时器，控制程序如图 6-33 所示。

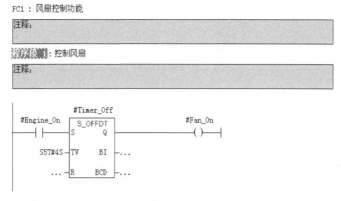

图 6-33　FC1 的控制程序

（3）编辑共享数据块

共享数据块 DB3 可为 FB10 保存发动机（汽油机和柴油机）的实际转速，当发动机转速都达到预设速度时，还可以保存该状态的标志数据，如图 6-34 所示。

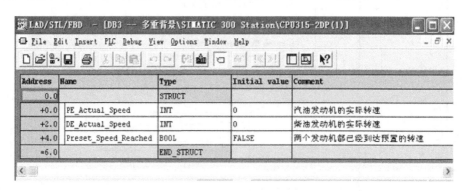

图 6-34　共享数据块

（4）编辑功能块（FB）

在该系统的程序结构内，有 2 个功能块：FB1 和 FB10。FB1 为底层功能块，所以应首先创建并编辑；FB10 为上层功能块，可以调用 FB1。

① 编辑底层功能块 FB1：在"多重背景"项目内创建 FB1，符号名"Engine"。功能块

FB1 的变量声明表如表 6-6 所示。

表 6-6　FB1 的变量声明表

接口类型	变量名	数据类型	地址	初始值	注释
IN	Switch_On	BOOL	0.0	FALSE	启动发动机
	Switch_Off	BOOL	0.1	FALSE	关闭发动机
	Failure	BOOL	0.2	FALSE	发动机故障，导致发动机关闭
	Actual_Speed	INT	2.0	FALSE	发动机的实际转速
OUT	Engine_On	BOOL	4.0	FALSE	发动机已开启
	Preset_Speed_Reached	BOOL	4.1	FALSE	达到预置的转速
STAT	Preset_Speed	INT	6.0	FALSE	要求的发动机转速

FB1 主要实现发动机的启停控制及速度监视功能，其控制程序如图 6-35 所示。

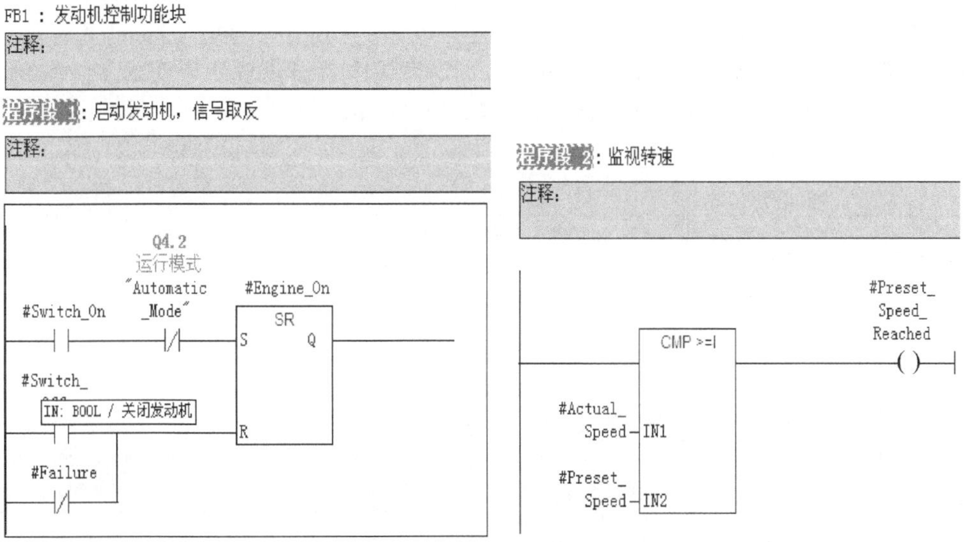

FB1：发动机控制功能块

注释：

程序段 1：启动发动机，信号取反

注释：

程序段 2：监视转速

注释：

图 6-35　FB1 程序

② 编辑上层功能块 FB10：在"多重背景"项目内创建 FB10，符号名"Engines"。在 FB10 的属性对话框内激活"多重背景功能"选项，如图 6-36 所示。

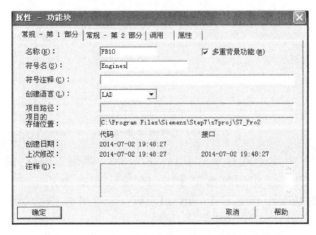

图 6-36　将 FB10 设置成使用多重背景的功能块

要将 FB1 作为 FB10 的一个"局部背景"调用，需要在 FB10 的变量声明表中为 FB1 的调用声明不同名称的静态变量，数据类型为 FB1（或使用符号名"Engine"），如表 6-7 所示。

表 6-7　FB10 的变量声明表

接口类型	变量名	数据类型	地址	初始值	注释
OUT	Preset_Speed_Reached	BOOL	0.0	FALSE	两个发动机都已经达到预置的转速
STAT	Petrol_Engine	FB1	2.0	—	FB1"Engine"的第一个局部实例
	Diesel_Engine	FB1	10.0	—	FB1"Engine"的第二个局部实例
TEMP	PE_Preset_Speed_Reached	BOOL	0.0	FALSE	达到预置的转速（汽油发动机）
	DE_Preset_Speed_Reached	BOOL	0.1	FALSE	达到预置的转速（柴油发动机）

在变量声明表内完成 FB1 类型的局部实例"Petrol_Engine"和"Diesel_Engine"的声明以后，在程序元素目录的"Multiple Instances"目录中就会出现所声明的多重实例，如图 6-37 所示。接下来可在 FB10 的代码区调用 FB1 的"局部实例"。

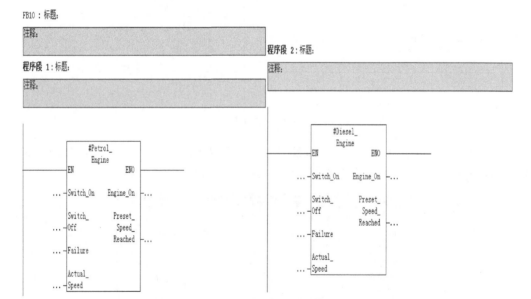

图 6-37　调用局部实例

编写功能块 FB10 的控制程序，如图 6-38 所示。调用 FB1 局部实例时，不再使用独立的背景数据块，FB1 的实例数据位于 FB10 的实例数据块 DB10 中。发动机的实际转速可直接从共享数据块中得到，如 DB3.DBW0（符号地址为"S_Data".PE_Actual_Speed）。

程序段 1：启动汽油发动机

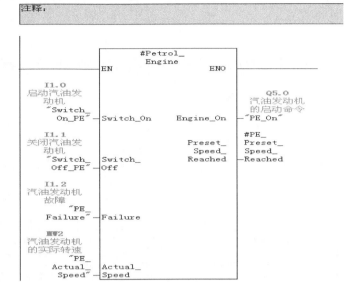

程序段 2：启动柴油发动机

程序段 3：两台发动机均已达到预设转速

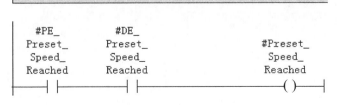

图 6-38 FB10 的控制顺序

(5) 生成多重背景数据块 DB10

在"多重背景"项目内创建一个与 FB10 相关联的多重背景数据块 DB10，符号名"En-gine _ Data"，如图 6-39 所示。

	地址	声明	名称	类型	初始值	实际值	备注
1	0.0	out	Preset_Speed_Reached	BOOL	FALSE	FALSE	两个发动机都已经达到预置的转速
2	2.0	stat:in	Petrol_Engine.Switch_On	BOOL	FALSE	FALSE	启动发动机
3	2.1	stat:in	Petrol_Engine.Switch_Off	BOOL	FALSE	FALSE	关闭发动机
4	2.2	stat:in	Petrol_Engine.Failure	BOOL	FALSE	FALSE	发动机故障，导致发动机关闭
5	4.0	stat:in	Petrol_Engine.Actual_Speed	INT	0	0	发动机的实际转速
6	6.0	stat:out	Petrol_Engine.Engine_On	BOOL	FALSE	FALSE	发动机已开启
7	6.1	stat:out	Petrol_Engine.Preset_Speed_Reached	BOOL	FALSE	FALSE	达到预置的转速
8	8.0	stat	Petrol_Engine.Preset_Speed	INT	1500	1500	要求的发动机转速
9	10.0	stat:in	Diesel_Engine.Switch_On	BOOL	FALSE	FALSE	启动发动机
10	10.1	stat:in	Diesel_Engine.Switch_Off	BOOL	FALSE	FALSE	关闭发动机
11	10.2	stat:in	Diesel_Engine.Failure	BOOL	FALSE	FALSE	发动机故障，导致发动机关闭
12	12.0	stat:in	Diesel_Engine.Actual_Speed	INT	0	0	发动机的实际转速
13	14.0	stat:out	Diesel_Engine.Engine_On	BOOL	FALSE	FALSE	发动机已开启
14	14.1	stat:out	Diesel_Engine.Preset_Speed_Reached	BOOL	FALSE	FALSE	达到预置的转速
15	16.0	stat	Diesel_Engine.Preset_Speed	INT	1500	1500	要求的发动机转速

图 6-39　DB10 的数据结构

(6) 在 OB1 中调用功能 (FC) 及上层功能块 (FB)

OB1 控制程序如图 6-40 所示，在程序段 4 中调用了 FB10。

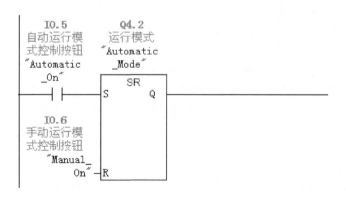

程序段 2：控制汽油发动机风扇

注释：

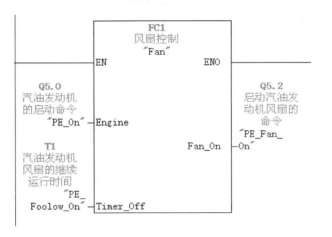

程序段 3：控制柴油发动机风扇

注释：

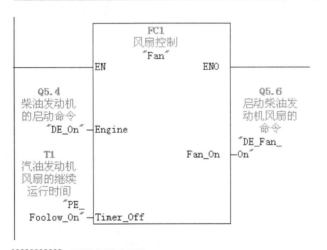

程序段 4：调用上层功能块FB10

注释：

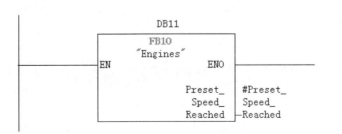

图 6-40　OB1 控制程序

习　题

6-1　简述 FC 与 FB 的区别。

6-2　简述结构化编程与模块化编程以及线性化编程的区别。

6-3　简述多重背景的使用方法。

6-4　用结构化编程方法实现求 4 个数的算术平均值。

第 **7** 章

数据块和组织块的使用

在 S7-300/400 CPU 中，用户程序是由启动程序、主程序和各种中断响应程序等不同的程序模块构成的，这些模块在 CPU 中的实现形式就是组织块（OB）。OB 是操作系统与用户程序的接口，块由操作系统调用，用于控制扫描循环和中断程序的执行、PLC 的启动和错误处理等，有的 CPU 只能使用部分组织块。

7.1 数据块

在西门子的可编程控制器中，数据是以变量的形式来存储的。有一些数据，如 I、Q、M、T、C 等，存在系统存储区内，而大量的数据存放在数据块。数据块（DB）用来分类存储设备或者生产线中变量的值，也是实现各逻辑块之间数据交换、数据传递和共享数据的重要途径。数据块丰富的数据结构便于提高程序的执行效率和进行数据库管理。

数据块占用程序容量，与逻辑块不同，数据块里只有变量声明部分的数据，而没有用户程序。从用户的角度出发，数据块主要有两个作用：其一是用来存放一些在设备运行之前就必须放到 PLC 中的重要数据，在运行过程中，用户程序主要是去读这些数据；其二是在数据块中根据需要安排好存放数据的位置和顺序，以便在生产过程中把一些重要的数据（如产量、实际测量值等）存放在这些指定的位置上。

不同的 CPU 允许建立的数据块的块数和每个数据块最多占用的字节数是不同的，具体的参数可以查看选型手册。

7.1.1 数据块的类型

STEP 7 按照数据块的使用方法把数据分为三类。

① 共享数据块（Shared DB）：共享数据块又称全局数据块，它不附属于任何逻辑块，用于存储全局数据。在共享数据块和全局符号表中声明的变量都是全局变量，所有逻辑块（OB、FB、FC）都可以访问共享数据块存储的信息。CPU 可以同时打开一个共享数据块和一个背景数据块。如果某个逻辑块被调用，它可以使用临时局部数据（即 L 堆栈）。逻辑块执行结束后，其局部数据区中的数据丢失，但是共享数据块中的数据不会被删除。

② 背景数据块（Instance DB）：背景数据块也称为"私有存储器区"，即用作功能块（FB）的存储器。FB 的参数和静态变量安排在其背景数据块中。背景数据块不是由用户编辑的，而是由编辑器生成的。背景数据块只能被指定的功能块访问。应首先生成功能块，然后生成其背景数据块。在生成背景数据块时，应说明它的类型为背景数据块，并指明其数据块的编号，如 FB2。背景数据块的功能块被执行完后，背景数据块中存储的数据不会丢失。在调用功能块时使用不同的背景数据块，可以控制多个同类的对象。

③ 用户定义数据块（User-Defined Date Types）：用户定义数据块是以 UDT 为模版所生成的数据块。创建用户定义数据块之前，必须先创建一个用户定义数据类型，如 UDT1，并在 STL/FBD/LAD S7 程序编辑器内定义。

背景数据块与共享数据块的区别在于：在背景数据块中不可以增加或删除变量，也不能改变默认和实际参数。如果在 FB 中增加或删除默认的参数或变量，必须更新 FB 所有的背景数据块或者删除并重新建立。在全局数据块中可以增加或删除变量，也可以改变默认或实际参数。

在 STEP 7 中数据块的数据类型可以采用基本数据类型、复杂数据类型或用户定义数据类型（UDT）。

① 基本数据类型：根据 IEC 61131 定义，长度不超过 32 位（即不超过累加器 ACCU 的长度），可利用 STEP 7 基本指令处理，能完全装入 S7 处理器的累加器中。基本数据类型包括位（BOOL）、字节（BYTE）、字（WORD）、双字（DWORD）、整数（INT）、双整数（DINT）和浮点数（FLOAT，或称实数 REAL）等。

② 复杂数据类型：就是基本数据类型的组合，只能结合共享数据块的变量声明使用。数据长度超过 32 位。因为数据长度超过累加器的长度，所以不可以一次性用装入指令把整个数据装入累加器中，一般利用库中的标准块（"IEC" S7 程序）处理复杂数据。复杂数据类型包括日期和时间（DATE_AND_TIME）、字符串（STRING）、数组（ARRAY）和结构（STRUCT）。

7.1.2　数据块的生成

在 STEP 7 中，为了避免出现系统错误，在使用数据块之前，必须先建立数据块，并在块中定义变量（包括变量符号名、数据类型及初始值等）。数据块中变量的顺序及类型决定了数据块的数据结构，变量的数量决定了数据块的大小。数据块建立后，还必须同程序块一起下载到 CPU 中，才能被程序访问。

建立数据块的方法和建立程序块的方法一样。在 SIMATIC Manager 窗口下，用鼠标右键点击"Blocks"，然后选中"Insert New Object-Data Block"，就会弹出"Properties-Data Block"对话框，在对话框中的 Name and Type 栏中做出正确选择后，点击"OK"按钮，就建立了一个新的数据块。和打开程序块进行编辑一样，双击数据块图标，就把这数据块打开了，如图 7-1 所示。

地址	名称	类型	初始值	注释
0.0		STRUCT		
+0.0	DB_VAR	INT	0	临时占位符变量
=2.0		END_STRUCT		

图 7-1　编辑数据块

刚打开的数据块是空的，用户必须自己编辑这个数据块。在 Name（名称）栏目中填上变量名称，在 Type 栏目中填上数据类型。在 Type（类型）栏目中可以用鼠标右键列出数据类型清单，然后选择合适的数据类型。Name 和 Type 是必须填写的。系统会根据数据类型自动地为每个变量分配地址。这是一个相对地址，它相当重要，因为在程序中往往需要根据地址来访问这个变量。在初始值栏目，可以按需要填上初始值也可以不填。若不填写，则初始值就为零；若填写了初始值，则在首次存盘时系统会将该值赋值到实际值栏中。下载数据块时，下载的值是实际值，初始值不能下载。在注释栏目中填写该变量的注释，也可以让它空着。每个数据块的长度取决于实际编辑的长度。而最大的长度，对于 S7-300 来说是 8KB。

数据块有两种显示方式，即声明表显示方式和数据显示方式，分别用菜单命令"View"→"Declaration view"和"View"→"Data view"来指定这两种方式。

数据块编辑好后，一定要存盘、下载，不同的 CPU 允许建立的数据块的块数和每个数据块最多可以占用的字节数是不同的，具体的数量取决于 CPU 型号，可以查看选型手册。

7.1.3　数据块的访问

只有打开的数据块才能访问。由于 CPU 有两个数据块寄存器——DB 寄存器和 DI 寄存器，因此最多可以同时打开两个数据块。一个作为共享数据块，共享数据块的块号存储在 DB 寄存器中；一个作为背景数据块，背景数据块的块号存储在 DI 寄存器中。没有关闭数据块的指令，打开下一个数据块时，就自动关闭原来的数据块。

在用户程序中可能存在多个数据块，而每个数据块的数据结构并不完全相同，因此在访问数据块时，必须指明数据块的编号、数据类型与位置。如果访问不存在的数据单元或数据块，而且没有编写错误处理 OB 块，CPU 将进入 STOP 模式。

按地址来访问数据块时，可以以 bit 为单位、以 Byte 为单位、以 Word 为单位或者以 DWord 为单位。同时，所访问的地址必须是已经编辑了的，访问不存在的地址会导致出错。

在程序中访问的数据块，无非是读或者写数据块中的变量。要访问数据块首先要打开数据块，打开数据块的指令是：OPN DBXX。在 STEP 7 中可以采用传统访问方式，即先打开后访问；也可以采用完全表示的直接访问方式。数据块的访问方法如图 7-2 所示。

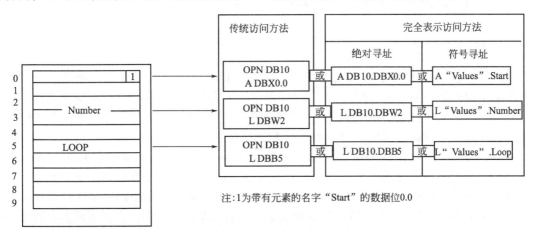

图 7-2　访问数据块

图 7-2 中 L DB10. DBW2 相当于 OPN DB10 和 L DBW2 两条指令。完全表示访问方法对于地址的指定完整而明确，最好采取这种方法。指定地址的时候，可以用绝对地址也可以用符号地址。但要注意，当采用绝对地址时，数据块和变量都要用绝对地址，如 L

DB10. DBW2；当采用符号地址时，数据块和变量都要用符号地址，如 L "Values". Number，不可以两种地址混合使用。因此，要使用符号地址，就必须在符号表中给数据块指定符号。用符号访问数据块，程序的可读性比较高，而且修改数据也比较容易。

在功能（FC）调用时，系统会把当前数据块压入块堆栈，在返回主调块时，再把当前数据块弹出。当使用传统访问方法时，要特别注意所访问的变量是属于哪一个数据块的。块调用时，数据块打开和关闭的关系如图 7-3 所示。

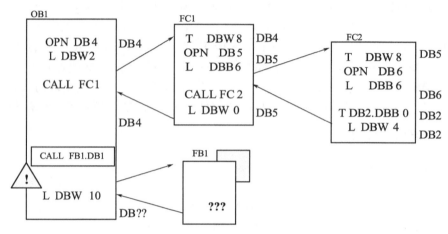

图 7-3　数据块的打开和关闭

图 7-3 中，从 FC2 返回 FC1 时，系统把调用指令 CALL FC2 时的当前数据块 DB5 弹出，所以指令 L DBW0 所指的数据块是 DB5；从 FC1 返回 OB1 时也类似。

功能块 FB 的调用与功能 FC 的调用不一样。因为 FB 有伴随数据块，调用功能块 FB 时伴随数据块会自动打开，放在 DI Register。返回主调块时不会打开原来的当前数据块；要访问数据块时，必须重新打开数据块。采用完全表示访问法可以避开上述的麻烦。

7.2　S7-300/400 的组织块

7.2.1　组织块的分类

组织块（OB）是操作系统与用户程序之间的接口，组织块由操作系统调用。组织块中的程序是由用户编写的。SIMATIC S7 CPU 提供了大量的 OB(组织块)，组织块采用中断的方式在特定的时间或特定的情况下执行相应的程序和响应特定事件的程序。所以理解中断的工作过程及其相关的概念对组织块的编程有着重要的意义。

S7-300/400 PLC 在正常的情况下，PLC 按照循环扫描的工作方式执行用户程序。如果要对某些特殊的外部事件或内部事件进行快速响应，PLC 则采用中断的方式进行处理。

组织块只能由操作系统启动，它由变量声明表和用户编写的控制程序组成。当操作系统调用时，每个 OB 提供 20 个字节的变量声明表，其含义取决于 OB。变量名称是标准 STEP 7 规定的。组织块可以分为以下几类：

① 循环执行的组织块：需要连续执行的程序放在 OB1 中，执行完后又开始新的循环。

② 启动组织块：启动组织块用于系统的初始化，CPU 上电或操作模式改为 RUN 时，S7-300 执行 OB100，S7-400 根据组态的启动方式来执行 OB100～OB102 中的一个。

③ 定期执行的组织块：定期执行的组织块包括日期时间中断组织块（OB10～OB17）

和循环中断组织块（OB30～OB38）。可以根据设定的日期时间或时间间隔来执行中断程序。

④ 事件驱动的组织块：事件驱动的组织块包括延时中断、硬件中断、异步错误中断和同步错误中断。延时中断（OB20～OB23）在过程事件出现后延时一定的时间再执行中断程序；硬件中断（OB40～OB47）用于需要快速响应的过程事件，事件出现时马上中止当前正在执行的程序执行对应的中断程序；异步错误中断（OB80～OB87）和同步错误中断（OB121 和 OB122）用来决定在出现错误时系统如何响应。

⑤ 背景组织块：STEP 7 可以监视最大扫描循环时间，也可以保证设置最小扫描循环时间。如果在 OB1 中所有的嵌套中断和系统功能的执行时间小于所设置的最小扫描循环时间，CPU 在执行完 OB1 后，尚有一段空闲时间，可执行背景组织块 OB90。用户可以将对运行时间要求不高的操作放在 OB90 中执行，避免出现等待时间。背景组织块的优先级最低，其运行时间不受 CPU 操作系统的监视，在 OB90 中编写的程序长度不受限制。

组织块是操作系统调用的，OB 没有背景数据，也不能为 OB 声明输入、输出变量和静态变量，因此 OB 的变量声明表中只有临时变量。OB 的临时变量可以是基本数据类型、复合数据类型或数据类型 ANY。

操作系统为所有的组织块声明了一个 20B 的包含 OB 启动信息的变量声明表，如表 7-1 所示。声明表中变量的具体内容与组织块的类型有关。用户可以通过 OB 的变量声明表获得与启动 OB 的原因有关的信息。

表 7-1　OB 的变量声明表

地址/字节	内容
0	事件级别与标识符，例如 OB40 为 B♯16♯11，表示硬件中断被激活
1	用代码表示与启动 OB 的事件有关的信息
2	优先级，例如 OB60 的优先级为 25
3	OB 块号，例如 OB60 的块号为 60
4～11	附加信息，例如 OB40 的第 5 个字节为产生中断的模块的类型，16♯54 为输入模块，16♯55 为输出模块。第 6、7 字节组成的字为产生中断的模块的起始地址，第 8～11 号字节组成的双字为产生中断的通道号
12～19	启动 OB 的日期和时间（年、月、日、时、分、秒、毫秒和星期）

7.2.2　中断

S7 CPU 提供的各种不同的组织块采用中断的方式，在特定的时间或特定的情况下，执行相应的程序和响应特定事件的程序。理解中断的工作过程及相关概念对组织块的编程有着重要的意义。

（1）中断过程

启动事件触发 OB 调用称为中断，中断处理用来实现对特殊内部事件或外部事件的快速响应。在 SIMATIC S7 中，对这些特殊事件的处理，安排了大量的组织块，可在这些组织块中编写相应的中断处理程序。没有中断时，CPU 循环执行组织块 OB1，因为除背景组织块 OB90 以外，OB1 的中断优先级最低。当 CPU 检测到中断源的中断请求时，操作系统在执行完当前程序的当前指令（即断点处）以后，就会根据中断优先级的高低立即响应中断。CPU 暂停正在执行的程序，调用中断源对应的用于中断的组织块来处理。执行完中断组织块以后，则返回中断程序的断点处继续执行原来的程序。

有中断发生时，如果没有下载对应的组织块，CPU 将会进入 STOP 模式。如果用户希望忽略某个中断事件，则可以生成和下载一个对应的空的组织块，出现该中断事件时，CPU 就不会进入 STOP 模式了。如果在执行中断程序时，又检测到一个中断请求，CPU 将比较两个中断源的中断优先级。如果优先级也相同，则按照产生中断请求的先后顺序来处理。如果后者的优先级高于正在执行的中断的优先级，将会中止当前正在执行的 OB，改为调用较高优先级的 OB（中断的优先级即是组织块的优先级）。这种处理的方式被称为中断程序的嵌套调用。

一个组织块的执行被另一个组织块中断时，操作系统会对现场进行保护。被中断的 OB 的局部数据压入 L 堆栈（局部数据堆栈），被中断的断点处的现场信息保存在 I 堆栈（中断堆栈）和 B 堆栈（块堆栈）中。

中断发生时，中断程序是由操作系统自动调用的，而不是由程序块调用的。编写中断程序时，首先要遵循"越短越好"的原则，尽量减少中断程序的执行时间，以减少对其他处理的延迟，否则可能引起主程序控制的设备操作异常。其次是因为不能预知系统何时调用中断程序，中断程序不能改写其他程序中可能正在使用的存储器，所以不要轻易使用其他程序中可能使用的编程元件，而应尽量使用相应组织块的临时局域变量。

（2）中断的优先级

中断的优先级即组织块的优先级，较高优先级的组织块可以中断较低优先级的组织块的处理过程。如果同时产生的中断请求不止一个，则最先执行优先级最高的 OB，然后按照优先级由高到低的顺序依次执行其他的组织块。

OB 具有不同的优先级，优先级的范围从 1～29，其中"1"优先级最低，"29"优先级最高。每一个 OB 在执行过程中可以被更高优先级的事件中断，具有同等优先级的 OB 不能相互中断，而是按照发生的先后顺序执行。通常情况下组织块的号码越大，其优先级也就越高。表 7-2 所示为各种组织块的默认优先级。

表 7-2　组织块的默认优先级

中断类型	组织块	默认优先级
主程序扫描	OB1	1
日期时间中断	OB10～OB17	2
延时中断	OB20～OB23	3～6
循环中断	OB30～OB38	7～15
硬件中断	OB40～OB47	16～23
多处理器中断	OB60	25
同步循环中断	OB61～OB64	25
冗余错误	OB70 I/O 冗余错误中断；OB72 CPU 冗余错误中断，例如，一个 CPU 发生故障；OB73 通信冗余错误中断，例如，冗余连接的冗余丢失	25,28,25
异步错误	OB80～OB87	26（在启动程序中则为 28）
背景循环	OB90	29（优先级最低）
启动	OB100～OB102	27
同步错误	OB121～OB122	与导致此错误的 OB 优先级相同

同一个优先级可以分配给好几个 OB，具有相同优先级的 OB 则按启动它们的事件出现的先后顺序来处理。被同步错误启动的故障 OB 的优先级与错误出现时正在执行的 OB 的优先级相同。在生成逻辑块 OB、FB 和 FC 时，同时生成临时局部变量数据，CPU 的局部数据区按优先级划分。

每个组织块的局部数据区都有 20B 的启动信息，它们只是在该块被执行时使用的临时变量，这些信息在 OB 启动时由操作系统提供，包括启动事件、启动日期与时间、错误及诊断事件。将优先级赋值为 0，或分配小于 20B 的局部数据给某一个优先级，可以取消相应的中断 OB。

7.2.3 启动组织块

用于启动时的组织块包括 OB100、OB101、OB102。S7 CPU 在处理用户程序前，要先执行一个启动程序，这就是操作系统要调用的启动组织块。

当 PLC 接通电源以后，CPU 有 3 种启动方式：热启动（Hot Restart）、暖启动（Warm Restart）和冷启动（Cold Restart）。不同的 CPU 具有不同的启动方式，可以在 STEP 7 中设置 CPU 的属性时选择其一。例如 S7-300 系列中，除了 CPU318 可以选择暖启动或冷启动外，其他的 CPU 只有暖启动的方式；对于 S7-400 系列 PLC，可以根据不同的 CPU 型号，选择热启动、暖启动或者冷启动中的一种启动方式。

（1）暖启动

S7-300 CPU（不包括 CPU318）只有暖启动。手动暖启动时，将 CPU 的模式选择开关扳到 STOP 位置，"STOP" LED 指示灯亮，然后扳到 RUN 或 RUN-P 位置。暖启动时，过程映像数据及非保持的存储器位、定时器和计数器都被复位。具有保持功能的存储器位、定时器、计数器和所有的数据块将保留原数值。程序将重新开始运行，执行 OB100 后，循环执行 OB1。

（2）热启动（仅 S7-400 有）

如果 PLC 在运行期间突然断电，然后又重新上电，CPU 将执行一个初始化程序 OB101，自动完成热启动。热启动从上次 RUN 模式结束时程序被中断之处继续执行，不对计数器等复位。热启动只能在 STOP 状态时没有修改用户程序的条件下才能进行。

（3）冷启动

手动冷启动时将 CPU 的模式选择开关扳到 STOP 位置，"STOP" LED 指示灯亮，再扳到 MRES 位置，STOP 指示灯灭 1s，亮 1s，再灭 1s，然后常亮，最后将模式开关再扳到 RUN 或者 RUN-P 位置。自动冷启动时过程数据区的所有过程映像数据、存储器位、定时器、计数器、数据块以及有保持功能的器件的数据，都被复位为零。用户程序从装载存储器载入工作存储器，调用 OB102 后，循环执行 OB1。

发生下列事件时，CPU 执行启动功能：①PLC 电源上电后；②CPU 的模式选择开关从 STOP 位置拨到 RUN 或 RUN-P 位置时；③接收到通过通信功能发送来的启动请求；④多 CPU 方式同步之后和 H 系统连接好后（只适用于备用 CPU）。

启动用户程序之前，先执行启动组织块 OB。在暖启动、热启动和冷启动时，操作系统分别调用 OB100、OB101、OB102 组织块。用户可以通过在启动组织块 OB100～OB102 中编写程序来设置 CPU 的初始化操作。例如设置开始运行时某些变量的初始值，以及输出模块的初始值等。

启动程序没有长度和时间的限制，因为循环时间监视器还没有被激活。在启动程序期间不能执行时间中断程序和硬件中断程序。在设置 CPU 模块属性的对话框中，可以在"启动"选项卡中设置启动的各种参数。OB100 的变量声明表中各参数的含义如表 7-3 所示。

表 7-3 OB100 变量声明表中各参数的含义

变量	类型	描述
OB100_EV_CLASS	BYTE	事件类型及标识符
OB100_STARTUP	BYTE	启动方式

续表

变量	类型	描述
OB100_PRIORITY	BYTE	OB 优先级
OB100_OB_NUMBR	BYTE	OB 号
OB100_RESERVED_1	BYTE	系统保留
OB100_RESERVED_2	BYTE	系统保留
OB100_STOP	WORD	导致 CPU 停机的事件
OB100_STRT_INFO	DWORD	系统启动信息
OB100_DATE_TIME	DATE_AND_TIME	OB100 启动的日期和时间

7.2.4 时间延时中断组织块

(1) 概述

在延时中断组织块中，用户可以编写将要延时的程序。PLC 中定时器的定时时间与扫描方式有关，其精度受不断变化的循环周期的影响，而使用延时中断组织块则可以提高延时的精度。延时中断组织块的延时时间为 1~60000ms，其延时精度为 1ms，优于定时器的精度。

S7 提供了 4 个延时中断组织块（OB20~OB23），CPU 可以使用的延时中断 OB 的个数与 CPU 的型号有关。S7-300 系列中 CPU318 能使用 OB20 和 OB21，其余 S7-300 CPU 只能使用 OB20，以 OB20 为例来说明其用法。延时中断用 SFC32 "SRT_DINT" 启动，延时时间是 SFC32 的一个输入参数，延时时间在 SFC32 中设置，启动后经过设定的时间触发中断，调用 SFC32 指定的 OB。如果延时中断移动被启动，延时时间还没有到达，延时中断可以用 SFC33 "CAN_DINT" 取消。用 SFC34 "QRY_DINT" 查询延时中断的状态。

当用户程序调用 SFC32(SRT_DINT) 时，需要提供 OB 编号、延时时间和用户专用的标识符。经过指定的延时后，相应的 OB 将会启动。可使用 SFC39~SFC42 来禁用或延迟并重新使能延迟中断。只有当 CPU 处于 RUN 模式下时才会执行延时 OB。暖重启或冷重启将清除延时 OB 的所有启动事件。

延时时间（单位为 ms）和 OB 编号一起传送给 SFC32，时间到期后，操作系统将启动相应的 OB。设置延时中断，最基本的步骤是：调用 SFC32(SRT_DINT)，并将延时中断 OB 作为用户程序的一部分下载到 CPU。

如果以下任一情况发生，操作系统将调用一个异步错误组织块。

① 在调用 SFC32 时，OB20 并没有下载到 CPU 中。

② 一个延时中端的执行还没有结束，下一个延时中断又被启动。

OB20 的局部变量如表 7-4 所示，这些变量的定义为用户编程提供了方便。其中变量 "OB20_PRIORITY" 是代表 OB20 的优先级，默认为 3，可以通过设置这个变量参数改变优先级。

表 7-4 OB20 的局部变量

变量	类型	地址	描述
OB20_EV_CLASS	BYTE	0.0	事件级别和识别码，B♯16♯11:中断激活
OB20_STRT_INF	BYTE	1.0	B♯16♯20~B♯16♯21:OB20~OB23 的启动请求
OB20_PRIORITY	BYTE	2.0	分配的优先级:默认值为 3(OB20)~6(OB23)
OB20_OB_NUMBER	BYTE	3.0	OB 号(20~30)

续表

变量	类型	地址	描述
OB20_RESERVED_1	BYTE	4.0	保留
OB20_RESERVED_2	BYTE	5.0	保留
OB20_SIGN	WORD	6.0	用户 ID；SFC32 的输入参数 SING
OB20_DTIME	TIME	8.0	以毫秒形式组态的延时时间
OB20_DATE_TIME	DATE_AND_TIME	12.0	OB 被调用的日期和时间

（2）应用方法

首先可以在 STEP 7 中查看可以支持的延时中断 OB。具体方法如下：在 STEP 7 的硬件组态窗口中，双击项目机架上的 CPU 所在的行，打开 CPU 属性对话框，点击"中断"选项页，设置框中显示出当前 CPU 支持的延时中断组织块，如图 7-4 所示。

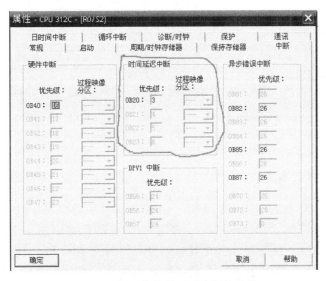

图 7-4　CPU 支持的延时中断组织块

延时中断组织块 OB20 经过一段指定时间的延时时间后运行。在程序中，系统提供了 SFC32～SFC34 三个系统功能块供用户使用。OB20 在调用 SFC32 "SRT_DINT" 后启动，延时时间在 SFC32 的参数设定；如果在延迟时间未到之前想取消延时程序的执行，可以调用 SFC33 "CAN_DINT"；同时可以使用 SFC34 "QRY_DINT" 查询延迟的状态。在应用中，必须将 OB20 和使用的 SFC 都下载到 PLC 中。如表 7-5 所示为 SFC32～SFC34 的说明。

表 7-5　SFC32～SFC34 的参数说明

参数	声明	数据类型	存储器	参数说明
OB_NR	INPUT	INT	I、Q、M、D、L、常数	OB 号（OB20～OB23），延时后被启动
DTIME	INPUT	TIME	I、Q、M、D、L、常数	延时值（1～60000ms）
SING	INTPUT	WORD	I、Q、M、D、L、常数	当延时中断 OB 被调用时，在起始事件信息中出现的开始标志
RET_VAL	OUTPUT	INT	I、Q、M、D、L、	如故障发生，返回值包含故障代码
STATUS	OUTPUT	WORD	I、Q、M、D、L、	时间中断的状态

(3) 应用实例

【例 7-1】 M1.0 控制启动延时中断 OB20，延时 10s 后中断一次，中断程序使 MW20 加 1，M1.2 控制取消延时中断 OB20。其梯形图如图 7-5 所示。

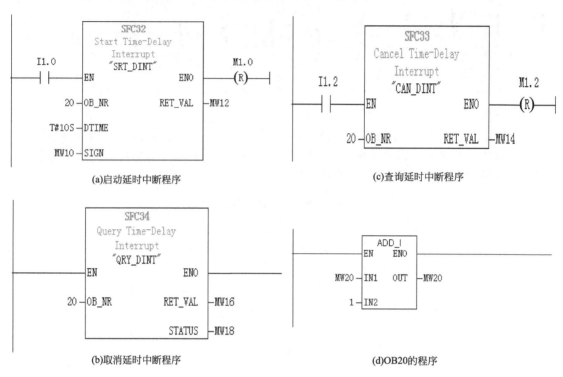

(a)启动延时中断程序   (c)查询延时中断程序

(b)取消延时中断程序   (d)OB20的程序

图 7-5　程序梯形图

说明：在图 7-5(a) 的 OB 中调用系统功能 SFC 启动延时中断，DTIME 端是延时的时间设置，此时为 T♯10s。程序编译保存好后就可以下载到实际 PLC 或 PLCSIM 仿真软件中了。注意的是，要把所有的程序块都下载，包括 OB20、SFC32 等，选中要下载的程序块，再点击工具栏的下载按钮即可。

7.2.5　硬件中断组织块

(1) 概述

硬件中断组织块（OB40～OB47）用于快速响应信号模块 SM、通信处理模块 CP 和功能模块 FM 的信号变化。例如：当一个数字量输入模块的一个通道有上升沿信号来时，若这个模块有中断能力，则触发一个硬件中断，中断服务程序就置于硬件中断组织块中。

CPU318 只能使用 OB40 和 OB41，其余的 S7-300 CPU 只能使用 OB40（如表 7-6 所示）。S7-400 CPU 可以使用的硬件中断 OB 的数量与 CPU 的型号有关。

表 7-6　OB40 的局部变量

变量	类型	描述
OB40_EV_CLASS	BYTE	事件级别和诊断号：B♯16♯11:中断被激活
OB40_STRT_INF	BYTE	B♯16♯41:中断通过中断行 1 B♯16♯42～B♯16♯44:中断通过中断行 2～4(只对 S7-400) B♯16♯45:WinAC 通过 PC 触发的中断
OB40_PRIORITY	BYTE	分配优先级：默认 16(OB40)～23(OB47)

续表

变量	类型	描述
OB40_OB_NUMBR	BYTE	OB 号(40～47)
OB40_RESERVED_1	BYTE	保留
OB40_IO_FLAG	BYTE	输入模块：B＃16＃54 输出模块：B＃16＃55
OB40_MDL_ADDR	WORD	触发中断模块的逻辑地址
OB40_POINT_ADDR	DWORD	数字模板：带有模板输入状态的位字段(0 位对应第一个输入) 模拟模板：带有限幅信息输入通道的位字段 CP 或 IM：模块中断状态(不是与用户有关的)
OB40_DATE_TIME	DATE_AND_TIME	被调用的日期和时间

用户可以使用 STEP 7 的硬件组态功能来决定信号模块哪一个通道在什么条件下产生硬件中断，将执行哪个硬件中断 OB，OB40 被默认用于执行所有的硬件中断。对于 CP 和 FM，可以在对话框中设置相应的参数来启动 OB。

只有用户程序中有相应的组织模块，才能执行硬件中断。否则操作系统将会向影响诊断缓冲区输入错误信息，并执行异步错误处理组织块 OB80。

硬件中断 OB 默认的优先级为 16～23，可以通过参数设置改变 S7-400 的优先级。

硬件中断被模块触发后，操作系统将自动识别是哪一个槽的模块和模块中哪一个通道产生的硬件中断。硬件中断 OB 执行完后，将发送通道确认信号。

如果在处理硬件中断的同时，又出现了其他硬件中断事件，新的中断按以下方法去识别和处理：如果正在处理某一中断事件，又出现了同一模块同一通道产生的完全相同的中断事件，新的中断事件将丢失，即不处理它；如果正在处理某一中断信号时同一模块中其他通道或其他模块产生了中断事件，当前已激活的硬件中断执行完后，再处理暂存的中断。

(2) 应用方法

首先可以在 STEP 7 中查看支持的硬件中断组织块。具体方法是：在 STEP 7 的硬件组态窗口中，双击项目中机架上的 CPU 所在的行，打开 CPU 属性对话框，点击"中断"选项页，可以看到 CPU 支持的硬件中断模块，如图 7-6 所示。在此也可以为硬件中断 OB 选择优先级。

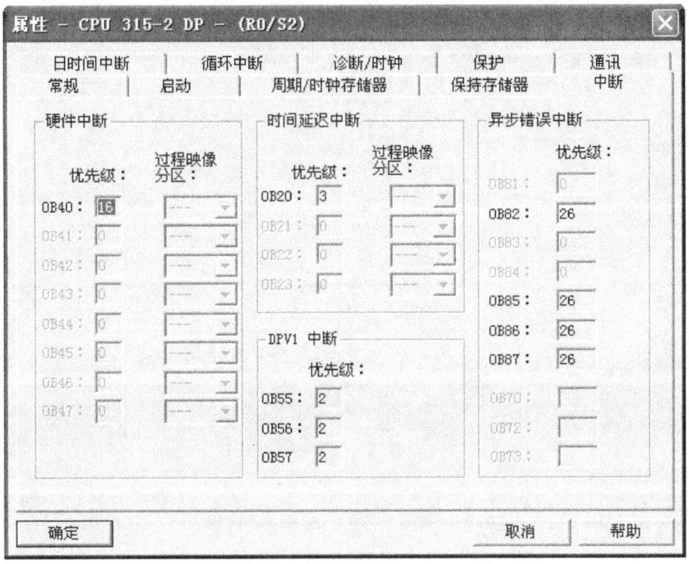

图 7-6　CPU 支持的硬件中断块

通过 STEP 7 进行参数赋值，可以为能够触发硬件中断的每一个信号模块指定参数。

(3) 应用实例

【例 7-2】 I1.0 的上升沿作为硬件中断触发脉冲，使用硬件中断 OB40，当来一次 I1.0 的上升沿，就使 MW10 自动加 1。

首先在硬件组态中设置中断触发信号。如上所述，并不是所有的信号模块都具有中断功能。此例中，需要一个数字量输入模块，图 7-7 所示为硬件组态，其右视图硬件目录中的 "DI-300" 中有此版本软件支持的所有 SM321，单击一个模块后，右下角处将出现这个模块的基本信息。然后插入 "CPU313-2DP" 和一块具有中断功能的数字量输入模块。然后双击模板，选择 "中断" 选项，可同时激活 "硬件中断" 和 "硬件中断触发器" 选项，图 7-8 所示为设置数字量输入模块的中断。

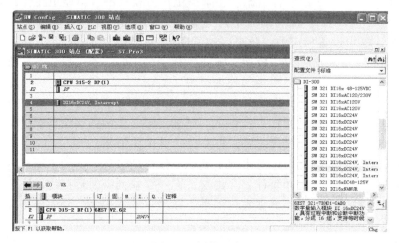

图 7-7　硬件组态

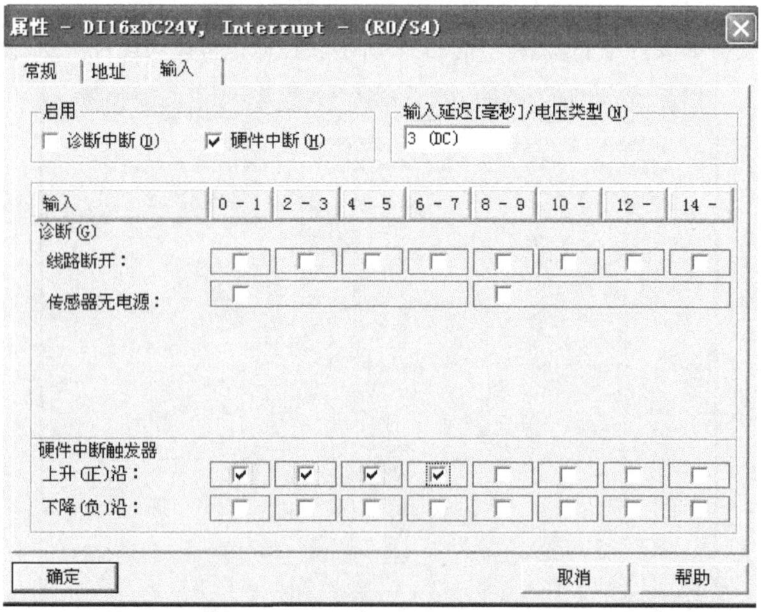

图 7-8　设置数字量输入模块的中断

　　说明：在这个例子中，也可以使用 SFC39 和 SFC40 来取消和激活中断。这里只设置中断模块，并在 OB40 中编程即可完成功能。图 7-9 所示为硬件中断程序 OB40，在程序段 2 中利用局部变量 OB40_MDL_ADDR 和 OB40_POINT_ADDR，在 MW10 和 MW12 中得到输入模块的起始地址和产生的中断号。

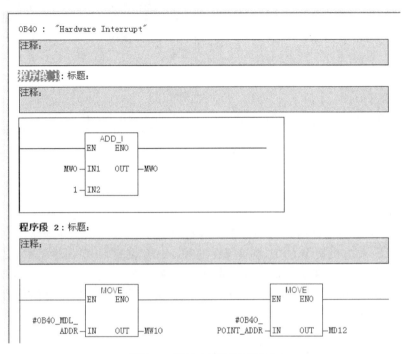

图 7-9　硬件中断程序 OB40

7.3　定期执行组织块

7.3.1　日期时间中断组织块

　　时间中断组织块有 OB10~OB17，共计 8 个。CPU318 只能使用 OB10 和 OB11，其余的 S7-300 CPU 只能使用 OB10。日期时间中断可以在某一特定的日期和时间执行一次，也可以从设定的日期时间开始，周期性地重复执行，例如，每分钟、每小时、每天甚至每年执行一次。可以用 SFC28~SFC30 设置、取消或激活日期时间中断。系统已经在 OB10 中定义了一些局部变量，为用户编程提供了便捷。如表 7-7 所示。

表 7-7　OB10 的局部变量

变量	类型	描述
OB10_EV_CLASS	BYTE	事件等级和标识符：B#16#11 ＝ 中断处于激活状态
OB10_STRT_INFO	BYTE	B#16#11~B#16#18 分别是 OB10~OB17 的启动请求
OB10_PRIORITY	BYTE	分配的优先级：默认值为 2
OB10_OB_NUMBR	BYTE	OB 编号（10~17）
OB10_RESERVED_1	BYTE	保留

续表

变量	类型	描述
OB10_RESERVED_2	BYTE	保留
OB10_PERIOD_EXE	WORD	OB 以指定的时间间隔执行：W#16#0000：单次；W#16#0201：每分钟一次；W#16#0401：每小时一次；W#16#1001：每天一次；W#16#1201：每周一次；W#16#1401：每月一次；W#16#1801：每年一次；W#16#2001：月末
OB10_RESERVED_3	INT	保留
OB10_RESERVED_4	INT	保留
OB10_DATE_TIME	DATE_AND_TIME	调用 OB 时的日期和时间

为了启动时间中断，用户首先必须设置时间中断的参数，再激活它。用户可以用组态或编程的方法来启动时间中断。

（1）设置和启动日期时间中断

有下面三种可能的启动方式：

① 基于硬件组态的自动启动时间中断，在硬件组态工具中设置和激活。在 STEP 中打开硬件组态工具，双击机架中 CPU 模块所在的行，打开设置 CPU 属性的对话框，单击"日时间中断"选项卡，设置启动日期时间中断的日期和时间，选中"激活"复选框，在"执行"列表中选择执行方式为"一次"，如图 7-10 所示。将硬件组态数据保存编译下载到 CPU 中，可以实现日期时间中断的自动启动。

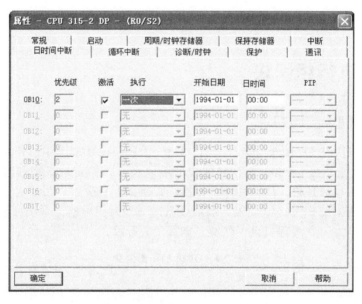

图 7-10　设置和启动日期时间中断

② 用上述方法设置日期时间中断的参数，但不选择"激活"而是在用户程序中用 SFC30 "ACT_TINT" 激活日期时间中断。

③ 可以在程序中通过调用 SFC28 "SET_TINT" 来设置时间中断，然后通过调用 SFC30 "ACT_TINT" 来激活它。

（2）查询日期时间中断

要想查询设置了哪些日期时间中断，以及这些中断什么时间发生，可以调用 SFC31 "QRY_TINT" 查询日期时间中断。SFC31 输出的状态字节（STATUS）如表 7-8 所示。

表 7-8　SFC31 输出的状态字节

位	取值	意义
0	0	日期时间中断以被激活
1	0	允许新的日期时间中断
2	0	日期时间中断未被激活或时间已过去
3	0	
4	0	没有装载日期时间中断组织块
5	0	日期时间中断组织块的执行没有被激活的测试功能禁止
6	0	以基准时间为日期时间中断的基础
7	1	以本地时间为日期时间中断的基础

（3）禁止和激活日期时间中断

用 SFC29 "CAN_TINT" 取消日期时间中断，用 SFC28 "SET_TINT" 重新设置那些被禁用的日期时间中断，SFC30 "ACT_TINT" 重新激活日期时间中断。SFC28 的参数说明如表 7-9 所示。其他系统功能的详细使用可以查阅帮助手册。

表 7-9　SFC28 的参数说明

参数	声明	数据类型	存储区	描述
OB_NR	INPUT	INT	I、Q、M、D、L、常数	在时间 SDT ＋ PERIOD 的倍数处启动的 OB 的编号（OB10～OB17）
SDT	INPUT	DT	D、L、常数	启动日期和时间；将忽略指定的启动时间的秒和毫秒值，并将其设置为 0。 如果要设置每月启动时间中断 OB，则只能使用日期 1、2、…、28 号作为启动日期
PERIOD	INPUT	WORD	I、Q、M、D、L、常数	从启动点 SDT 开始的周期：W＃16＃0000 ＝ 一次；W＃16＃0201 ＝ 每分钟；W＃16＃0401 ＝ 每小时；W＃16＃1001 ＝ 每日；W＃16＃1202 ＝ 每周；W＃16＃1401 ＝ 每月；W＃16＃1801 ＝ 每年；W＃16＃2001 ＝ 月末
RET_VAL	OUTPUT	INT	I、Q、M、D、L	如果在功能处于激活状态时出错，则 RET_VAL 的实际参数将包含错误代码

（4）应用实例

【例 7-3】　自 2006 年 2 月 12 日的 18 点整开始，每分钟中断一次，每次中断使 MW20 自动加 1。要求用 I0.0 的上升沿脉冲设置和启动日期时间中断 OB10，用 I0.1 的高电平禁止日期中断 OB10。

图 7-11 所示为主程序 OB1，图 7-12 所示为中断程序。在程序段 1 中调用系统 IEC 功能 FC3 "DATE and TOD to DT"，将格式为 DATE 的日期和格式为 TOD 的时间数据合并，并且转换为 DATE_AND_TIME 格式（简称 DT）的数据。并将其暂时置于局部变量 OB1_DATE_TIME。因为在 SFC28 的输入参数 SDT（设置中断的启动起始时间）的数据类型为

DT 格式，所以必须进行数据类型的合并和转换。

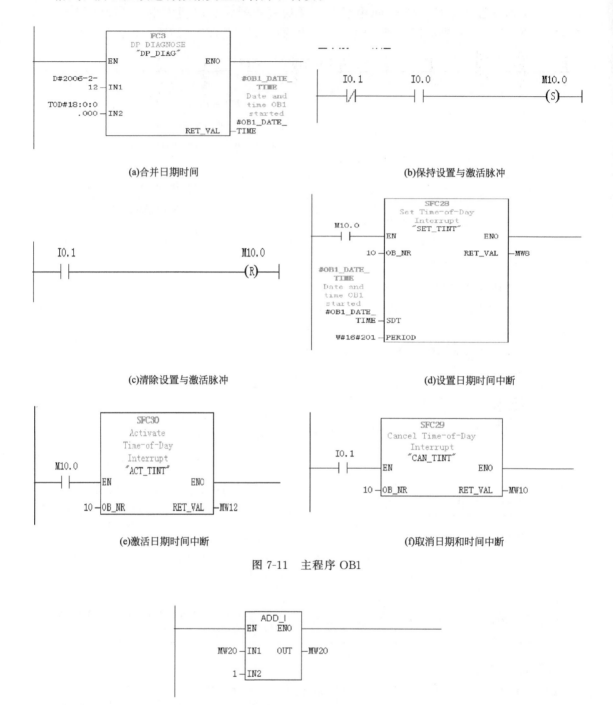

(a)合并日期时间

(b)保持设置与激活脉冲

(c)清除设置与激活脉冲

(d)设置日期时间中断

(e)激活日期时间中断

(f)取消日期和时间中断

图 7-11　主程序 OB1

图 7-12　中断程序 OB10

7.3.2　循环中断组织块

(1) 概述

STEP 7 提供了 9 个循环中断组织块（OB30～OB38），它们经过一段固定的时间间隔中断用户的程序。循环中断用于按精确的时间间隔循环执行中断程序，例如周期性地执行闭环控制系统的 PID 控制程序，间隔时间从 STOP 切换到 RUN 模式时开始计算。

时间间隔不能小于 5ms。如果时间间隔过短，还没有执行完循环中断程序又开始调用它，将会产生时间错误事件，CPU 调用 OB80。如果没有创建和下载 OB80，CPU 将进入 STOP 模式下。

S7-300 系列中 CPU318 能使用 OB32 和 OB35，其余 S7-300 CPU 只能使用 OB35，表 7-10 所示为每个循环中断组织块默认的时间间隔和优先级，用户可以设置自己需要的时间间隔和优先级。

表 7-10　循环中断组织块默认的时间间隔和优先级

OB 号	默认时间间隔	默认的优先级
OB30	5s	7
OB31	2s	8
OB32	1s	9
OB33	500ms	10
OB34	200ms	11
OB35	100ms	12
OB36	50ms	13
OB37	20ms	14
OB38	10ms	15

下面以 OB35 为例来说明其用法。

循环中断组织块 OB35 是按设定的时间间隔循环执行的中断程序，间隔时间从 STOP 切换到 RUN 模式时开始计时。用户可以在 OB35 中周期地调用 PID(FB41、FB42、FB43)，完成 PID 调节，也可以在 OB35 中调用周期的数据发送指令，完成数据发送功能。表 7-11 所示为 OB35 的局部变量。

表 7-11　OB35 的局部变量

变量	类型	描述
OB35_EV_CLASS	BYTE	时间级别和识别码：B♯16♯11，中断激活
OB35_STRT_INF	BYTE	B♯16♯30：循环中断组织块 OB 的启动请求(只有 H 型 CPU 并且明确地为其组态)；B♯16♯31~B♯16♯39：OB30~OB38 的启动请求
OB35_PRIORITY	BYTE	分配的优先级：默认 7(OB30)~15(OB38)
OB35_OB_NUMBR	BYTE	OB 号(30~38)
OB35_RESERVED_1	BYTE	保留
OB35_ RESERVED _2	BYTE	保留
OB35_PHASE_OFFSET	WORD	相位偏移量(ms)
OB35_EXC_FREQ	INT	时间间隔，以 ms 计
OB35_DATE_TIME	DATE_AND_TIME	OB 调用的日期和时间

如果两个 OB 的时间间隔成整数倍，不同的循环中断 OB 可以同时请求中断，造成处理循环中断程序超过指定的循环时间。为了避免出现这样的错误，用户可以定义一个相位偏移。相位偏移用于循环时间间隔到达时，延时一定的时间后再执行循环中断，相位偏移时要小于循环的时间间隔。比如可以设置 OB37 和 OB38 的时间间隔分别为 10ms 和 20ms，它们的相位偏移分别为 0ms 和 3ms，则 OB37 分别在 $t=10ms$，20ms，…时产生中断，而 OB38 分别在 $t=23ms$，43ms，…时产生中断。

（2）应用方法

首先可以在 STEP 7 中查看可支持的循环中断 OB。具体方法：在 STEP 7 的硬件的组态窗口中，双击项目机架上的 CPU 所在的行，打开 CPU 属性对话框，点击"循环中断"选项页，设置框就显示当前 CPU 可以使用的循环中断块，可以设置循环中断如图 7-13 所示。用户可以在"优先级"编辑框中设置当前循环 OB 的优先级，在"执行"编辑框中可改变默认的时间间隔，范围是 0～60000ms。

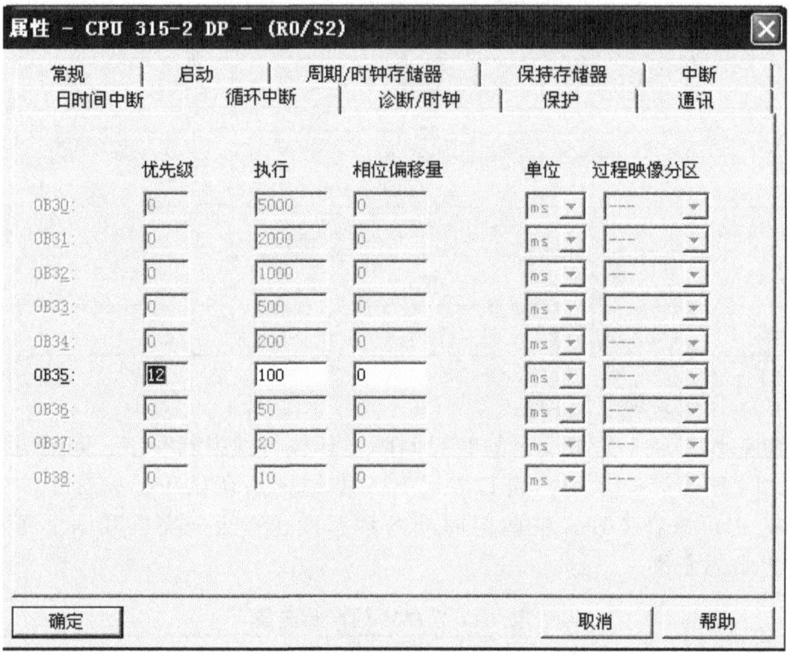

图 7-13　设置循环时间

循环中断组织块每一次运行时间一定要短于中断的间隔，如果一个循环中断组织块没有执行完，循环中断时间到，又要求循环中断组织块运行，则时间故障组织块 OB80 启动。反复的循环中断导致了故障程序的运行。

与 OB20 使用方法不同的是，系统没有提供专用的激活和禁止循环中断 SFC，但可以运用 SFC39～SFC42 取消、延时和再次使能循环中断。SFC40"EN_INT"是用于激活新的中断和异步错误的系统功能，其参数 MODE 为 0 时激活所有的中断和异步错误，为 1 时激活部分中断和异步错误，为 2 时激活指定的 OB 编号对应的中断和异步错误。SFC39"DIS_INT"是禁止新的中断和异步错误的系统功能，其参数 MODE 为 2 时禁止指定的 OB 编号对应的中断和异步错误，MODE 参数有多种选择，其他可查阅系统手册《SIMATIC S7-300 的系统软件和标准功能》。以上两个 SFC 的 MODE 参数必须用十六进制来设置。SFC39～SFC42 的参数说明如表 7-12 所示。

表 7-12　SFC39～SFC42 的参数说明

参数	声明	数据类型	存储区域	参数说明
OB_NR	INPUT	INT	I、Q、M、D、L 常数	OB 号（OB30～OB38）
MODE	INPUT	BYTE	I、Q、M、D、L 常数	定义被禁止的中断和异步故障
RET_VAL	OUTPUT	INT	I、Q、M、D、L	如故障发生，返回值包含故障代码 在 SFC41 中：延迟的编号（等于 SFC41 调用的编号） 在 SFC42 中：激活报警中断调用 SFC 的次数或者故障信息

(3) 应用实例

【例 7-4】　每 3min 中断一次，每次中断使 MW0 自动加 1。要求用 I0.1 的上升沿脉冲设置和启动循环中断 OB35，用 I0.1 的高电平禁止循环中断 OB35。主程序 OB1 如图 7-14 所示，循环中断程序与图 7-12 相同。要使用循环中断，首先在图 7-13 中设置循环间隔时间为 3000ms，表示每 3s 调用 OB35 一次。

在图 7-14(c)、(d) 的 OB1 中 MODE 为 B♯16♯2，分别表示激活指定的 OB35 所对应的循环中断和禁止新的循环中断。程序下载保存后就可以下载到实际的 PLC 或 PLCSIM 仿真软件中了。可以在 STEP 7 的变量表中进行程序监控。

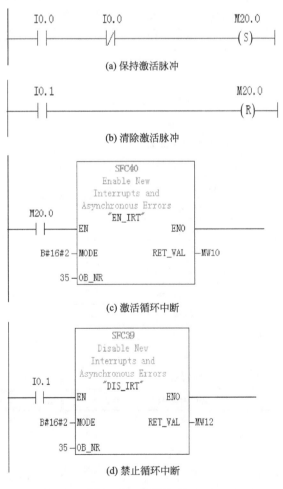

图 7-14　主程序 OB1

7.4 错误处理组织块

7.4.1 错误处理概述

西门子的大中型 PLC 具有很强的错误和故障的检测及处理能力。当 CPU 检测到某种错误后，操作系统将自动调用相应的组织块，用户可以事先在对应的组织块中编写程序，就可以对发生的错误或故障采取相应的措施。如用户没有建立相应的组织块，那么错误或故障后，CPU 将转为 STOP 模式。如果下载空的 OB，即使出现错误 CPU 也不会进入 STOP 模式。

像所有的组织块一样，错误处理组织块中包含了关于调用原因的附加信息。操作系统将这些信息记录在该组织块的局部变量中，用户可以在程序中对它们进行访问，以便于故障诊断。当 CPU 不支持某些错误组织块时，相应的错误信息就不会记录在 OB 中。

S7-300 有很强的错误检测和处理能力。操作系统可以检测出下列错误：不正确的 CPU 功能、操作系统执行中的错误、用户程序的错误和 I/O 中的错误。

操作系统检测到一个异步错误时，将启动相应的组织块（见表 7-13）。异步错误 OB 具有最高等级的优先级，如果当前正在执行的 OB 的优先级低于 26，异步错误 OB 的优先级为 26，如果当前正在执行的 OB 的优先级为 27（启动组织块），异步错误 OB 的优先级为 28，其他 OB 不能中断它们。如果同时有多个相同优先级的异步错误 OB 出现，将按出现的顺序处理它们。利用系统功能（SFC），用户可以屏蔽、延迟或禁止各种 OB 的启动事件。

表 7-13　错误处理组织块

OB 号	错误类型	优先级
OB70	I/O 冗余错误(仅 H 系列 CPU)	25
OB72	CPU 冗余错误(仅 H 系列 CPU)	28
OB73	通信冗余错误(仅 H 系列 CPU)	25
OB80	时间错误	26
OB81	电源故障	26/28
OB82	诊断中断	
OB83	插入/拔出模块中断	
OB84	CPU 硬件故障	26/28
OB85	优先级错误	
OB86	机架故障或分布式 I/O 的站故障	
OB87	通信错误	
OB121	编程错误	错误的 OB 的优先级
OB122	I/O 访问错误	

7.4.2 错误的分类

被 S7 CPU 检测到并且用户可以通过组织块对其进行处理的错误分为两个基础类。

① 异步错误：是与 PLC 的硬件或操作系统密切相关的错误，与用户程序的执行无关。

异步错误的后果一般比较严重。异步错误对应的组织块为 OB70～OB73 和 OB80～OB87，具有最高级的优先级。

② 同步错误：是与程序执行有关的错误，OB121 和 OB122 用于处理同步错误，它们的优先级与出现错误时被中断的优先级相同，即同步错误 OB 的程序可以访问块被中断时累加器和状态寄存器的内容。对错误进行适当处理后，可以将处理结果返回被中断的块。

7.4.3　同步错误组织块

所谓同步错误，是在程序执行过程中，在程序的某个特定位置上发生的错误。发生这种错误时，系统调用对应的错误处理组织块。同步错误组织块具有与当前 OB 相同的优先等级，因此这时同步组织块里的程序总是被执行。同步错误组织块包括 OB121（编程错误）和 OB122（访问错误）。

OB121：当程序发生诸如 BCD 转换错误、调用一个不存在的块、访问数据块中没有经过编辑的地址等错误时，系统调用 OB121。

OB122：当程序发生诸如访问一个不存在的外设地址（PIW、PQW 等）、访问的模块有故障等错误时，系统调用 OB122。

发生同步/异步错误，系统调用相应的错误组织块，如果该错误组织块（哪怕是空的）已经下载到工作存储区，则系统在执行该错误组织块里的程序后，返回当前 OB 继续循环扫描，这时 CPU 面板上的红灯亮，但 CPU 仍然在 RUN 状态。如果系统调用相应的错误组织块时找不到这个组织块（没有下载），则 CPU 转为 STOP 状态，CPU 面板上的 SF 红灯亮，尽管开关仍在 RUN 位置，但 STOP 橙色灯亮。同时，出错信息会被记录在诊断缓冲区。

掌握了错误 OB 的调用条件和系统处理错误 OB 的方式后，用户可以很好地利用这些错误 OB。例如：

① 为了避免发生某种错误时 CPU 进入停机状态，可以下载一个相应的空 OB。

② 可以在相应的错误 OB 中编程实现希望的响应。

③ 错误组织块的变量声明表中，有许多有用的信息（如出错原因、地址等），可以在错误组织块中编程提取这些信息，作为处理根据。

注：每个组织块的详细情况请参阅 STEP 7 在线帮助。

7.4.4　冗余错误组织块

I/O 冗余错误 OB(OB70) 仅可与 HCPU 结合使用。当在 PROFIBUS DP 上存在冗余丢失时（例如，激活 DP 主站发生总线故障，或 DP 从站的接口模块出错），或者当具有连接 I/O 的 DP 从站的激活 DP 主站发生改变时，H CPU 的操作系统将调用 OB70。

如果发生了启动事件而 OB70 没有编程，则 CPU 不会转为 STOP 模式。如果装载了 OB70 且 H 系统处于冗余模式，则在两个 CPU 上执行 OB70。H 系统仍处于冗余模式。

表 7-14 给出了 I/O 冗余错误 OB 的临时（TEMP）变量。所选变量名为 OB70 的默认名称。

表 7-14　I/O 冗余错误 OB 的临时变量

变量	类型	描述
OB70_EV_CLASS	BYTE	事件等级和 ID：B＃16＃72,离开事件；B＃16＃73,进入事件
OB70_FLT_ID	BYTE	错误代码(可能值：B＃16＃A2、B＃16＃A3)
OB70_PRIORITY	BYTE	优先级,可通过 STEP 7 分配(硬件组态)

续表

变量	类型	描述
OB70_OB_NUMBR	BYTE	OB 编号(70)
OB70_RESERVED_1	WORD	保留
OB70_INFO_1	WORD	取决于错误代码
OB70_INFO_2	WORD	取决于错误代码
OB70_INFO_3	WORD	取决于错误代码
OB70_DATE_TIME	DATE_AND_TIME	调用 OB 时的日期时间

习 题

7-1 填空。

① S7-300 在启动时调用_____。

② CPU 检测到故障或错误时，如果没有下载对应的错误处理 OB，CPU 将进入_____。

③ 异步错误是与 PLC 的_____或_____有关的错误。

④ 同步错误是与_____有关的错误，OB_____和 OB_____用于处理同步错误。

⑤ OB 具有不同的优先级，优先级的范围是_____，其中_____优先级最低，_____优先级最高。

7-2 组织块（OB）有哪几类？各自有什么作用？

7-3 简述异步组织块的作用。

7-4 利用循环组织块 OB35 建立振荡电路，周期为 2s。

7-5 要求每 600s 在 OB35 中将 MW0 加 1，在 I0.0 的上升沿停止调用 OB35，在 I0.1 的上降沿允许调用 OB35。生成项目，组态硬件，编写程序，用 PLCSIM 调试程序。

7-6 在主程序 OB1 中实现以下功能：

① 在 I0.0 的上升沿用 SFC32 启动延时中断 OB20，10s 后 OB20 被调用，在 OB20 中将 Q4.0 置位，并立即输出。

② 在延时过程中如果 I0.1 由 0 变为 1，在 OB1 中用 SFC33 取消延时中断，OB20 不会再被调用。

③ I0.2 由 0 变为 1 时 Q4.0 被复位。

7-7 分析下列程序的功能（图 7-15、图 7-16）。

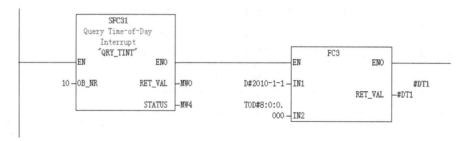

(a)

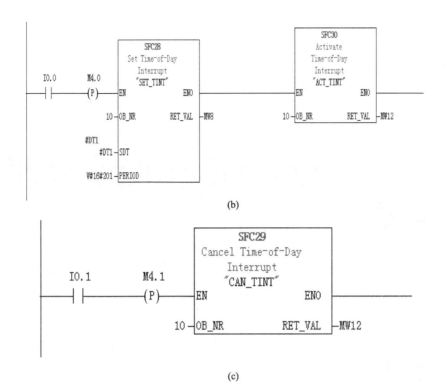

(b)

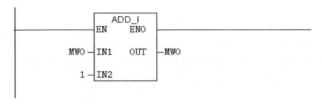

(c)

图 7-15　主程序 OB1

ADD_I program

图 7-16　OB10 的程序

第 8 章

S7-300/400模拟量处理技术

8.1 PID控制器

8.1.1 PID控制的基本原理

PID控制是由P（比例）、I（积分）、D（微分）三种运算以和的形式组合在一起的一种控制方式。PID控制使用灵活，用途广泛，即使在控制理论与技术高速发展的今天，在工业过程控制中，绝大多数控制回路都具有PID控制结构，尤其是在被控对象数学模型不是很清楚的情况下，使用PID控制具有比较大的优势。其算式如下：

$$p = K_p \left(e + \frac{1}{T_i} \int e \, dt + T_d \frac{de}{dt} \right) \tag{8-1}$$

式中　p——调节器的输出信号；

　　　e——调节器的输入信号，是测量值与给定值之差；

　　　K_p——调节器的比例系数；

　　　T_i——调节器的积分时间常数；

　　　T_d——调节器的微分时间常数。

PID控制器对偏差信号进行比例、积分、微分运算，其结果输出给执行器，其在控制系统中的位置如图8-1所示。

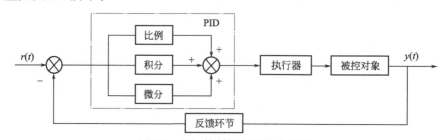

图 8-1　PID控制器在系统中位置

8.1.2　PID 控制器的数字化

由于采样周期 T_s 相对于信号变化周期是很小的，因此，可以用矩形面积法计算积分，用后向差分法代替微分，则式(8-1) 中的积分项与微分项可分别近似表示为

$$\int e\,dt \approx \sum_{i=0}^{n} e_i \Delta t = T_s \sum_{i=0}^{n} e_i \tag{8-2}$$

$$\frac{de}{dt} \approx \frac{e_n - e_{n-1}}{T_s} \tag{8-3}$$

式(8-1) 便成了离散 PID 算式：

$$p_n = K_p \left[e_n + \frac{T_s}{T_i} \sum_{i=0}^{n} e_i + \frac{T_d}{T_s}(e_n - e_{n-1}) \right] \tag{8-4}$$

式中　Δt——采样周期，与 T_s 相等；

　　　p_n——第 n 次采样时调节器的输出；

　　　e_n——第 n 次采样的偏差值；

　　　n——采样序号。

式(8-4) 称作数字 PID 的位置式算式。还有一种增量式算式，其求法如下：

由式(8-4) 可求得第 $n-1$ 次采样的输出表达式：

$$p_{n-1} = K_p \left[e_{n-1} + \frac{T_s}{T_i} \sum_{i=0}^{n-1} e_i + \frac{T_d}{T_s}(e_{n-1} - e_{n-2}) \right] \tag{8-5}$$

由式(8-4) 减去式(8-5)，可得 PID 控制器增量式算式表达式：

$$\Delta p_n = (K_p + K_i + K_d)e_n - (K_p + 2K_d)e_{n-1} + K_d e_{n-2} \tag{8-6}$$

式中　K_i——PID 控制算式的积分系数，$K_i = K_p \dfrac{T_s}{T_i}$；

　　　K_d——PID 控制算式的微分系数，$K_d = K_p \dfrac{T_d}{T_s}$。

增量式算式中，PID 控制的输出信号是本次 PID 计算结果与上次 PID 输出值之和。

8.1.3　PID 控制器参数与系统性能关系

比例部分与偏差成比例关系，它的控制作用与误差同步，在误差出现时，比例控制能立即起作用，使被控量朝着误差减少的方向变化，但单纯的比例控制存在稳态误差。比例系数 K_p 对系统的影响反映在系统的稳态误差与稳定性上。增大 K_p 可以增加系统开环增益，减少系统的稳态误差，但若 K_p 增加过量会导致超调量增大，振荡次数增加，调节时间变长，动态性能变坏。若 K_p 过大可能会导致系统不稳定。因此，单纯的比例控制很难兼顾控制过程的动态性能与稳态性能。

积分部分对偏差进行积分，只要偏差存在，就会随着时间累积积分量，使得控制向减少误差的方向变化。积分部分与当前偏差值和过去的历次偏差值之和成正比，因此具有滞后性。积分作用能消除系统的误差，提高控制精度，理论上，只要有积分部分存在，误差最终会完全消除。积分时间常数 T_i 对积分作用影响大，如果 T_i 太小，积分部分迅速累积，积

分作用强。若 T_i 过小，会使得系统振荡，超调量增大，调节时间过长，甚至可能会导致积分饱和，使得系统不稳定；如果积分时间常数太大，积分作用不明显，系统消除偏差的时间变长，因此，T_i 要取值适宜。

微分部分与偏差的变化率成正比例关系，只有误差随时间变化时，它才起作用。微分部分具有超前和预测的特性，根据被控量变化的趋势，微分部分能提前采取措施，以减少超调量。微分时间常数 T_d 与微分作用的强弱成正比，T_d 越大，微分作用越强。若 T_d 过大，会对偏差过分抑制，反而会加剧系统的振荡，使超调量增大。T_d 太小，则微分作用不强，若将 T_d 设置为 0，则微分不起作用。因此，T_d 取值也要适宜。

当偏差很小的时候，比例部分与微分部分的作用非常小，可以忽略不计，积分部分仍在进行累积，PID 输出值主要是积分量。当系统处于稳定状态时，偏差恒为零，比例部分与微分部分均为零，积分部分也不再变化，此时，PID 控制器的输出就是积分量。

根据比例、积分、微分各部分的作用特点，可以知道，比例、积分与微分一般不单独使用，常用的形式有 PI、PID。这样不仅克服了单纯的比例调节存在稳态误差的缺点，又避免了单纯的积分调节响应慢、动态性能不好的缺点。

8.2　连续 PID 控制模块 FB41

FB41 "CONT_C"（连续控制器）的输出为连续变量。其采用的算法是 PID 算法。FB41 与 FB43 结合使用，可以产生脉冲宽度可调的输出信号，来控制比例执行机构。FB41 的结构框图如图 8-2 所示。

8.2.1　设定值与过程变量的处理

(1) 设定值的输入

在 FB41 内部，PID 控制器的设定值 SP_INT、过程变量输入 PV_IN 是浮点数。过程变量可以采用两种方式输入：

① BOOL 型参数 PVPER_ON 为 0 状态时，通过 PV_IN 输入以百分数为单位的浮点数格式的过程变量参与到 FB41 中进行运算。

② BOOL 型参数 PVPER_ON 为 1 状态时，通过 PV_PER 输入模拟量输入模块输出的数字值作为过程变量参与到 FB41 中进行运算。

(2) 外部设备过程变量转换为浮点数

图 8-2 中的 CRP_IN 方框将 0～27648 或 ±27648（对应模拟量输入的满量程）的外部设备过程变量 PV_PER，转换为 0～100% 或 ±100% 的浮点数格式的百分数，CPR_IN 的输出 PV_R 用下式计算：

$$PV\_R = PV\_PER \times 100/27648（\%）$$

(3) 外设变量的格式化

PV_NORM（外设变量格式化）方框通过用下面的公式将 CRP_IN 方框的输出 PV_R 格式化：

$$PV\_NORM \text{ 的输出} = PV\_R \times PV\_FAC + PV\_OFF$$

式中，PV_FAC 为过程变量的系数，默认值为 1.0；PV_OFF 为过程变量的偏移量，默认值为 0.0。PV_FAC 和 PV_OFF 用来调节外设输入过程变量的范围。

(4) 设定值与过程变量单位的一致性

设定值 SP_INT 与过程变量应该有相同的单位。如果过程变量是通过 PV_IN 输入，

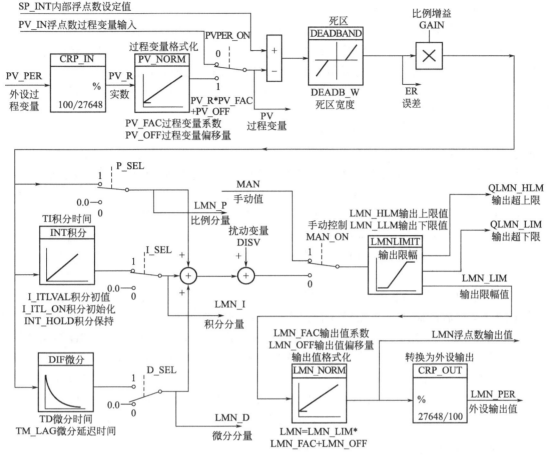

图 8-2　FB41 功能框图

若 PV_IN 是"工程量值",例如 10MPa 或 200℃ 等等,则 SP_INT 也必须是"工程量值";若 PV_IN 是"工程量值百分比",例如 30% 等,则 SP_INT 也必须是"工程量百分比"。如果过程变量是通过 PV_PER 外围设备输入的,则 SP_INT 只能使用"-100.0%~100.0%"之间的数据作为设定值。例如若要将 0~10MPa 中的 8MPa 作为设定值,则 SP_INT 设为 80.0% 或 0.8。

8.2.2　控制器算法

(1) 误差的计算与死区特性

SP_INT(内部设定值)是以百分数为单位的浮点数设定值。用 SP_INT 减去浮点数格式的过程变量 PV(反馈值),得到误差值。

DEAD BAND(死区)可以设置死区宽度。当系统控制精度可以允许存在一定误差时,可以将允许的最大误差设为 DEADB_W(死区宽度)的值。当误差的绝对值小于等于 DEADB_W 时,此时 PID 的输入量是 0,而不是误差值,PID 控制器不进行新的运算,PID 的输出量与上一次的输出量相同。当误差的绝对值大于 DEADB_W 时,PID 进行正常的运算。对于允许存在一定误差的控制过程,设置 DEAD BAND 可以减少 PID 的运算,从而减少执行机构的频繁动作造成不必要的机械磨损。

（2）控制器结构设置

FB41 采用位置式 PID 算法，P_SEL、I_SEL、D_SEL 是 BOOL 型参数，分别控制比例、积分、微分是否起作用。其值设为 1 时，启用对应的控制作用，设为 0 时，则禁止相应的控制作用。在实际的 PID 控制方式中，很少用单独的积分或微分控制，默认的控制方式为 PI 控制，根据实际需要，可以组态 P、PI、PD、PID 几种方式。

LMN_P、LMN_I、LMN_D 分别是 PID 控制器输出量中的比例分量、积分分量、微分分量，供调试时用。

图 8-2 中的 GAIN 为比例系数，对应式（8-1）中的 K_p，TI 与 TD 分别为积分时间常数与微分时间常数，对应于式（8-1）中的 T_i 和 T_d。TM_LAG 为微分延迟时间，FB41 帮助文件中建议其设置为 TD/5。DISV 是扰动变量，其默认值是 0，通过引入 DISV 可以实现前馈控制。

FB41 有一个初始化程序，在参数 COM_RST（完全重新启动）为 1 时，该程序执行。初始化过程中，如果 BOOL 型参数 I_ITL_ON 为 1，表示积分作用要初始化，需要给 I_ITLVAL 输入一个值作为积分部分的初始值。INT_HOLD 为 1 时，积分操作保持不变，积分输出被冻结，一般 INT_HOLD 设置为 0。

（3）手动模式

FB41 有两种工作模式，即自动模式与手动模式。自动模式情况下，PID 的输出是对偏差进行 PID 运算后的结果，手动模式情况下，PID 的输出由人工给定。模式切换由 BOOL 型参数 MAN_ON 控制，其值设置为 1 时，FB41 工作在手动模式下，此时 PID 控制器的输出值由 MAN 值确定；当 MAN_ON 值设置为 0 时，FB41 工作在自动模式下。

在手动模式下，控制器输出中的积分分量被自动设置为 LMN-LMN_P-DISV，微分分量被自动设置为 0。这样可以保证从手动模式切换到自动模式时，PID 控制器在切换瞬间前后的输出值 LMN 不发生突变，有利于减少对执行器的冲击。

8.2.3　输出值的处理

（1）输出限幅

LMNLIMIT（输出量限幅）用于将控制器输出值 LMN 限幅。LMNLIMIT 的输入量超出控制器输出值的上限值 LMN_HLM 时，LMNLIMIT 的输出值 LMN_LIM 为 LMN_HLM，BOOL 型参数 QLMN_HLM（输出超出上限）输出为 1；LMNLIMIT 的输入量小于下限值 LMN_LLM 时，LMNLIMIT 的输出值 LMN_LIM 为 LMN_LLM，BOOL 型参数 QLMN_LLM（输出低于下限）输出为 1。LMN_HLM 与 LMN_LLM 的默认值分别为 100.0% 和 0.0%。

（2）输出值格式化

LMN_NORM（输出量格式化）功能是将 LMN_LIM 格式化：
$$LMN = LMN\_LIM \times LMN\_FAC + LMN\_OFF$$

式中，LMN 是控制器的输出，数据类型为浮点数；LMN_FAC 是输出系数，默认值为 1.0；LMN_OFF 是输出值偏移量，默认值为 0.0。LMN_FAC 与 LMN_OFF 用来调节控制器输出值的范围。

（3）转换为外设输出

CPR_OUT（转换为外设输出）的功能是将 LMN（0～100% 或 ±100% 的浮点数格式的百分数）转换为外部设备格式的变量 LMN_PER（0～27648 或 ±27648 的整数），转换公式为
$$LMN\_PER = LMN \times 27648/100$$

8.3　脉冲发生器模块 FB43

8.3.1　脉冲发生器的功能与结构

（1）脉冲发生器的功能

FB43 "PULSEGEN"（脉冲发生器）可以输出宽度可调的脉冲信号，用来控制比例执行机构。其一般与连续 PID 控制器 FB41 配合使用，FB41 的输出 LMN 作为 FB43 的输入 INV。FB43 可以构建宽度可调的两步（two step）或三步（three step）PID 控制器。FB43 与 FB41 配合使用输出脉冲的闭环控制系统框图如 8-3 所示。

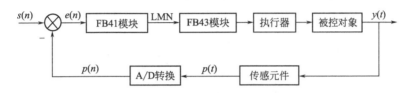

图 8-3　FB41 与 FB43 配合使用构成闭环控制系统框图

FB43 将输入量 INV（也即 FB41 的输出 LMN）转换为在一恒定时间内具有一定宽度的脉冲，脉冲宽度与 INV 成正比例关系。恒定时间（也即周期时间）是由参数 PER_TM 设置，PER_TM 应与 FB41 的采样时间 CYCLE 相同。P_B_TM 称为 FB43 的处理周期，也即 FB43 的调用周期，PER_TM 是 P_B_TM 的若干倍。在一个 PER_TM 内包含的 P_B_TM 越多，则脉宽控制的精度越高。假设一个 PER_TM 含有 10 个 P_B_TM，也即在一个 PER_TM 内调用 10 次 FB43，如果 INV 的值为 80，则在前 8 次调用 FB43 时，FB43 的 QPOS_P 均为 1，剩下 2 次调用 FB43 时，QPOS_P 为 0，也即此时脉冲 QPOS_P 的占空比为 8：10。其示意图如 8-4 所示。

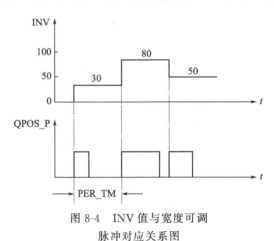

图 8-4　INV 值与宽度可调
脉冲对应关系图

另外，可以通过 SYN_ON（启用同步）参数来设置同步功能。如果 SYN_ON 设为 TRUE，当 INV 发生了变化，只要 FB43 不在原输出脉冲的第一个周期或最后两个调用周期，将进行同步，即 FB43 根据新的 INV 值重新计算脉冲宽度，并在下一个恒定周期中输出一个新的宽度与 INV 值相对应的脉冲。

（2）运行模式的参数设置

根据脉冲发生器所赋值的参数，可以组态成具有一个三步输出或者一个两向两步输出或单向两步输出。在手动模式下，三步控制或两步控制的输出由手动输入信号 POS_P_ON 和 NEG_P_ON 来控制，与输入量 INV 无关。表 8-1 给出了各种运行模式的参数设置。表 8-2 给出了手动模式下输入与输出的关系。

在输入参数 COM_RST 为 1 时，FB43 进行初始化，所有输出信号被设置为 0。

表 8-1　运行模式的参数设置

运行模式	MAN_ON	STEP3_ON	ST2BI ON
三步控制	FALSE	TRUE	ANY
双向两步控制(−100%～100%)	FALSE	FALSE	TRUE
单向两步控制(0%～100%)	FALSE	FALSE	FALSE
手动模式	TRUE	ANY	ANY

表 8-2　手动模式下输入与输出的关系

控制模式	手动输入		开关量输出	
	POS_P_ON	NEG_P_ON	QPOS_P	QNEG_P
三步控制	FALSE	FALSE	FALSE	FALSE
	TRUE	FALSE	TRUE	FALSE
	FALSE	TRUE	FALSE	TRUE
	TRUE	TRUE	FALSE	FALSE
两步控制	FALSE	ANY	FALSE	TRUE
	TRUE	ANY	TRUE	FALSE

8.3.2　两步控制器

两步控制器用产生 QPOS_P 与 QNEG_P 两种相反状态的脉冲控制信号，例如 QPOS_P 为 1 时，QNEG_P 为 0。如果执行器需要逻辑状态相反的开关量信号，可以用 QPOS_P 与 QNEG_P 给予提供。FB43 的脉冲输出 QPOS_P 与 INV 的值成正比例关系。根据控制值 INV 的极性，两步控制器分为双极性控制器与单极性控制器，图 8-5 与图 8-6 分别给出了两种情况下 FB43 的输出 QPOS_P 与 INV 的关系。

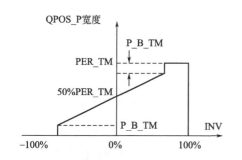

图 8-5　双极性下 QPOS_P 与 INV 的关系

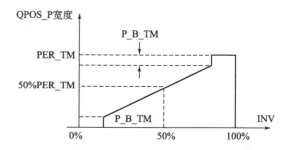

图 8-6　单极性下 QPOS_P 与 INV 的关系

从图 8-5 与图 8-6 可知，FB43 的输出脉冲 QPOS_P 的宽度与 INV 的值成正比例关系。当 INV 比较小，计算出来的 QPOS_P 宽度小于 P_B_TM 时，则 QPOS_P 为 0，不输出脉冲。当 INV 比较大，计算出来的 QPOS_P 宽度与 PER_TM 之差小于 P_B_TM 时，则 QPOS_P 的脉冲宽度等于 PER_TM，即在整个恒定周期内，QPOS_P 一直为正。

8.3.3　三步控制器

三步控制器输出的脉冲信号 QPOS_P 与 QNEG_P 没有必然联系，FB43 根据输入量 INV 的大小来计算 QPOS_P 与 QNEG_P 的宽度。当 INV 大于 0 时，QPOS_P 输出相应宽度的脉冲，QNEG＿P 没有输出；当 INV 小于 0 时，QNEG＿P 输出相应宽度的脉冲，QPOS＿P 没有输出。用三步控制器来控制电动调节阀的开度时，可用 QPOS＿P 使调节阀的伺服电机正转，阀的开度增大，可用 QNEG＿P 使调节阀的伺服电机反转，阀的开度减小。

另外，可以通过改变 RATIOFAC（比例系数）来改变 QPOS＿P 脉冲宽度与 QNEG＿P 脉冲宽度之比。例如可以将不同的时间常数用于热处理的电加热执行机构与水冷却执行机构。

比例系数小于 1 时脉冲宽度的计算公式为：

$$QPOS＿P 脉冲宽度 ＝ INV \times PER＿TM/100$$
$$QNEG＿P 脉冲宽度 ＝ INV \times PER＿TM \times RATIOFAC/100$$

比例系数大于 1 时脉冲宽度的计算公式为：

$$QPOS＿P 脉冲宽度 ＝ INV \times PER＿TM/(100 \times RATIOFAC)$$
$$QNEG＿P 脉冲宽度 ＝ INV \times PER＿TM/100$$

显然，比例系数小于 1 时，QNEG＿P 脉冲宽度将会减小。比例系数大于 1 时，QPOS＿P 脉冲宽度将会减小。图 8-7 与图 8-8 分别是比例系数为 1 时的三步控制器的对称的 INV 与脉冲输出关系曲线和脉冲输出情况。图 8-9 与图 8-10 分别是比例系数小于 1 时和比例系数大于 1 时的三步控制器的非对称的 INV 与脉冲输出关系曲线。

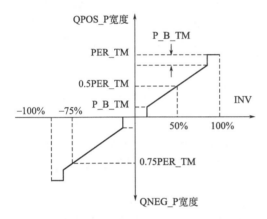 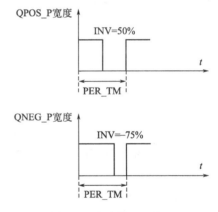

图 8-7　INV 与脉冲输出关系曲线（RATIOFAC＝1）　　图 8-8　脉冲输出示意图

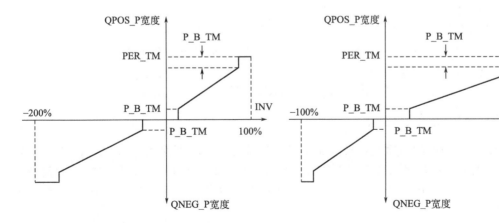

图 8-9　INV 与脉冲输出关系曲线　　　　　图 8-10　INV 与脉冲输出关系曲线
　　　　（RATIOFAC＝0.5）　　　　　　　　　　　（RATIOFAC＝2）

8.4 模拟量输入/输出规范化

现场的压力、温度、速度、旋转速度、pH 值、黏度等是具有物理单位的工程量值，模/数转换后输入通道得到的是 -27648～+27648 的数字量，该数字量不具有工程量值的单位，在程序处理时带来不方便。希望将数字量 -27648～+27648 转换为工程实际量值的这一过程称为模拟的"规格化"，也称"规范化"。

用户程序要计算模拟量在量程范围内的百分比，然后通过模拟输出模块将其对应的实际物理量输出。在 STEP 7 的程序中，规范化在数学操作中进行。要被规范化的数据必须转化成 REAL 的数据类型，这样舍入误差可以尽可能地小。在 STEP 7 的"Standard Library"库中提供了程序块 FC105 和 FC106 用于模拟量输入/输出的规范化，如图 8-11 所示。

图 8-11　FC105 和 FC106

8.4.1 模拟量输入规范化

标准块 FC105 用于规范化模拟量，其符号名为"SCALE"，该功能可以将从模拟量输入模块接收的一个整型值转换为以工程单位表示的介于下限（LO_LIM）和上限（HI_LIM）之间的实型值。如图 8-12 所示。

其参数的定义如下：

IN：IN 输入端的模拟值可直接从模块上读取或从一个整数格式的数据接口上读取。

LO_LIM 和 HI_LIM：LO_LIM（下界）和 HI_LIM（上界）输入参数用于定义规范化的物理量范围。本例中，规范化的物理量范围为 0～500L。

OUT：规范化后的值（实际物理量）以实数格式从 OUT 端输出。

BIPOLAR：BIPOLAR 输入端用来决定是否负数也被转换。在本例中，标志位 M0.0 为"0"表示输入信号是单极性的。

RET_VAL：如果该程序块执行无误，则 RET_VAL 端输出为 0。

8.4.2 模拟量输出规范化

标准程序块 FC106 的用途是将模拟输出操作规范化，其符号名为"UNSCALE"，该功能是接收一个以工程单位表示且介于下限（LO_LIM）和上限（HI_LIM）之间的实型输入值，并将其转换为一个整型值，即将实际物理量转化为模拟量模块所需的 16 位整数。如图 8-13 所示。

其参数的定义如下：

IN：需要送到模拟量输出模块的实际物理量值，必须以 REAL 格式传送。

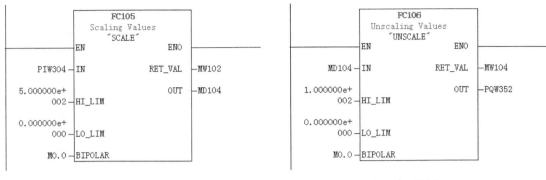

图 8-12　调用 FC105　　　　　　　　　图 8-13　调用 FC106

HI＿LIM，LO＿LIM：以工程单位表示的上限和下限，用于定义程序值的范围。本例中阀门的打开范围为 0.0％～100.0％。

OUT：OUT 端输出的规范值为 16 位整数，可以直接传送到输出模块上。

BIPOLAR：BIPOLAR 输入端用来决定是否负数也被转换。在本例中，标志位 M0.0 为"0"表示 0～＋27648 范围内的规范化。

RET＿VAL：如果该程序块执行无误，则 RET＿VAL 端输出为 0。

8.5　闭环控制系统设计举例

8.5.1　系统简介

在生产过程控制领域，对电机调速是经常遇到的问题，例如，在一些给料的控制过程中，就是通过调节驱动输送带的电机的速度来实现的。本例以 PLC 为核心组成一个闭环控制系统实现电机的调速。其系统框图如图 8-14 所示。

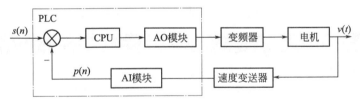

图 8-14　电机调速系统框图

工作原理：测速变送器检测电机转速，输出 4～20mA 的电流，经模拟量输入模块 A/D 转换后送入 CPU 与设定值比较，差值进行 PID 运算，运算结果经输出量模块 D/A 转换后输出一个 0～10V 之间的某个电压，对应 0～50Hz 之间的某个频率，驱动电机转动。只要实际转速与设定值不一致，PID 就会计算不断输出新的值调整电机电源频率，改变电机速度，直到两者相等为止。

8.5.2　硬件选型及信号类型设置

系统中电机选用三相异步电机，型号为 YS6322，额定功率 250W，额定转速 2800r/min，采用星形接法，额定电压为 220V，额定电流为 1.17A。变频器选用型号为 VFD007B43A 的台达变频器，额定电压 380～460V，适配电机功率为 0.75kW。速度变送器由 SZCB-01 型磁性转速传感器与 SZC-06 型转速变送单元组成，磁性转速传感器输出与电机转速成正比例的电压脉冲信号，经变送单元处理后输出 4～20mA 电流，测量范围 0～9999r/min。

PLC 电源模块选用 PS 307 2A，订货号：6ES7 307-1BA00-0AA0；CPU 选用 CPU315，订货号：6ES7 315-1AF03-0AB0/V1.2；模拟量输入模块选用 SM331 AI2×12bit，订货号：6ES7 331-7KB00-0AB0；模拟量输出模块选用 SM332 AO2×12bit，订货号：6ES7 332-5HB00-0AB0。

本例中模拟量输入模块具有两个通道，信号类型选用 4 线制 4～20mA 电流信号，值得注意的是要将安装在模拟量输入模块侧面的量程卡上的"C"字母对着模块上的箭头。模块输入信号设置如图 8-15 所示。

本例中模拟量输出模块具有两个通道，输出信号类型选用 0～10V 的电压信号，用"E"表示。模块输出信号设置如图 8-16 所示。

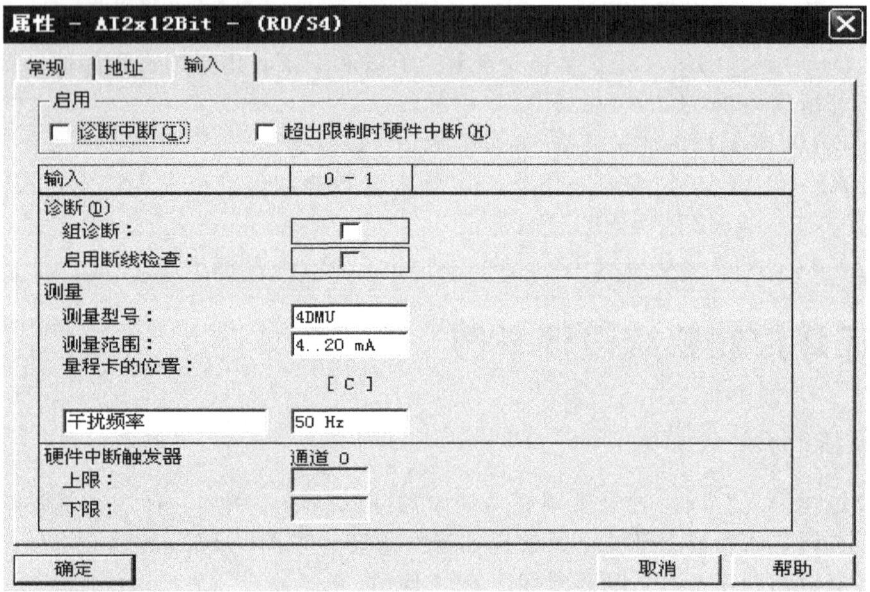

图 8-15　AI 模块输入信号设置

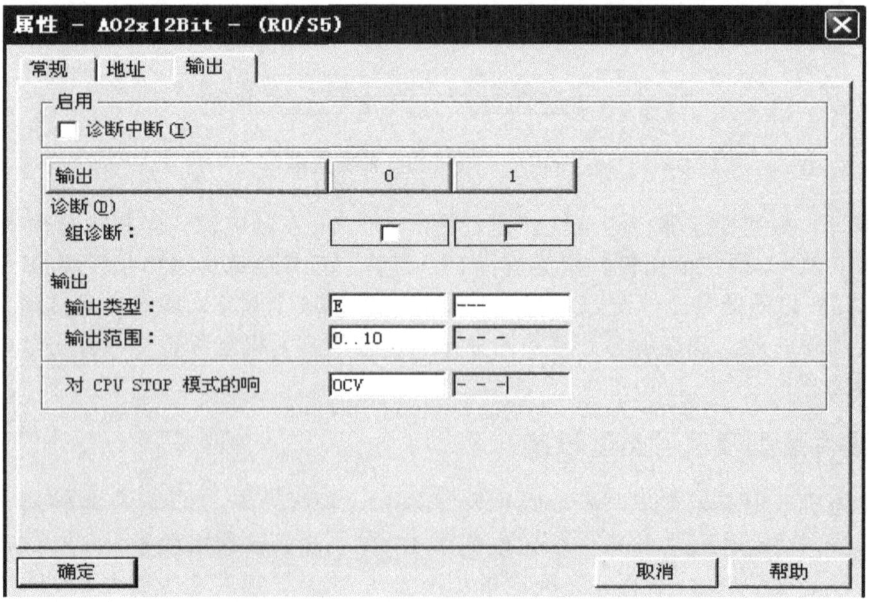

图 8-16　AO 模块输出信号设置

8.5.3　程序设计

(1) 初始化程序

在 OB100 中编写如下程序：在 CPU 上电或操作模式更改时，在循环程序执行之前，对 FB41 进行初始化，对 MW0、MW10、MD20 清零。程序如图 8-17 所示。

```
OB100 : "Complete Restart"
```
程序段 1：标题：
```
    S   DB41.DBX   0.0
```

程序段 2：标题：
```
    R   DB41.DBX   0.0
```

程序段 3：标题：

程序段 4：标题：

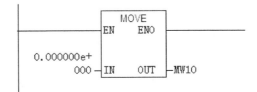

程序段 5：标题：

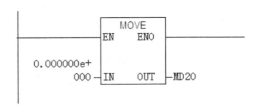

图 8-17　初始化程序

(2) 主程序

在 OB35 中编写如下程序：中断时间为 150ms，其中程序段 1 是电机实际转速采集程序，本例中速度传感器测速范围为 0～9999r/min，所以参数 HI＿LIM 和 LO＿LIM 分别设为 9999.0 与 0.0；传感器信号接入模拟量输入模块第一通道，其地址为 256，所以 FC105 模块中参数 IN 接 PIW256；输出模块选用第一通道输出，其地址为 272，所以 FB41 模块 LMN＿PER 接 PQW272。程序如图 8-18 所示。

```
OB35 : "Cyclic Interrupt"
```
程序段 1：标题：

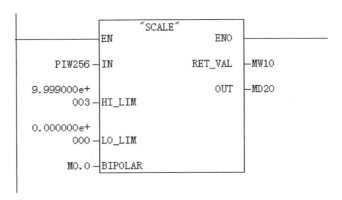

图 8-18

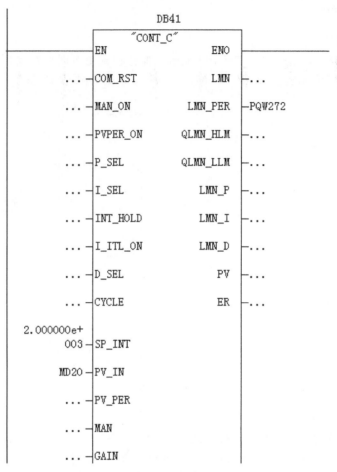

图 8-18　主程序

习　题

8-1　推导 PID 模拟化算式离散化数字化算式过程。

8-2　简述 FC105 模块各参数意义及其将数字量规范化工程量过程。

8-3　简述 FB41 实现 PID 运算的过程。

8-4　简述 FB41 与 FB43 结合实现脉宽调制输出过程。

第 **9** 章

组态软件与西门子PLC通信应用

人机界面是指人和机器在信息交换和功能上接触或互相影响的领域或称界面。近年来，随着电子技术的发展，人机界面的价格大幅度下降，其应用越来越广泛，目前已经广泛地应用于工农业生产以及日常生活中，已经成为现代工业控制不可缺少的设备之一。

9.1 人机界面与组态软件介绍

人机界面（Human Machine Interaction，HMI），又称用户界面或使用者界面，从广义上来说是指人与计算机（包括 PLC）之间传递、交换信息的媒介和对话接口，是计算机系统的重要组成部分。它是系统和用户之间进行交互和信息交换的媒介，实现信息的内部形式与人类可以接受形式之间的转换。凡参与人机信息交流的领域都存在着人机界面。

在控制领域，人机界面一般是指操作人员与控制系统之间进行对话和相互作用的接口设备。人机界面可以用字符、图形和动画形象生动地动态显示现场数据和状态，操作人员通过输入单元（比如触摸屏、键盘、鼠标等）发出各种命令和设置的参数，通过人机界面来控制现场的被控对象。此外人机界面还有报警、数据存储、显示和打印报表、查询等功能。人机界面可以在比较恶劣的工业环境中长时间地连续运行，一般安装在控制屏上，能够适应恶劣的现场环境，可靠性好，是 PLC 的最佳搭档。如果在工作环境条件较好的控制室内，也可以采用计算机作为人机界面装置。

随着工业自动化技术和计算机的发展，需要计算机对现场控制设备（比如 PLC、智能仪表、板卡、变频器等）的监控功能要求越来越强烈，于是数据采集与监视控制（Supervisory Control And Data Acquisition，SCADA）系统应运而生。凡是具有数据采集和系统监控功能的软件，都可以称为组态软件，它是建立在 PC 基础之上的自动化监控系统，SCADA 系统的应用领域很广，它可以应用于电力系统、航空航天、石油、化工等领域的数据采集与监视控制以及过程控制等诸多领域。

9.1.1 人机界面与触摸屏

人机界面是自动化系统的标准配置，是操作人员与控制对象之间双向沟通的桥梁，很多的工业控制对象要求控制系统具有很强的人机界面功能，用来实现操作人员与控制系统之间的对话和相互作用。人机界面装置可以显示控制对象的状态和各种系统信息，也可以接收操作人员发出的各种命令和设置的参数，并把它们传送到 PLC。人机界面一般都安装在控制柜上，所以其必须能够适应比较恶劣的现场环境，对其可靠性的要求也比较高。

过去常用按钮、开关和指示灯等作为人机界面，而这些装置提供的信息量比较少，操作困难，需要熟练的操作人员来操作。现在的人机界面几乎都使用液晶显示屏，小尺寸的液晶显示屏只能显示数字和字符，称为文本显示器（Text Display，TD），大一些的可以显示点阵组成的图形，显示器颜色有单色、8 色、16 色、256 色或更多颜色。

触摸屏是人机界面的发展方向，是一种最新的电脑输入设备，它是目前最简单、方便、自然的一种人机交互方式。触摸屏输入是靠触摸显示器的屏幕来输入数据的一种新颖的输入技术。用户可以在触摸屏的画面上设置具有明确意义和提示信息的触摸式按键。其优点是操作简便直观、面积小、坚固耐用和节省空间。

触摸屏由触摸检测部件和触摸屏控制器组成；触摸检测部件安装在显示器屏幕前面，用于检测用户触摸位置，接收后送触摸屏控制器。而触摸屏控制器的主要作用是从触摸点检测装置上接收触摸信息，并将它转换成触点坐标，再送给 CPU，它同时能接收 CPU 发来的命令并加以执行。按照触摸屏的工作原理和传输信息的介质，把触摸屏分为四种，它们分别为电阻式、电容感应式、红外线式以及表面声波式。每一类触摸屏都有其各自的优缺点，要了解哪种触摸屏适用于哪种场合，关键就在于要懂得每一类触摸屏技术的工作原理和特点。具体的相关知识读者可以参阅专业的相关资料来进一步熟悉。触摸屏在控制系统中主要是应用为主。

9.1.2 人机界面的组成

人机界面由硬件和软件共同组成。

① HMI 硬件：一般分为运行组态软件程序的工控机（或 PC）和触摸屏两大类。

② HMI 软件：运行于 PC Windows 操作系统下的组态软件，比如西门子公司的组态软件 WinCC；运行于触摸屏上的组态软件，不同公司的触摸屏有不同的组态软件，比如西门子触摸屏的组态软件 WinCC Flexible、台达触摸屏编程软件 ScreenEditor。

9.1.3 SIMATIC 人机界面

西门子的人机界面（HMI）包括各种面板和组态软件两部分。

(1) 西门子人机界面的特点

西门子人机界面具有以下特点：

① 可靠性高，正面防护等级为 IP65，非常适合在恶劣的工业环境中使用。

② 通用性强，大多数 HMI 设备基于 Windows CE 操作系统。

③ 接口丰富，可以连接各主要生产厂家的 PLC。

④ 它是全集成自动化（TIA）的一个主要组成部分，对不同的自动化系统具有开放性。

⑤ 创新的 HMI 解决方案，例如移动触摸屏 Mobile Panel 170 和 MP370 具有软 PLC 功能。

⑥ 使用统一的组态软件 WinCC Flexible 对所有的操作屏设备组态，支持多种语言，全球通用。

（2）西门子人机界面的种类

西门子人机界面品种丰富，面板的种类很多，按功能大致有以下几种：

① 按钮面板：可更换总线，结构简单，使用方便，可靠性高，适用于恶劣的工作环境。代表产品为 PP7、PP17。

② 微型面板：主要针对小型 PLC 设计，比如控制和监视基于 S7-200 PLC 的小型设备，操作简单，品种丰富。包括文本显示器和微型的触摸屏、操作员面板，其代表性产品为 TD400C、K-TP178micro、OP73micro。

③ 触摸屏和操作员面板：人机界面的主导产品，坚固可靠、结构紧凑、品种丰富。代表产品为 TP177B、OP177B。

④ 多功能面板：高端产品，开放性和可扩展性最高。代表产品为 MP270B。

⑤ 移动面板：可以在不同地点灵活使用。代表产品为 Mobile Panel 170。

如图 9-1 所示是西门子 TP177B 的外观图。

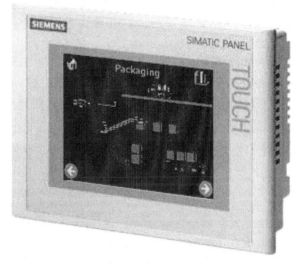

图 9-1　TP177B 外观图

（3）西门子人机界面的维护

西门子人机界面的维护需要注意以下几点：

① 一般来说，HMI 设备一般具有免维护运行功能。在实际生产中，可根据需要进行适当清洁。

② 在清洁前，应关闭 HMI 设备，以免意外触发控制功能。可使用蘸有少量清洁剂的湿布来清洁 HMI 设备，或者使用少量液体肥皂水或屏幕清洁泡沫。

③ 清洁时，不能对 HMI 设备使用腐蚀性的清洁剂或去污粉，也不要使用压缩空气或喷气鼓风机，以免损坏屏幕。

④ 不要使用锋利或尖锐的工具取保护膜，否则可能会损坏触摸屏。若需要，可为 HMI 设备选购屏幕保护膜、键盘保护膜。

不同型号设备的维护所需注意的事项可能不尽相同，请参考相关的产品手册。

9.1.4　组态软件介绍

组态软件产生于 20 世纪 80 年代，世界上第一个商品化监控组态软件是由美国 Wonderware 公司开发的 InTouch 软件，也是最早进入我国的组态软件。自 90 年代中后期以来，组态软件在我国逐渐得到了广泛的应用普及，随着组态软件技术的快速发展，实时数据库、实时控制、SCADA、通信及联网、开放数据接口、多 I/O 设备的广泛支持已经成为它的主要内容，在工业自动化领域将会得到越来越广泛的应用。

组态（Configuration）的含义是设置、配置，是指使用软件工具，操作人员根据用户需求及控制任务的要求，对计算机资源进行组合以达到应用的目的。组态过程可以看作是配置用户应用软件的过程，软件提供了各种"零部件"模块供用户选择，采用非编程的"搭积木"操作方式，主要通过参数填写、图形连接和文件生成等，组合各功能模块，构成用户应用软件。控制工程师可以在不必了解计算机的硬件和程序的情况下，把主要精力放在控制对象和算法上，而不是形形色色的通信协议和复杂的图形处理上。它有时候也称为二级开发，组态软件就称为二次开发平台。

9.1.5　PC机通用组态软件

组态软件自 20 世纪 80 年代初期诞生至今已经有三十多年的发展历程。早期的组态软件大都运行在 DOS 环境下，其特点是具有简单的人机界面、图库和绘图工具箱等基本功能，图形界面的可视化功能不是很强大。随着微软 Windows 操作系统的发展和普及，Windows 下的组态软件成为主流。

组态软件从总体结构上看一般由系统开发环境和系统运行环境两大部分组成。系统开发环境和系统运行环境之间的联系纽带是实时数据库，三者之间的关系如图 9-2 所示。

图 9-2　系统开发环境、运行环境和实时数据库的关系示意图

系统开发环境是自动化工程设计师为实施其控制方案，在组态软件的支持下进行应用程序的系统生成工作所必须依赖的工作环境，通过建立一系列用户数据文件，生成最终的图形目标应用系统，供系统运行环境运行时使用。系统开发环境由若干个组态程序组成，比如图形界面组态程序、实时数据库组态程序等。

系统运行环境是将目标应用程序装入计算机内存并投入实时运行时使用的，是直接针对现场操作使用的。系统运行环境由若干个运行程序组成，比如图形界面运行程序、实时数据库运行程序等。

目前，世界上有不少专业厂商生产和提供各种组态软件产品，市面上的软件产品种类繁多，各有所长，应根据实际工程需要加以选择。组态软件国产化的产品近年来比较出名的有组态王、世纪星、力控、MCGS、易控等等，国外主要产品有美国 Wonderware 公司的 In-Touch、美国 GE Fanuc 智能设备公司的 iFIX、德国西门子公司的 WinCC，以及 Citect 公司的 Citect 等。近年来，国内产品已经开始抢占一些高端市场，打破了国外产品的垄断格局，并且所占比例在逐渐增长。下面简单介绍几种典型的组态软件。

（1）WinCC

WinCC（Windows Control Center，视窗控制中心），是德国西门子公司开发的一套完备的组态开发环境。WinCC 监控系统可以运行在 Windows 操作系统下，使用方便，具有生动友好的用户界面，还能链接到别的 Windows 应用程序（如 Microsoft Excel 等）。WinCC 是一个开放的集成系统，既可独立使用，也可集成到复杂、广泛的自动控制系统中使用，同时内嵌 OPC 技术，可对分布式系统进行组态。

（2）力控

北京三维力控科技有限公司的 ForceControl（力控）组态软件也是国内出现较早的组态软件之一，具有一定的市场占有率。公司产品主要有力控通用版和电力版组态软件，适应于不同领域的应用，并且它功能丰富，实用性和易用性都比较好。

（3）组态王

组态王 KingView 软件是国内具有自主知识产权、市场占有率高、影响比较大的组态软件。该组态软件提供了资源管理器式的操作主界面，使用方便，操作灵活。组态王软件还提供了多种硬件驱动程序，支持众多的硬件设备。应用领域几乎囊括了大多数行业的工业控制，已广泛应用于化工、电力、邮电通信、环保、水处理、冶金和食品等行业。

（4）InTouch

美国 Wonderware（万维公司）的 InTouch 软件是最早进入我国的组态软件。在 20 世纪 80 年代末 90 年代初，基于 Windows 3.1 的 InTouch 软件曾让人耳目一新，最新的 InTouch7.0 版已经完全基于 32 位的 Windows 平台，并且提供了 OPC 支持。InTouch 软件的图形功能比较丰富，使用比较方便，其 I/O 硬件驱动丰富，工作稳定，在国内市场也普遍受到欢迎。

（5）iFIX

iFIX 是在国内做得最成功的组态软件品牌，连续多年销售额第一。其主要优势在于以下几点：品牌知名度高，已经在用户心中形成事实上的最好品牌；系统稳定，技术先进，支持 VBA 脚本，产品技术含量在所有组态软件中最高；产品结构合理，系统开放性强，包括其 I/O 驱动直接支持 OPC 接口；文档完备，驱动丰富。但是其产品也有几个明显缺点：产品价格偏高，超出国内价格基本上在 10 倍左右；主要是国内的一些代理做，技术支持和服务能力比较差。

表 9-1 列出了市场上的主要组态软件产品。

表 9-1 主要组态软件产品名称及产地

公司名称	产品名称	产地
Wonderware	InTouch	美国
GE	FIX、iFIX	美国
Citect	Citect	澳大利亚
Rockwell	RSview32	美国
亚控	组态王	中国
三维科技	力控	中国
昆仑通态	MCGS	中国
杰控	FameView	中国
紫金桥	Real	中国
世纪长秋	世纪星	中国
华富图灵开物	ControX	中国
九思易	INSPEC	中国
研华	Genie	中国台湾

9.2 iFIX 组态软件介绍

9.2.1 iFIX 软件介绍

iFIX 是全球领先的 HMI/SCADA 自动化监控组态软件，已有超过 300000 套的软件在全球运行。世界上许多成功的制造商都依靠 GE Fanuc 的 iFIX 软件来全面监控和分布管理全厂范围的生产数据。在包括冶金、电力、石油化工、制药、生物技术、包装、食品饮料、石油天然气等各种工业应用当中，iFIX 独树一帜地集强大功能、安全性、通用性和易用性于一身，使之成为任何生产环境下全面的 HMI/SCADA 解决方案。利用 iFIX 各种领先的专利技术，可以帮助企业制定出更快、更有效的商业及生产决策，以使企业具有更强的竞争力。

iFIX 的前身是 FIX。1984 年，得克萨斯州休斯敦的 ISA 展览，在自动扶梯下一个 10in×10in（1in=0.0254m）的展台里，Intellution 公司总裁 Steve Rubin 和他的两个工程师 Al Chisholm 和 Jim Welch 介绍了 FIX 全集成控制系统，这是世界上第一个可配置的基于 PC 的 HMI/SCADA 软件程序。随后掀起了对自动化和过程控制的革命，iFIX 组态软件就此诞生，它是一种基于 DOS 的系统。FIX 的全称是 Fully-Integrated Control System（全集成控制系统），这里的"X"其实没有什么意义，只是为了凑成一个响亮好念的名字。

Intellution 公司以 FIX 组态软件起家，1995 年被爱默生收购，曾经是爱默生集团的全资子公司，2002 年爱默生集团又将 Intellution 公司转卖给 GE Fanuc 公司。2009 年底，GE Fanuc 公司解体，原 Intellution 公司所有业务归 GE 公司所有，划分到 GE-IP。

GE Fanuc 智能设备公司由美国通用电气公司（GE）和日本 Fanuc 公司合资组建，提供自动化硬件和软件解决方案，帮助用户降低成本，提高效率并增强其盈利能力。

FIX6.x 软件提供工控人员熟悉的概念和操作界面，并提供完备的驱动程序（需单独购买）。Intellution 将自己最新的产品系列命名为 iFIX。在 iFIX 中，Intellution 提供了强大的组态功能，但新版本与以往的 6.x 版本并不完全兼容。原有的 Script 语言改为 VBA（Visual Basic for Application），并且在内部集成了微软的 VBA 开发环境。遗憾的是，Intellution 并没有提供 6.1 版脚本语言到 VBA 的转换工具。在 iFIX 中，Intellution 的产品与 Microsoft 的操作系统、网络进行了紧密的集成。Intellution 也是 OPC（OLE for Process Control）组织的发起成员之一。

iFIX 的 OPC 组件和驱动程序同样需要单独购买。表 9-2 给出了 iFIX 的各种版本信息。

表 9-2　iFIX 的各种版本

版本号	支持语言	支持操作系统
iFIX1.0	英文版	Windows NT
iFIX2.1	英文版	Windows NT
iFIX2.2	英文版	Windows NT
iFIX2.5	英文版	Windows NT/2000
iFIX2.6	英文/中文版	Windows NT/2000
iFIX3.0	英文/中文版	Windows NT/2000/XP
iFIX3.5	英文/中文版	Windows NT/2000/XP/2003
iFIX4.0	英文/中文版	Windows 2000/XP/2003
iFIX4.5	英文/中文版	Windows 2000/XP/2003/2008/Vista
iFIX5.0	英文/中文版	Windows 2000/XP/2003/2008/Vista/7
iFIX5.1	英文/中文版	Windows 2000/XP/2003/2008/Vista/7
iFIX5.1VOW	英文/中文版	Windows 7(64 位系统)
iFIX5.5	英文/中文版	Windows 8(64 位系统)
FIX7.0C 中文版	中文版	Windows 98/NT/2000
FIX7.0 英文版	英文版	Windows 98/NT/2000

9.2.2　iFIX 软件结构

iFIX 软件包含：驱动程序、实时数据库、画面编辑和画面运行。其结构如图 9-3 所示。

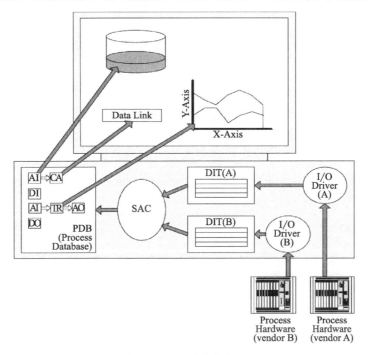

图 9-3　iFIX 基本结构图

① I/O 驱动器　iFIX 和外部设备过程硬件（比如 PLC、仪表）之间的接口称为 I/O 驱动器。组态软件实现对现场设备的数据采集与控制，首先建立物理连接，其次组态软件按照一定的协议与现场设备进行通信。iFIX 组态软件不能直接和设备建立连接，对支持的设备要有相关驱动程序，设备必须接到通道上，一个通道可以挂接多个设备。通道指设备的硬件接口。通道类型包括：串口通道、以太网通道、虚拟设备通道、OPC 通道等。设备指在现场进行数据采集的硬件产品，设备类型有 PLC、智能仪表、变频器、OPC 设备等。

I/O 驱动器是计算机与外部设备之间进行通信的基础，每一个 I/O 驱动器支持指定的硬件。I/O 驱动器功能主要从 I/O 设备中读（写）数据（称为轮询，polling），以及将数据传输至驱动器映像表（Driver Image Table）中的地址中，DIT 有时也称为轮询表（poll 表），或者从驱动器映像表中获得数据。驱动器映像表是在 SCADA 服务器内存中存储 I/O 驱动器轮询记录数据的内存区域，其主要通过 I/O 驱动器来刷新 DIT 中的记录。

② 扫描、报警和控制（SAC）　SAC 主要功能包括：从 DIT 中读取数据，将数据传至数据库 PDB，数据超过报警设定值时报警。SAC 从 DIT 中读取数据的速率称为扫描时间，可使用任务控制程序进行 SCA 监视。

③ 过程数据库（Process Database，PDB）　过程数据库又称实时数据库，实现数据存储、数据报警等。自动化生产过程中 iFIX 软件从 PLC、DCS、简单 I/O 等硬件设备的寄存器中获取数据，获取的这些数据称为过程数据。将各个不同驱动读取的数据集中，按照数据类型分类，监视数据值，超出范围报警。过程数据库记录外部设备实时运行状态，可以通过画面编辑和画面运行显示现场的实时数据。

④ 图形显示　一旦数据进入过程数据库，它们可以用图形方式实时、动态地显示过程

数据库中的数据。iFIX Workspace 以运行模式提供 HMI（人机接口功能），HMI 可与图形显示结合使用。图形对象包括图表、字母和数字表示的数据以及图形动画等。图形对象可以显示报警信息、数据库信息和某标签的特殊信息。

9.2.3 iFIX 数据

iFIX 的核心是数据流，I/O 驱动器从过程硬件的寄存器中读取数据，然后将该数据传入 DIT，驱动器读取数据的速率称为 poll 时间。SAC 扫描 DIT，SAC 从 DIT 中读数，SAC 把该数据传入过程数据库 PDB，SAC 读数的速率称为扫描时间，iFIX Workspace 向 PDB 发出请求，图形显示中的对象显示 PDB 的数据，其他应用可向 PDB 请求数据。当然数据也可写入过程硬件，反顺序执行上述过程，可以完成该功能，数据从图形显示送入 PDB，再传送到 DIT，I/O 驱动器从 DIT 中取数，再写入 PLC。其数据流示意如图 9-4 所示。

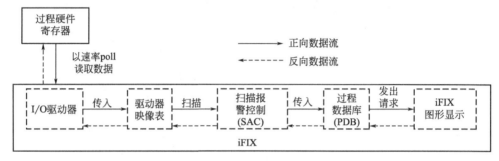

图 9-4　iFIX 数据流示意图

为了在图形显示中显示过程数据中的数据，必须标识一个特定的数据源，数据源提供了数据信息标识的基本方法，它由四部分组成。其数据源句法为：SERVER.NODE.TAG.FIELD。其中，SERVER 为 OPC 数据服务器的名称，NODE 为数据库所在的节点名，TAG 为数据库中的标签名称，FIELD 为标签的特殊参数信息（域名）。例如 FIX32.SCADA1.FLOW_IN.F_CV 数据源显示 FLOW_IN 的当前值（F_CV），FLOW_IN 驻留在 SCADA1 节点的 PDB 里，SCADA1 的数据来自 OPC 服务器 FIX32。

对于数据源标签中的 FIELD，一般来说有三种类型，即数字数据类型、文本数据类型和图形数据类型。对于数字数据类型一般为 F_* 域（F 为浮点），例如 F_CV 当前值；对于文本数据类型一般为 A_* 域（A 为 ASCII），例如：A_CUALM 表示当前报警，A_DESC 表示描述对于图形数据类型一般为 T_* 域，例如 T_DATA 从 TR 或 ETR 块中获取的数据。

9.3　iFIX 软件安装与 S7-300 通信配置

9.3.1　iFIX 软件安装

iFIX 软件的安装比较简单，在安装过程中只需进行简单的选择设置即可，这里以 iF-IX5.5 中文版进行软件安装的介绍。

① 打开 iFIX5.5 中文版安装包，如图 9-5 所示。

② 双击"setup.exe"图标，弹出如图 9-6 所示的安装向导，单击"下一步"按钮继续安装。

③ 阅读相应的安装协议后，选择"我接受许可证协议中的条款"，单击"下一步"按钮继续，如图 9-7 所示。

图 9-5　iFIX5.5 中文版安装包

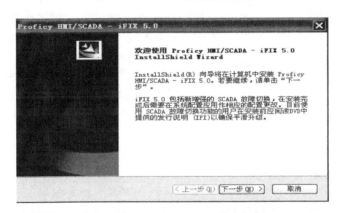

图 9-6　iFIX5.5 安装向导界面

④ 在"安装类型"对话框中选择安装类型为"典型"，单击"下一步"按钮继续。

⑤ 在"安装路径"对话框中推荐使用默认路径，单击"下一步"按钮继续。

⑥ 在随后出现的安装界面中单击"安装"按钮继续，在经过一段时间的等待后，安装过程中会弹出"Proficy iFIX 配置向导"对话框，如图 9-8 所示。输入节点名称"FIX"，选

图 9-7　iFIX5.5 安装许可证协议界面

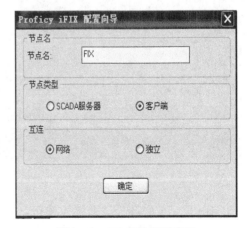

图 9-8　iFIX 安装配置向导

择节点类型"客户端"和连接方式"网络",单击确定。当然这些设置在软件安装好之后还可以根据需要进行相应的修改。

⑦ 如果想要安装 Proficy Historian for SCADA,在后面弹出的对话框中单击"是"。此时将出现 Historian 安装和设置屏幕。

⑧ 保留默认安装位置或选择其他位置,然后单击"下一步"继续。将出现"数据档案和配置文件夹"屏幕。

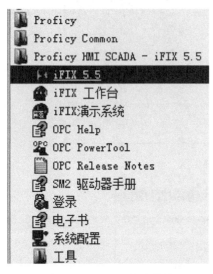

⑨ 保留默认位置或选择其他位置,然后单击"下一步"继续。继续安装 Proficy Historian for SCADA。当显示消息框要求查看发行说明时,请单击"是"。查看后关闭版本信息,继续安装,将显示"设置完成"屏幕。选择"是",重启计算机,然后单击"完成"。

⑩ 重新启动计算机以及安装完成后,安装产品授权密钥:如果有一个新的密钥,关闭计算机,将 USB密钥插到合适的端口上;如果需要更新旧密钥,使用更新文件并按照 GE Intelligent Platforms 的说明更新密钥。

⑪ 安装完成后,可以在开始菜单中找到 iFIX5.5图标,单击即可启动 iFIX5.5。如图 9-9 所示。

图 9-9 iFIX5.5 启动菜单

⑫单击启动 iFIX5.5 后,会弹出如图 9-10 所示的启动选择对话框。

⑬ 在图 9-10 中可以分别选择相应的图标进行相应的设置。选择"Proficy iFIX"即可启动 iFIX 软件。如果没有安装授权密钥,就会弹出如图 9-11 所示提示画面。

图 9-10 iFIX5.5 启动选择对话框

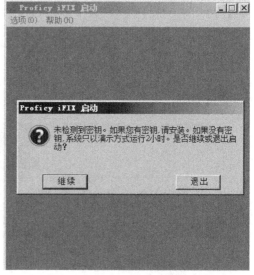

图 9-11 密钥提示画面

⑭ 在图 9-11 中选择"继续"按钮,就启动了 iFIX,其启动完成后的界面如图 9-12 所示。在图 9-12 中可以进行 HMI 的开发和编辑。

图 9-12　iFIX 工作台

9.3.2　西门子 PLC 驱动配置

在西门子 S7-300 PLC 的编程软件 STEP 7、仿真软件 S7-PLCSIM 和 iFIX 组态监控软件安装完成后，下一步就是在 iFIX 组态软件中安装西门子 S7A 驱动，S7A 驱动是用于将 S7-300 PLC 中的数据读取到 iFIX 组态中。

（1）安装 S7A 驱动

S7A 驱动安装包如图 9-13 所示。

先安装 S7A720 _ 224 目录的 setup.exe，再将 S7ADrv _ KEY 里面的 2 个文件拷贝到 iFIX 安装目录并覆盖，如图 9-14 所示选择全部覆盖，这样驱动就不受时间限制了。默认目录将原文件覆盖，这样驱动就安装完成了。

图 9-13　S7A 驱动安装包

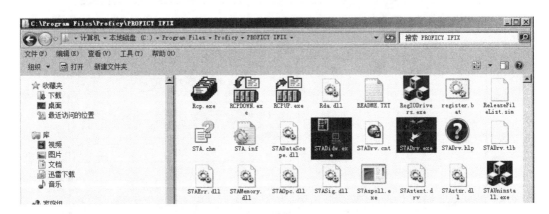

图 9-14　S7A 驱动安装目录覆盖

安装完成后还需要将 S7A 驱动添加到 SCU。在 iFIX 的 SCU 窗口中，点击主菜单中的"配置"，在下拉菜单中再选中"SCADA"，弹出如图 9-15 所示的对话框，单击 I/O 驱动配置名称后面的三个小点按钮，弹出"可用驱动器窗口"，这里显示出所有以及安装的驱动程

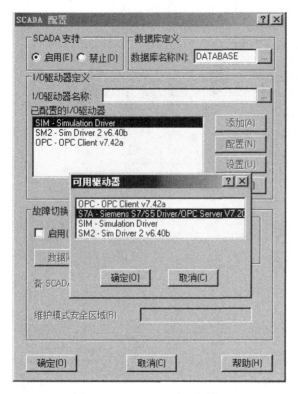

图 9-15 SCADA 配置对话框

序。选择 S7A 驱动并点击"确定"按钮，随后单击"添加"按钮，就完成了 S7A 驱动的添加，随后保存 SCU 配置，接下来就可以进行下一步工作了。

（2）STEP 7 中程序的编写

SIMATIC 管理器是 STEP 7 的窗口，是用于 S7-300 PLC 项目组态、编程和管理的基本应用程序。在 SIMATIC 管理器中进行项目设置、配置硬件并为其分配参数、组态硬件网络、程序块、对程序进行调试（离线方式或在线方式）等操作，操作过程中所用到的各种 STEP 7 工具，会自动在 SIMATIC 管理环境下启动。

① 启动编辑器之前首先要先启动 SIMATIC Manager。如果计算机中安装了 STEP 7 软件包，则启动 Windows 以后桌面上就会出现 SIMATIC Manager 图标，这个图标就是启动 STEP 7 的入口。

快速启动 STEP 7 的方法是：在桌面上双击 SIMATIC Manager 图标，打开进入 SIMATIC Manager 管理器窗口。

启动 STEP 7 的另一种方式：在 Windows 的任务栏中单击"开始（Start）"，在弹出的菜单中选择"SIMATIC"。

在 SIMATIC Manager 窗口下双击要编辑的块的图标（如图 9-16 中的 OB1）就可以打开编辑器窗口，如图 9-16 所示。

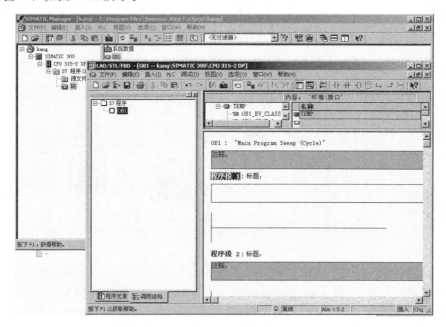

图 9-16 打开编辑器窗口

② 在 PG/PC Interface 设置对话框里选择 PLCSIM（MPI）。启动 PLCSIM 时选择相应的 MPI 会改变 PG/PC Interface 设置，所以这一步其实可以省略。不过还是建议检查一下。

③ 完成硬件组态。"组态"指的是在站配置机架（HW Config）窗口中对机架、模块、分布式 I/O（DP）机架以及接口模块进行排列。使用组态表示机架，就像实际的机架一样，可以在其中插入该机架相应槽对应的模块。

硬件组态的任务是在 STEP 7 的配置机架（HW Config）画面中，组态一个与实际硬件相同的硬件系统，使得软件与硬件一一对应。机架上的所有模块参数在组态过程中使用的软件设置、CPU 参数保存在系统数据（SDB）中，其他模块的参数保存在 CPU 中。

在设计一个控制系统之前，按照控制系统性质决定使用硬件及网络配置，然后在硬件组态中定义每一个模块的参数，包括 I/O 地址、网络地址及通信波特率等参数。完成的组态窗口如图 9-17 所示。硬件组态好后要进行相应的编译和下载。

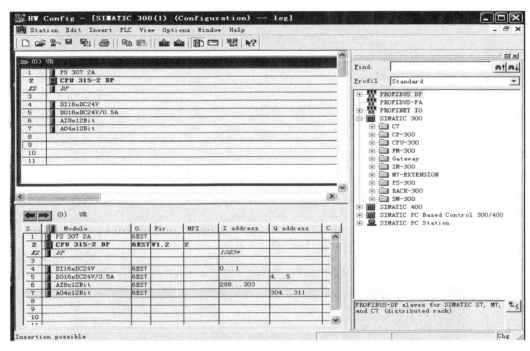

图 9-17 硬件组态窗口

④ 双击 OB1，完成主程序的编写，如图 9-18 所示。这里编写得比较简单，主要进行和 iFIX 通信建立的测试。

⑤ 这些设置完成后，可以在 STEP 7 中测试程序运行的效果。在 PLCSIM 中的运行结果如图 9-19 所示。同时在 OB1 中单击菜单栏上面的监视图标 也可以实现监控，但是在和 iFIX 时建立通信监控时不要再让 OB1 处于监控状态，否则会引起同时去监控出现错误。但可以实现 iFIX 和 PLCSIM 的通信监控。

（3）S7A 驱动的配置

iFIX 组态软件能够利用 S7A 驱动通过 MPI 协议采集 S7-300 PLC 的实时数据，实现对现场数据的监控调试。iFIX 的通信设置利用 Power Tool 对 S7A 驱动进行通信的基本设置，设置硬件的通信、设备和数据块三部分。

① 通道配置。通道用于定义 SCADA 和过程硬件之间的通信，它可以是一个特定的硬件或设备网，在设备文件中可找到大多数配置参数，如波特率、数据位等。

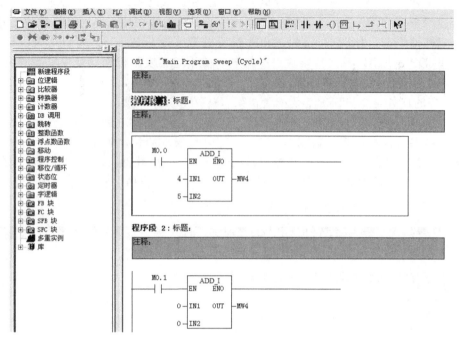

图 9-18　OB1 主程序

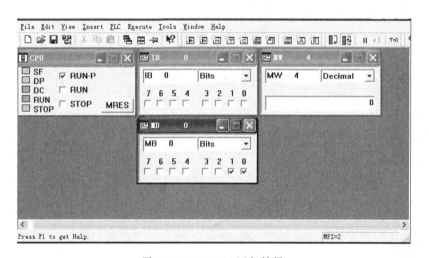

图 9-19　PLCSIM 运行结果

在配置好 S7A 驱动的 SCU 中，如图 9-20 所示，单击其左下角的 S7A 图标，弹出如图 9-21 所示的驱动器配置对话框。

② 添加通道。在 Power Tool 左下方点击 ![icon] 图标建立通信通道，在 S7A 的配置窗口里选 PG 通道，在 Access Point 里选 S7 ONLINE PLCSIM (MPI)，并勾选"Enable"激活框，这里主要应该和 STEP 7 的 PG/PC Interface 设置对话框里的选择一致。如图 9-22 所示。

③ 添加设备。继续在 Power Tool 左下方点击 ![icon] 图标添加设备，并在右边框里设置好 MPI 地址、机架号和槽号，同时勾选"Enable"激活框，如图 9-23 所示，在图中，一些

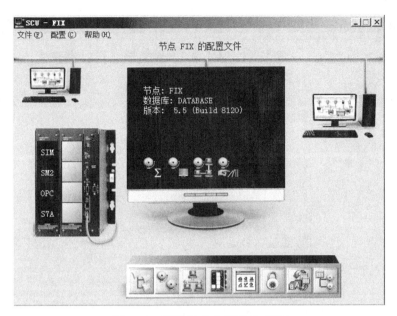

图 9-20　配置好 S7A 驱动的 SCU

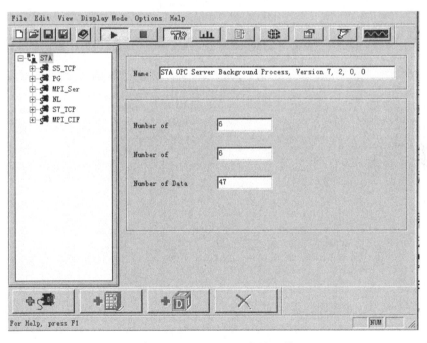

图 9-21　Power Tool 配置工具

选项的含义如下所示：

MPI/PB Address：MPI 地址，与西门子 PLC 软件中设置的 MPI 地址一致，通常为 2。

Rack：机架号，如果没有扩展机架，默认的地址为 0，只有在硬件冗余的情况下才需更改机架号。

Slot no. of：槽号，S7-300 系统 CPU 通常在 2 号槽（如果是 S7-400，则在 2～4 之间，具体选择依赖于电源）。

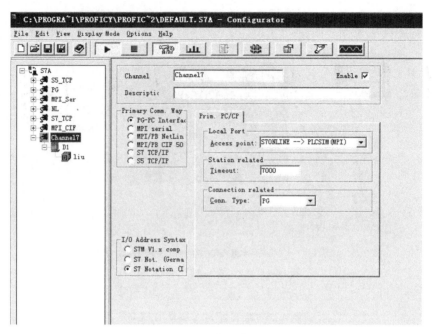

图 9-22　添加通信通道

图 9-23　添加设备

④ 添加数据块。配置数据块是告诉驱动读取设备中的哪些数据，如图 9-24 所示。Block 定义数据块的名字。I/O Address Setup 选项定义数据块的地址，包括 Starting Address（数据块的起始地址）、Ending Address（数据块的结束地址）和 Address Length（数据块的地址长度）、Deadband（数据块的死区）、Disable Output（数据块输出使能）、Enable Block Write（写数据块使能）。Polling Setup（轮询设置）包括 Primary（主刷新轮询率）、Secondary（备用轮询率）。

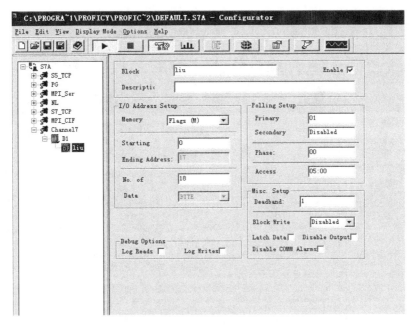

图 9-24 添加数据块

在 Power Tool 左下方点击 建立数据块，接着在右边框栏里设置具体的内部寄存器及起始地址，最后勾选"Enable"激活框和选择数据块读写设置内存器。可以使用的存储器如表 9-3 所示。

表 9-3 内存储器说明

内存寄存器	描述	地址范围	最大长度	数据类型
I	输入寄存器	0～255	256 字节	字节、字、整数、双字、双整数、实数或 ASCII 码
Q	输出寄存器	0～255	256 字节	
M	M 存储器	0～16348	256 字节	
DB	数据块	0.0～4095.65535	1024 字节	
T	定时器	0～511	128 字	字
C	计数器	0～511	128 字	字
AS	PLC 状态	0～1	2 字节	字
AI	PLC 版本信息	0～21	22 字节	字

⑤ 配置完成之后，单击上面的运行 ▶ 和统计 按钮，即可看到如图 9-25 所示的配置运行结果。在统计窗口里可以看到 Requested 的数据在增长，同时 Successful 的数据也应该相应（数字相同）地增长，说明连接成功。注意 PLCSIM 应该是处于运行状态。

（4）iFIX 数据库配置及界面开发

① 数据库管理器的配置。在 iFIX 主页面中点击 按钮进行数据库配置，如图 9-26 所示。双击方格空白区进行数据库标签的配置，如图 9-27 和图 9-28 所示。同时在图 9-28 中要选中"高级"选项，选中"允许输出"。如图 9-29 所示。标签名为 SF 变量和 OB1 程序中的 M0.1 建立对应连接关系，仿照 SF 的变量建立的方法，同样建立一个 SHEJ 变量和 OB1 程序中的 M0.0 建立对应连接关系。

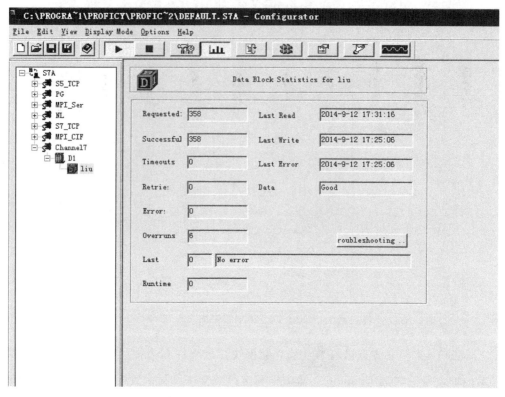

图 9-25　Power Tool 配置运行结果

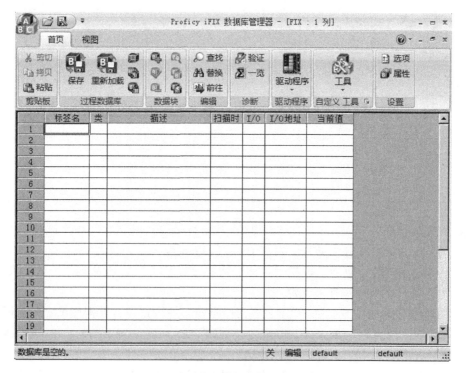

图 9-26　数据库管理器

图 9-27　模拟量数据库标签

图 9-28　数字量数据库标签

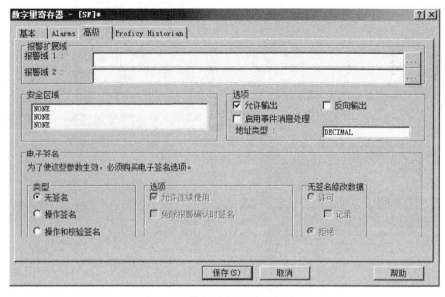

图 9-29　数字量标签的高级设置

② iFIX 界面开发。在 iFIX 工作台的界面上分别放置操作按钮和相应的数据连接，界面设计的部分过程如图 9-30、图 9-31 所示。其运行结果如图 9-32 所示，从 iFIX 的监控运行中可以看到，在 iFIX 中能通过 S7A 驱动由 MPI 通信实现了对 PLCSIM 进行数据读取。当在运行界面上点击"计算"按钮的时候，其关联的变量 M0.1 变为 1，在 OB1 主程序中进行相加计算，其结果为 9 显示在画面上。当在运行界面上点击"清零"按钮的时候，其关联的变量 M0.0 变为 1，在 OB1 主程序中进行相加计算，其结果为 0 显示在画面上。同时在 PLCSIM 中也可以看到其对应的变量为 1。

图 9-30　按钮建立数据输入方法 1

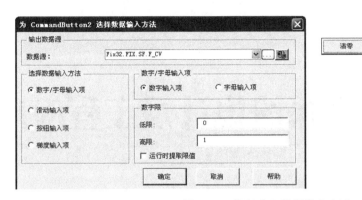

图 9-31 按钮建立数据输入方法 2

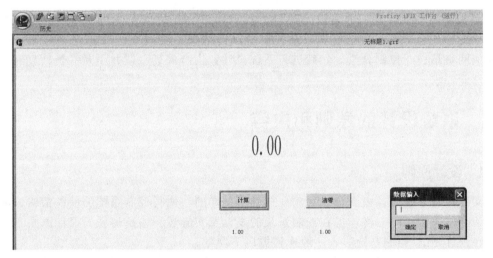

图 9-32 运行结果

同时要特别注意：在 S7A 和 PLCSIM 通信之前，一定不要让任何 S7 程序处于在线监控状态，也就是说绝对不可以在 STEP 7 软件中打开监视，因为仿真时 S7A 和 S7 会占用同一个 MPI 地址，那样会导致通信中断和 S7A 崩溃，同时 PLCSIM 和 STEP 7 也会错误崩溃，直接导致必须注销系统后才能恢复正常。

习 题

9-1　简述人机界面和组态软件的功能。

9-2　简述 iFIX 软件的安装过程。

9-3　简述 iFIX 软件的结构。

9-4　简述 iFIX 软件中西门子 PLC 驱动的配置过程。

9-5　结合一个工程实例，在 iFIX 上完成上位机设计。

9-6　设计单个电机的启保停程序，并在 iFIX 和 PLCSIM 中实现系统集成。

第 10 章

PLC控制系统设计及工程应用

PLC 控制系统设计是一个理论问题与工程实际相结合的过程。其设计一般先应根据现场环境状况、工艺特点、控制规模以及控制要求等情况，确定系统总体控制方案、硬件选型、通信网络结构、控制算法，然后进行系统设计，生产现场联调并不断完善，直到满足系统控制性能要求。

10.1 系统设计的原则和内容

10.1.1 设计原则

在实际控制系统中，由于被控对象往往是不一样的，使得控制系统的硬件结构、网络通信方式、控制算法也不一样，但在控制系统的设计及实施过程中所遵循的设计原则是大致相同的，在设计 PLC 控制系统时，一般应遵循以下原则。

① 可靠性　安全可靠是一个控制系统的基本要求。保证 PLC 控制系统能够长期安全、可靠、稳定地运行是设计系统时必须考虑的。首先需要确保系统即使在恶劣的环境下仍能可靠运行，其次要保证系统能防止误操作。

② 经济实用性　在满足控制性能要求的前提下，应力求经济实用，不宜盲目追求软硬件系统的高指标、高性能。

③ 可扩展性　在设计实际系统时，应该适当考虑系统的可扩展性，无论是 PLC 容量、I/O 点数还是网络接口，应适当留有一定裕量，以满足因今后生产过程的改进或扩展带来的需求。

④ 易操作性　设计系统时应以人为本，充分考虑操作人员的思维与习惯。设计的人机界面应通俗易懂，便于操作员理解与操作。

10.1.2 设计内容

PLC 控制系统的设计内容主要包括系统总体结构、通信网络方式、硬件系统设计、程序编写、人机界面设计（需要在上位机上操作整个控制系统时）以及技术文档的编写、整理与归档几个方面。

① 根据控制对象实际被控 I/O 点数的多少确定控制系统的总体结构。例如，采用一个

PLC 还是多个 PLC，每个 PLC 带多少个模块等。

② 系统的网络结构是依据系统规模的大小来确定的。例如，如果系统规模比较大，传输的数据量多，可以考虑采用以太网或 DP 网。通信网络方式的设计对系统至关重要，合理的网络结构可以保证数据安全快速地传输。

③ 硬件系统的设计主要包括 PLC 及其各模块的选型、电气控制柜设计以及 I/O 模块端子接线图设计。I/O 模块端子多，在绘制 I/O 端子接线图时，必须严谨细致。

④ 程序设计主要是 PLC 控制程序的编写。依据工艺特点与控制要求，首先设计控制方案，然后依据控制方案进行程序设计。程序是整个控制的核心，程序的好坏直接影响到控制效果，因此，在设计程序时必须考虑有效性与简洁性。

⑤ 当控制系统需要在上位机上操作时，还应设计人机界面。人机界面设计要做到两点：一是内容要能反映工艺流程主体，不需要控制的设备且不是重要的设备可以不画；二是画面要简洁友好，便于操作员操作。

⑥ 技术文档的编写、整理与归档。项目技术文档主要包括系统说明书、系统布置图、电气原理图、硬件明细表、系统安装调试报告、上位机操作说明书以及系统维护手册。

10.1.3　设计步骤

PLC 控制系统的设计虽然与具体被控对象有关，但设计步骤则是基本一致的。设计一个实际的 PLC 控制项目，其过程可分为四个阶段：明确任务阶段、工程设计阶段、联调及投运阶段。

① 明确任务阶段　在设计系统前，根据客户提交的控制任务书，深入生产现场进行调研，了解现场环境情况、工艺流程以及控制性能要求。充分与客户方相关人员进行沟通，逐条进行认真分析，对含义不清的，双方协商讨论并最终确认。最后对控制任务书的可行性进行论证，主要包括技术可行性、进度可行性以及费用可行性。若论证可行，则可以与客户签订合同，合同内容包括经双方确认的任务书、付款方式、进度要求、验收方式、违约责任以及其他一些约定。

② 工程设计阶段　这部分主要包括硬件设计、程序编写以及人机界面设计。根据控制任务书统计被控点数，确定控制系统的规模，设计系统的总体结构。根据现场环境情况与工艺特点确定系统网络结构。对硬件进行选型，包括 PLC 型号、I/O 模块型号等。分配 I/O 点，设计 I/O 模块端子与输入输出设备的电气接线图。设计控制柜以及控制柜中的元件布置图。根据控制要求以及工艺特点，设计控制方案，画出控制方案图，根据控制方案设计控制程序，并对程序进行仿真调试并不断完善修改直到无误为止。最后设计人机界面，画出工艺流程图、设计报警页面、趋势页面以及报表。

③ 联调及投运阶段　系统硬件与程序设计完成后，即可将其与现场设备连接进行联调。联调分为两个阶段：一是单机调试，就是只对单个设备进行控制或单个工艺量进行检测；二是对整个生产过程进行调试。只有单机调试无误后方可对整个生产过程进行调试。若在调试过程中存在问题，则要仔细分析找出原因并对硬件或程序作相应修改。

10.2　硬件设计

10.2.1　PLC 的选型

对于 PLC 的选型，在满足控制要求的前提下，注重的是性价比，一般应遵循以下几个方面：

① 结构方面　按照物理结构，PLC 分为整体式和模块式。整体式模块所带的 I/O 点数

比较少，I/O 模块的种类、输入输出点数的比例以及特殊模块的使用等方面灵活性不够强。模块式在以上几个方面比整体式选择余地多，且维修时更换模块方便。对于稍微复杂点的系统应该选用模块式 PLC。另外，根据安装方式，系统分为集中式、远程 I/O 式和多台 PLC 联网式。这主要取决于系统规模。集中式的 CPU、电源、I/O 模块在一个支架上。远程 I/O 式有多个支架，每个支架上配置有 I/O 模块及电源，支架之间通过通信接口模块相连。联网式有多台 PLC 通过网络连接。集中式适用于规模比较小的系统，远程 I/O 式适用于一般大的系统，联网式 PLC 适用于规模比较大的系统，每台 PLC 独立控制一部分设备，但相互之间又存在联系。

② 功能方面　当控制系统功能比较简单，例如只是处理些开关量和少量模拟量时，可选用低档 PLC。若控制系统需要 PID 运算、闭环控制、通信联网等功能，则要选用中高档 PLC。

③ 实时性方面　对于大多数应用场合，PLC 的实时性不是问题。对于一些特殊场合，实时性要求较高，若此时系统规模比较大，点数多，用户程序必然比较长，扫描周期有点长，此时选择 CPU 处理速度快的 PLC，同时可以考虑采用高速响应模块和中断输入模块来提高系统的实时响应性。

④ 联网功能方面　对于大型系统，可能存在不同生产厂家的设备连在一个网络上，互相进行数据通信。因此，要将 PLC 纳入整个工厂自动化控制网络，应选用具有相应通信功能的 PLC。

10.2.2　I/O 模块的选型

PLC 控制系统与生产过程的联系是通过 I/O 接口模块来实现的。通过 I/O 接口模块可以将检测的各种工艺参数输给 PLC 控制器，同时，控制器又可以将运算好的数据通过 I/O 接口模块送给执行机构来实现对设备或生产过程的控制。I/O 接口模块主要包括开关量输入模块、开关量输出模块、模拟量输入模块、模拟量输出模块以及一些特殊模块（例如称重模块）等等，根据实际需要进行选用。

（1）开关量输入模块选择

PLC 的开关量输入模块用来检测来自现场（如行程开关、压力开关、按钮）的高电平信号，并将其转换为 PLC 内部的低电平信号。

按输入点数分：常用的有 8 点、12 点、16 点、32 点等开关量输入模块。

按工作电压分：常用的有直流 5V、12V、24V，交流 110V、220V 等开关量输入模块。

选择开关量输入模块主要考虑以下两点：

① 根据现场信号（如开关、按钮）与 PLC 输入模块距离的远近来选择电压高低。一般距离较近的设备选用较低电压模块，距离较远的设备选用较高电压模块，如 12V 电压模块一般不超过 10m。

② 点数多的模块，如 32 点开关量输入模块，允许同时接通的点数取决于输入电压和环境温度。一般同时接通的点数不宜超过总输入点数的 60%。

（2）开关量输出模块选择

开关量输出模块的功能是将 PLC 内部低电平的控制信号转换为外部所需电平的输出信号，驱动外部负载。开关量输出模块有三种输出方式：继电器输出、双向晶闸管输出以及晶体管输出。

① 输出方式的选择　继电器输出方式价格便宜，承受瞬时过电压和过电流能力较强，且具有隔离作用。但继电器有触电，寿命短，且响应速度较慢，适用于动作不频繁的交直流负载。当驱动电感性负载时，最大开关频率不得超过 1Hz。双向晶闸管输出（交流）和晶体

管输出（直流）都属于无触点开关输出，适用于通断频繁的感性负载。

② 输出电流的选择　模块的输出电流必须大于负载电流的额定值，同时，考虑到接通时的冲击电流效应以及干扰等因素，还要考虑留有一定的容量。若负载电流较大，则输出模块不能直接驱动负载，应该增加中间环节（如通过一个中间继电器来实现）。

③ 驱动能力　在选用输出模块时，不但要看一个点的驱动能力，还要看整个输出模块满负载驱动能力，同时接通时的总电流值不能超过模块允许的最大电流。

(3) 模拟量 I/O 模块选择

模拟量 I/O 模块是用来接收传感器产生的信号和输出模拟量控制信号。这些接口能测量压力、流量、温度等模拟量的数值，并输出电压或电流模拟信号驱动设备。典型的模拟信号类型有 $-10 \sim 10V$、$0 \sim 10V$、$4 \sim 20mA$ 等。

(4) 特殊功能 I/O 模块选择

在实际工程中，可能要用到一些特殊模块，如位置控制模块、计数器模块、称重模块以及闭环控制模块等，这些模块根据特定需要选用。

10.2.3　PLC 容量估算

PLC 容量包括 I/O 点数和用户存储器的存储容量两个方面。在做实际工程系统时根据系统规模合理选择，在满足控制系统要求的情况下适当留有裕量以便备用。

(1) I/O 点数的确定

PLC 的 I/O 点数就是被控对象的实际的输入输出点数，在设计控制系统时，一般选择系统实际点数的 $110\% \sim 115\%$ 作为 PLC 的 I/O 点数。

(2) 用户存储器容量的确定

用户程序占用多少内存与许多因素有关，如 I/O 点数、程序结构、运算处理量等。在计算存储器容量时，常采用估算法。根据经验，每个 I/O 点及有关功能器件占用的内存如下：

开关量输入：所需存储器字节数＝输入点数×10。

开关量输出：所需存储器字节数＝输出点数×8。

模拟量输入：所需存储器字节数＝通道数×100。

模拟量输出：所需存储器字节数＝通道数×200。

定时器/计数器：所需存储器字节数＝定时器/计数器×2。

通信接口：所需存储器字节数＝接口个数×300。

在实际选择 PLC 的容量时，按存储器总字节数的 $110\% \sim 125\%$ 作为所需存储器的容量，一般计算公式为

$$所需存储器容量（KB）＝(1.1 \sim 1.25) \times (DI \times 10 + DO \times 8 + AI \times 100 +$$
$$AO \times 200 + T/C \times 2 + CP \times 300)/1024$$

式中，DI 为开关量输入总点数；DO 为开关量输出总点数；AI 为模拟量输入通道总数；AO 为模拟量输出通道总数；T/C 为定时器/计数器总数；CP 为通信接口总数。

10.3　软件设计

10.3.1　设计前准备工作

(1) 熟悉编程软件

编程软件是程序设计的前提。在设计程序前，应该通过在计算机上实际操作来熟悉编程

软件的结构及使用方法，熟悉各种指令的含义。

（2）设计程序框图

程序框图是程序思想的体现，是编程的依据。在程序设计前，应根据控制要求确定用户程序结构以及详细的程序框图。程序框图应尽量做到模块化，确定模块的输入及输出，确定模块完成的功能。同时弄清各模块之间的联系。

（3）变量表的定义

变量包括三部分，一部分是 I/O 模块各通道对应的信号变量，一部分是需在上位机上显示或操作的变量，一部分是在各程序块中设定的局部中间变量。其中第三部分在设计程序块中定义。前两部分应该列表详细定义各变量的意义，包括变量名称、变量地址、变量对应的工艺参数名称。变量的命名应该遵循一定的规则，尽量做到能从名称中可以知道其所代表的设备名或工艺参数。

10.3.2 编写程序

在完成了设计程序前的准备工作之后就可以根据程序框图编写程序了。编写程序时，尽量采用模块化与结构化设计。同时多借鉴一些典型的程序，如单电机启动程序、双电机启动程序、单回路 PID 控制程序、多设备顺控程序、给料调节程序等。另外，要对程序做好注释，增强程序的可读性。这点非常重要，主要体现在两个方面：首先，一个大型项目，程序往往是几个人共同来编写，相互之间需要交流，增加注释有利于交流；其次，有利于维护人员后续对系统的维护。

10.3.3 程序测试

刚编好的程序不可避免地存在错误与缺陷，因此，程序编写完后，要对程序进行测试，检验程序的正确性，确保程序能实现应有的功能。程序经排错、修改、测试无误后方可下载到 PLC 的 CPU 中与现场设备联调。

10.4 系统调试

10.4.1 调试步骤

系统调试时，应首先按要求将电源、I/O 端子、网络接口等外部接线连接好，确保系统与现场设备连接无误，然后将已经编写好的程序下载到 PLC 使其处于监控或运行状态，开始调试。系统调试流程如图 10-1 所示。

10.4.2 调试方法

（1）对单个信号进行调试

控制系统的信号是由一个个单独的信号组成的。在对系统进行调试时，先要对单个信号进行测试。例如，测试电机启动时，给一个启动指令，观察 PLC 对应开关量输出端子指示灯是否亮，同时观察设备是否已启动。如果在测试过程中发现不符合要求的地方，先检查接线是否正确，当接线无误时再检查程序并加以修改完善，直到每个单个信号测试符合系统性能要求为止。

（2）对局部组合信号进行调试

因为在工艺上联系紧密，系统中有些信号存在联锁关系。在调试时，将这部分信号视为

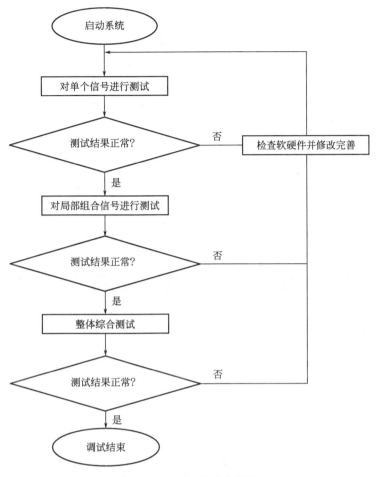

图 10-1　系统调试流程图

局部组合信号。对这部分信号进行调试主要测试各程序相互之间的关系是否满足要求。例如，几台设备的启、停存在顺序之分且互为条件时，就应将这几台设备的启停程序作为局部组合程序来测试，发出启停信号后，观察设备是否按要求运行。若出现问题，应检查程序并加以修改，直到满足系统功能要求为止。

(3) 整体综合调试

整体综合测试是对整个现场信号进行模拟实际运行情况进行测量和控制，观察整个系统的运行状态和性能是否符合控制性能要求。若在此过程中达不到控制性能要求，应从软硬件两方面加以分析，找出解决办法，完善系统使控制达到要求。

10.4.3　系统开发技巧

(1) 硬件设计

PLC 控制系统硬件设计是整个系统成功的基础，在硬件设计中应遵循以下原则。

① 可靠性　可靠性是控制系统的生命，系统不可靠，即使功能再完善和完美，经济性再好也没有用。在设计中，尽可能地选择可靠的元器件和产品，这样从器件上保证系统在调试使用中的质量，避免由于系统不可靠造成的生产和维修维护费用。

② 功能完善　在前期制订设计方案时，在保证系统基本控制功能的基础上，尽可能地

将自检、报警等功能考虑周全。

③ 经济性　在满足保证系统控制功能和可靠性的基础上，尽可能地降低成本，越经济越好。

④ 扩展性　对于实际的控制系统，应尽可能地考虑系统的先进性和后续升级的可扩展性。

硬件设计完成后，在进行硬件接线时要特别注意 CPU、输入、输出等模块的电压极性，防止电源反接；并且要保证所有的触点接触良好，同时要特别注意防止短路。

（2）软件设计

① 对系统输入/输出点进行地址分配要遵循一定的原则。

② 在对大型控制系统进行编程时，最好采用分块处理的方式。比如模块化和结构化编程方式。

③ 在选择编程语言时，尽量选择直观的梯形图编程语言。在使用梯形图语言编程时，要遵循一定的规则，同时要做好程序的注释，以便于阅读和调试。

10.5　基于 S7-300 PLC 的温度控制系统设计

10.5.1　温度控制意义

在工业生产中，温度是常见的一个过程变量。例如：在冶金工业、化工工业、机械加工和食品加工等许多领域，都需要对各种加热炉、热处理炉、反应炉和锅炉的温度进行控制。本节以水箱水温控制为例来说明 PLC 控制系统的设计过程。

10.5.2　系统功能需求

本水箱水温控制系统要求对水温加热至设定温度。PLC 温度控制系统的具体指标要求是：超调量≤±1℃，稳态误差≤±0.5℃。在上位机实现温度曲线监控。

10.5.3　控制方案设计

根据水箱水温控制功能需求，控制方案设计如下：利用电阻加热丝作为加热元件，将晶闸管作为执行元件，接入到 220V 加热主电路当中。选用西门子 S7-300 PLC 作为控制器、热电阻 Pt100 作为检测元件、AI-808 仪表作为变送单元组成一个闭环系统。传感器将检测到的温度值送入 PLC 中与设定温度进行比较，差值经 PID 运算后输出脉冲信号，该信号控制晶闸管的通断来实现加热过程。用一台计算机作为上位机，利用力控组态软件设计人机界面以及温度实时曲线图，上位机与 PLC 之间通过 MPI 进行通信。水箱水温控制系统结构框图如 10-2 所示。

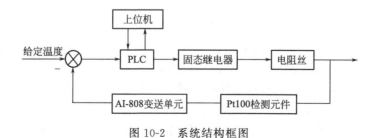

图 10-2　系统结构框图

10.5.4　硬件系统设计

(1) 硬件选型

① 点数统计　本系统比较简单，只有一个模拟量输入点、一个数字量输出点，统计如表 10-1 所示。

表 10-1　点数统计

序　号	信号类型	点　数
1	模拟量输入	1 路(1～5V)
2	数字量输出	1 点

② 硬件选型　根据系统控制方案要求以及点数统计情况，硬件选型如下：PLC 控制器选用 CPU315-2DP；模拟量输入模块选用 SM334，含 4 路模拟量输入，2 路模拟量输出；数字量模块选用 SM322，16 路数字量输出；固态继电器选用额定电流为 10A、额定电压为 250V 的；电源模块选用电流为 2A 的；温度传感器选用 Pt100；变送单元选用 AI-808 仪表；普通计算机一台；MPI 编程电缆一根。系统硬件设备表如表 10-2 所示。

表 10-2　系统硬件设备选型

序号	名称	型号	订货号	数量	单位
1	安装导轨	530mm	6ES7 390-1AF30-0AA0	块	1
2	电源模块	PS307 2A	6ES7 307-1BA00-0AA0	块	1
3	CPU	CPU315-2DP	6ES7 315-2AH14-0AB0	块	1
4	模拟量模块	SM334(AI4/AO2)	6ES7 334-0CE01-0AA0	块	1
5	数字量输出模块	SM322(16 点/DC24V)	6ES7 322-1BH01-0AA0	块	1
6	编程电缆	USB PC Adapter	6ES7 972-0CB20-0XA0	根	1
7	固态继电器	SSR-10DA		个	1
8	变送单元	AI-808		块	1
9	温度检测元件	Pt100(−200～420℃)		套	1

(2) 电气接线与参数设置

系统的电气连接如图 10-3 所示。热电阻接入电路是一个不平衡电桥，热电阻作为电桥的一个桥臂，其连接导线也是桥臂的一部分，在计算温度时，其连接导线电阻当作了热电阻的一部分，因而会引起测量误差。所以本设计中热电阻采用三线制，目的在于尽量消除连接导线电阻所引起的测量误差。热电阻的黄线与两根灰线分别接到 AI-808 仪表的 2、3、4 端子，经 7、8 变送输出 4～20mA 的电流信号，并接 250Ω 电阻后转换为 1～5V 的电压信号接到 SM334 的 2、3 端子。检测到的温度信号送入 PLC 控制器中与来自上位机设定的温度信号进行比较并进行 PID 运算，根据运算结果，PLC 经 SM322 模块 2、M 端子输出脉冲信号控制固态继电器的通断，从而控制电阻丝的通电占空比，以此来实现水箱温度的控制。

AI-808 仪表需要进行参数设置，具体情况如下：

Sn（输入信号规格）：21。

Ctrl（控制方式采用为调节）：0。

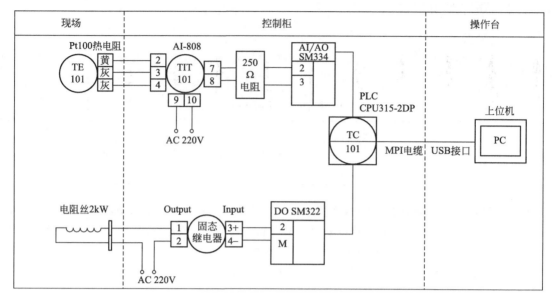

图 10-3　系统电气接线图

DIL（输入下限显示值）：0。

DIH（输入上限显示值）：100。

OP1（选择 4～20mA 线性电流输出）：4。

DIP（显示值小数点位数：）：1。

10.5.5　程序设计

（1）设计方案

本控制系统中，由于对电加热丝的控制采用固态继电器作为执行器，所以程序设计采用西门子 PLC 自带的 FB41 软件模块与 FB43 软件模块相结合的方法来实现。FB41 的模拟量输出信号经 FB43 调制成占空比可调的脉冲信号来控制加热丝的通断。

① FB41 的算法原理　FB41"CONT_C"是采用位置式 PID 算法思想设计的控制软件模块。FB41 的算法设计很完善，使用起来也很灵活。它的比例运算、积分运算（INT）和微商运算（DIF）是并行连接的，可以单独激活或取消。这就允许组态成 P、PI、PD 和 PID 控制器。它的积分分量可以清零、保持，这就方便实现抗积分饱和或积分分离。微分分量可以直接输出，也可以延迟衰减输出。FB41 输出的是模拟量控制信号。

FB41.CYCLE 参数是 PID 控制的采样周期，也即 PID 的控制周期。即每一个控制周期，PID 算法采样一次过程变量当前值，和设定值比较后，进行 PID 运算，输出控制值给执行器，产生相应的动作，完成一次控制过程。其算法如下：

$$U(k) = Kc \left\{ e(k) + \frac{T_s}{T_i} \sum_{i=0}^{k} e(i) + \frac{T_d}{T_s} [e(k) - e(k-1)] \right\}$$

为了保证准确有序的控制，PID 运算应放在 OB35 定时中断服务程序中。而放在 OB1 主循环中是不合适的，因为主循环的扫描周期是不固定的，一般和 FB41.CYCLE 设置值不一致且相差较大，放在 OB1 中将使 CYCLE 设置失去意义。

② FB43 的算法原理　FB43"PULSEGEN"称为脉冲宽度调制器，即 PWM 模块。可

以将输入变量"INV"（Input Value＝PID 控制器的调节输出 LMN）转换为一个恒定周期的脉冲串，每个周期的脉冲宽度与输入变量成正比。

- FB43. PER-TM：PERIOD TIME（周期时间）脉冲宽度调制的恒定周期。

- FB43. CYCLE：SAMPLING TIME（采样时间）是 FB43 模块的采样时间，也即 PWM 模块的调用周期。而 FB43. PER-TM 周期时间是若干个 FB43. CYCLE 采样时间之和。

- FB43 模块中定时的实现是靠对时基信号的计数实现的。当把 FB43 模块放在 OB35 定时中断服务程序中时，时基信号就是 OB35 的定时中断时间，也就是 FB43. CYCLE 时间。如果定时中断时间是 100ms，为了实现 PER-TM＝5s＝5000ms 的定时，FB43 模块内部应设置计数器 cnt1，计数器的初值应设置为 5000ms/100ms＝50。每个 OB35 周期调用一次 FB43 模块，对 cnt1 减一计数，直至为 0，本 PER-TM＝5s 周期结束，重装计数初值，开始下一个周期计数。所以 cnt1 是循环计数工作的。

为了实现输出脉宽的控制，FB43 模块内部存在计数器 cnt2。例如当 INV＝30 时，输出脉冲宽度＝（30/100）×5000ms＝1500ms，cnt2 的计数初值设为 1500ms/100ms＝15，每个 OB35 周期调用一次 FB43 模块，对 cnt2 减一计数，直至为 0，即实现 QPOS 为 ON 的输出脉宽控制。当 cnt2 计数值减为 0 时，QPOS 端由 ON 状态转为 OFF 状态，直至本 PER-TM 周期结束。下一 PER-TM 周期，根据新的 INV 值，计算 cnt2 新的计数值，开始下一周期的控制。cnt2 也是循环计数的，只是计数初值在每个 FB43. PER-TM 周期是可变的。

③ FB41 与 FB43 的结合　PID 调节的输出即 FB41. LMN 连接到 FB43. INV 端，经过 FB43 的脉宽调制，在 FB43. QPOS 输出端上将以 SAMPLING TIME 的步长转换成脉冲宽度。脉冲的宽度正比于 INV 的大小。PWM 脉冲发生器的采样时间和"CONT ＿ C"控制器的采样时间之比决定了脉冲宽度调制的精度。

- FB43. PER-TM：当 FB41 和 FB43 联用时，这相当于"CONT ＿ C"控制器的控制周期，应该和 FB41. CYCLE 设置一样。

- FB43. CYCLE：FB43 模块的调用时间必须恒定，所以应该放在 OB35 定时中断中，并且 OB35 的中断周期设置应该和 FB43. CYCLE 一致。

- FB41 和 FB43 之间的时序配合。当把 FB41 和 FB43 都放在 OB35 中的时候，就产生了这样一个问题：由于 FB41. CYCLE 和 FB43. CYCLE 不一致，每次进入 OB35 中断服务程序 FB43 都应该执行一次，而 FB41 则不然。进入 OB35 中断服务程序 FB41. CYCLE/FB43. CYCLE 次，才执行一次 FB41。这样就需要在 OB35 中断服务程序中由用户自主设置一个计数器，设为 counter，初值设为 FB41. CYCLE/FB43. CYCLE，每次进入 OB35，counter 减一计数，减为 0 时，执行一次 FB41。然后重装计数初值，开始下一个 PID 循环。FB41 运算后的输出与 FB43 的输出关系如图 10-4 所示。

本控制系统中，设置 FB41. CYCLE＝3000ms，FB43. CYCLE＝100ms。脉冲调节的精度即是 100ms，而 100ms/3000ms 即是脉冲调节的分辨率。

④ 程序流程图　根据前面分析的 FB41 与 FB43 相结合的算法原理，整个程序可以设计为三部分：初始化程序、主程序以及中断程序。程序流程图如图 10-5～图 10-7 所示。

（2）程序编写

① 变量表　实际的 PLC 控制系统，一般都是通过上位机对生产过程或设备进行监控与操作。本系统也配备了一台上位机。在编写程序前，需统计 PLC 端子硬接点变量以及上位机人机界面软变量，以便明确这些变量的地址以及它们所代表信号的物理意义。本系统的相关变量表如表 10-3 所示。

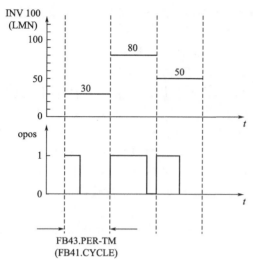

图 10-4　FB41 输出与 FB43 输出关系

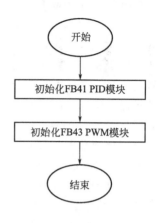

图 10-5　初始化程序流程图

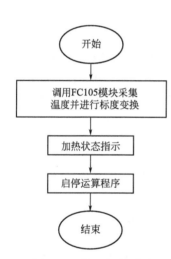

图 10-6　主程序流程图

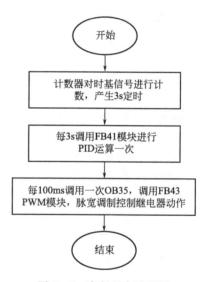

图 10-7　中断程序流程图

表 10-3　PLC 硬变量与上位机软变量表

序号	名称	变量符号	地址	数据类型	注释
1	启动按钮	START. PV	M2. 0	BOOL	运算程序启动
2	关闭按钮	STOP. PV	M3. 0	BOOL	运算程序关闭
3	继电器状态	OUT. PV	M10. 0	BOOL	继电器状态
4	数字量输出	Q4. 0	Q4. 0	BOOL	数字量输出
5	模拟量输入	PIW256	PIW256	INT	模拟量输入
6	比例系数	GAIN. PV	DB41. DBX16. 0	REAL	P 参数
7	积分系数	TI. PV	DB41. DBX20. 0	REAL	I 参数
8	微分系数	TD. PV	DB41. DBX24. 0	REAL	D 参数
9	温度设定值	SP. PV	DB41. DBX6. 0	REAL	设定值
10	温度实际值	PV. PV	DB41. DBX10. 0	REAL	设定值

② 程序　在 OB100 组织块中编写初始化程序，对 FB41 模块与 FB43 模块初始化，程序如图 10-8 所示。

OB100 ： ″Complete Restart″

初始化FB41 PID模块与FB43 PWM模块

□ **程序段 1**：初始化FB41

    S   DB41.DBX   0.0

□ **程序段 2**：初始化FB41

    R   DB41.DBX   0.0

□ **程序段 3**：初始化FB43

    S   DB43.DBX 16.6

□ **程序段 4**：初始化FB43

    R   DB43.DBX 16.6

图 10-8　初始化程序

在 OB35 中编写中断程序，OB35 的中断周期为 100ms。通过设计计数程序实现每隔 3s 调用一次 FB41 模块。FB43 的采样周期与 OB35 的中断周期一致设为 100ms。FB43 的脉冲宽度调制周期与 FB41 的采样周期一致设为 3s。每隔 100ms 调用一次 FB43 模块。根据 FB41 PID 模块运算结果 LMN，在 3s 的调制周期内 FB43 输出宽度为（LMN/100）× 3000ms 的高电平信号，程序分别如图 10-9～图 10-11 所示。

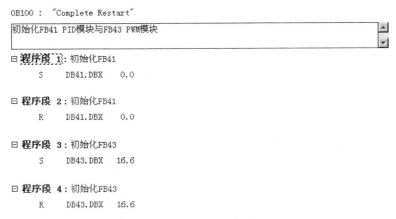

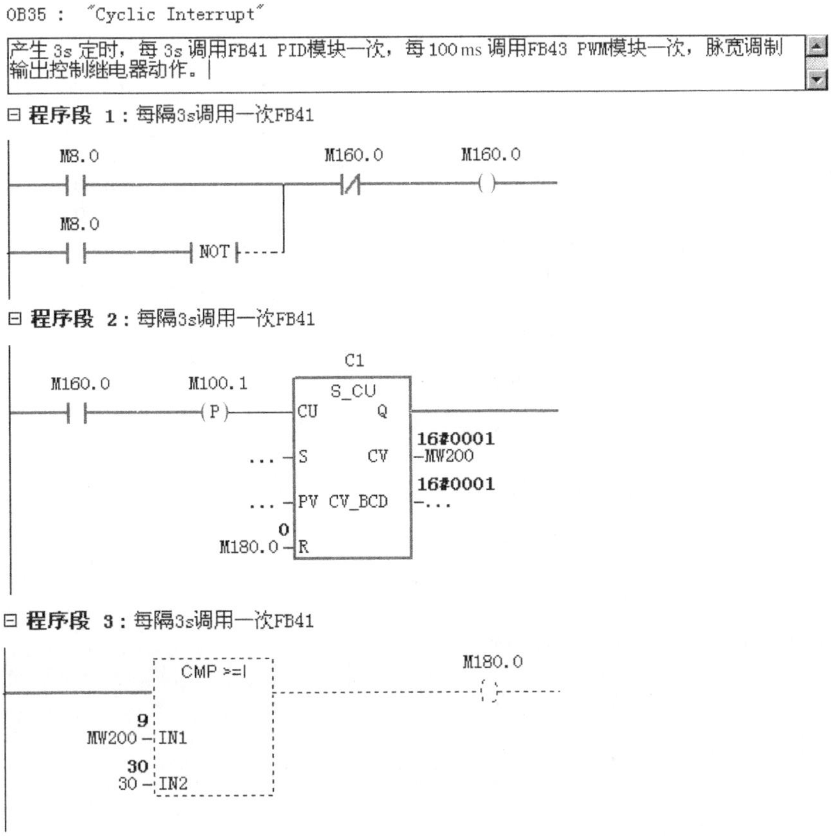

图 10-9　3s 周期信号产生程序

□ **程序段 4**：PID控制输出

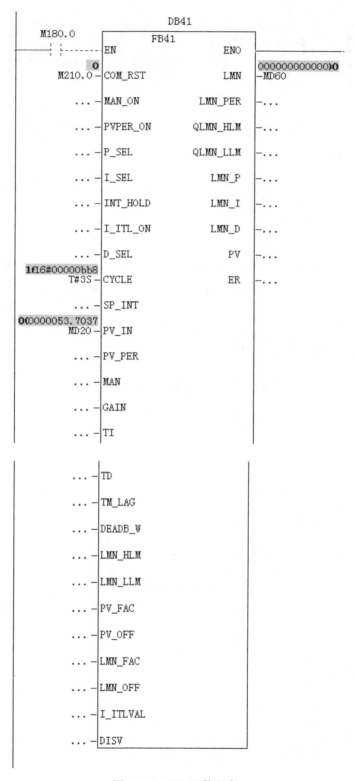

图 10-10　PID 运算程序

□ **程序段 5：**PWM控制输出

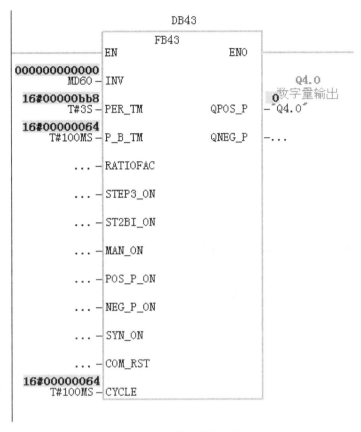

图 10-11　脉宽调制程序

主程序主要是完成温度数据的采集与标度变换，继电器开断状态显示以及 PID 运算程序启停控制，程序如图 10-12 所示。

OB1 ： "Main Program Sweep (Cycle)"

温度采集与标度变换，继电器开端状态指示，FB41 PID运算输出控制

□ **程序段 1：**水箱温度采集

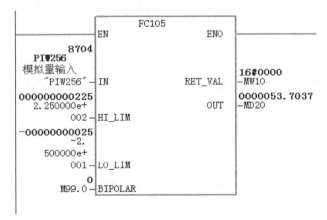

图 10-12

□ **程序段 2**：继电器开断状态指示

```
    Q4.0
  数字量输出
   "Q4.0"                              M10.0
    ┤├ ─────────────────────────────────( )─
```

□ **程序段 3**：FB41 PID运算输出启动控制

```
    M2.0
    启动
   "M2.0"                              M210.0
    ┤├ ─────────────────────────────────(R)─
```

□ **程序段 4**：FB41 PID运算输出关闭控制

```
    M3.0
    停止
   "M3.0"                              M210.0
    ┤├ ─────────────────────────────────(S)─
```

图 10-12 主程序

10.5.6 上位机软件设计

上位机软件可以实现系统的人机界面设计、报警页面设计、趋势页面设计以及报表设计等。由于本系统简单，不涉及报警与报表，在力控组态软件平台下只设计了人机界面以及趋势页面。可通过上位机对系统进行监控，包括设定温度目标值、PID运算模块的比例系数、积分系数、微分系数、运算程序的启停，显示温度当前值、温度的实时趋势以及继电器通断状态也即加热丝通电状态。

（1）人机界面设计

人机界面设计要将系统主要流程界面显现出来，布局要合理，所有的显示或操作变量要体现出来，便于操作员对系统进行监控。本系统简单，将上位机、PLC、电源开关以及继电器都画上了，实际项目中，这些都不需要画。人机界面设计如图 10-13 所示。

（2）趋势页面设计

趋势页面设计的目的在于监控系统中模拟量，通过曲线显示不同时间各个模拟量的值。不同模拟量应以不同颜色的曲线表示，并要在页面中加以标注，便于区别。本系统中只有一个温度量。趋势页面设计如图 10-14 所示。

10.5.7 系统调试

当 PLC 程序设计完成且仿真调试无误以及上位机监控软件设计完成后，需要将系统与现场设备连接进行联调。首先，对单个信号进行调试，本例中，先调试温度采集信号，检查上位机是否能采集到水箱水温，无误后，再人为将 Q4.0 置 1，检查继电器是否得电导通，系统开始加热。然后进行整体调试，若出现问题，从软硬件两方面仔细分析并加以完善，直

水箱温度控制系统设计

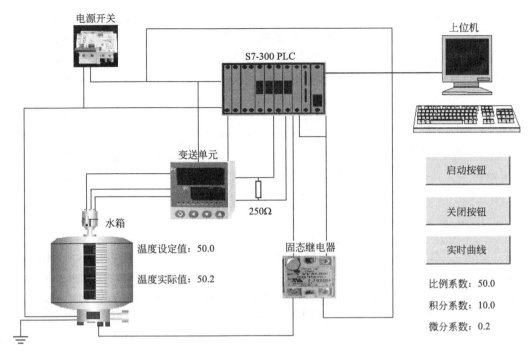

图 10-13　系统人机界面设计

水箱温度实时监控曲线

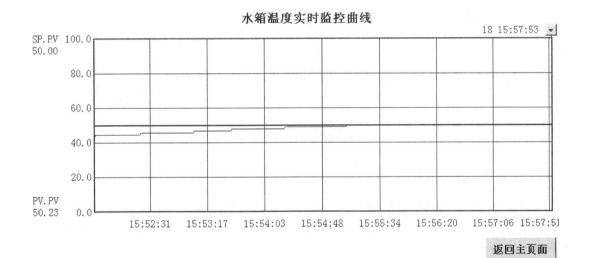

图 10-14　趋势页面设计

到符合系统控制要求为止。

10.6　基于 S7-300 PLC 和 OPC 的液位实时控制系统设计

OPC 是用于工业控制领域的一个技术规范和工业标准，它是由世界上一些著名的自动化系统和硬件、软件公司及 Microsoft（微软）紧密合作而建立的。OPC 是专为在现场设备、自控应用、企业管理应用软件之间实现系统无缝集成而设计的接口规范。

MATLAB 和 Simulink 在控制领域的应用已经非常广泛，MATLAB 具有强大的工程计算能力，易于实现复杂的控制算法，而 Simulink 有着极强的仿真能力和数据显示能力。但由于 MATLAB/Simulink 只停留在纯数字仿真上，无法验证算法的有效性，大量的先进算法都只是在理论和纯数字仿真的基础上实现。如果能通过 Simulink 直接实时控制现场设备，则可以使工程设计及研究人员直接观测控制效果，易于进行控制算法的设计和控制效果的分析，提高研究工作效率。

本设计的实时过程控制系统是以 OPC 技术为基础，建立 Simulink 与计算机控制系统控制器之一 PLC 的结合。在控制平台的建立过程中，MATLAB 与 WinCC 的通信是首先要解决的问题。OPC 技术是 Windows 应用程序间数据交换的主流技术，在最新版本的 MATLAB 中添加了工具箱 OPC Toolbox，利用该工具箱可以实现在 MATLAB 中获取外部实时数据。本控制系统所使用的 MATLAB 版本为 R2008a（即 MATLAB7.6）。

10.6.1 控制系统结构

Simulink 与 PLC 的实时过程控制系统结构如图 10-15 所示。系统以过程控制装置为控制对象，西门子 S7-300 PLC 作为下位机对现场设备数据进行采集，以组态软件 WinCC 为数据总控平台，并作为 OPC 服务器。以运行 MATLAB/Simulink 的电脑作为 OPC 客户端，进行算法设计、实时控制和控制结果分析等，WinCC 与 S7-300 PLC 通过 MPI 通信。OPC 服务器和 OPC 客户端以 IT 网络互连。OPC Server 和 OPC Client 都要运行 dcomcnfg 进行 DCOM 设置，这是通过 OPC 技术实现数据交换的基础。

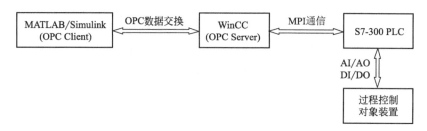

图 10-15　MATLAB/Simulink 在线实时过程控制系统结构图

10.6.2 控制系统原理

本设计以过程控制单容水箱液位的闭环控制为例。假设液位设定值为 300mm，控制器为 MATLAB 及 PLC，液位变送器作为检测装置，调节阀作为执行机构来构成一个单回路的恒液位控制系统。

MATLAB/Simulink 主要实现 PID 运算，PLC 主要实现模/数、数/模转换及信号处理。液位变送器将标准的电信号（4～20mA）输入给模拟量输入模块（SM331），经 A/D 转换后进行标度转换，变为工程液位值，WinCC 从 PLC 中读取实时液位值，通过 OPC 接口技术传输到 MATLAB 的 Simulink 中。在 Simulink 中与液位设定值（阶跃输入为 300）比较，并进行 PID 运算，将运算结果再通过 OPC 技术传送给 WinCC，并经 WinCC 写入 PLC 中，最后经过标度反变换后，输出到模拟量输出模块（SM332），经 D/A 转换后变为电流信号送给智能调节阀，用来控制电动调节阀的开度，通过它控制流入水箱的流量，实现对液位的闭环控制。

10.6.3　PLC 程序设计

在 S7-300 PLC 程序的组织块 OB1 中进行启动和停止的控制。而液位的采集、控制输出、数据转换存放在中断服务程序 OB35 中。OB35 每 100ms 定时中断一次，即每 100ms 采集一次液位信号并将 Simulink 中的 PID 运算结果输出给电动调节阀。PLC 程序流程图如图 10-16 所示。

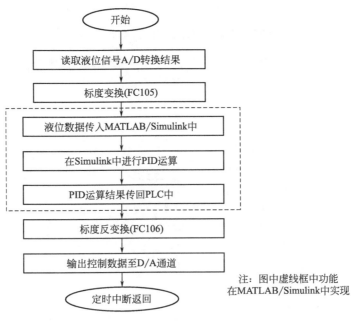

图 10-16　PLC 程序流程图

10.6.4　MATLAB/Simulink 在线链接

WinCC 作为 OPC 服务器，MATLAB 作为 OPC 客户端，获取现场过程数据并写入相关的控制算法中。其通信流程如图 10-17 所示。

在 MATLAB 的 OPC Tool 界面中，先把主机（系统中用"Localhost"）添加到 OPC 页面中。注意此时一定要让 WinCC 服务器处在"运行（激活）"状态，否则会出现"服务器没有注册类别"或者"找不到服务器"的错误提示。

在"Localhost"下拉菜单中会出现希望链通的 OPC 服务器"OPCServer.WinCC"，选择 WinCC 服务器，并右击选择"Create Client"来创建和 WinCC 服务器链通的 OPC 客户端。

在已创建的 Client 中选择"Add group"来添加工作组，在这里添加进行水箱液位控制的工作组"ye-wei"；然后点击"Connect"创建和 OPC 服务器的链接。

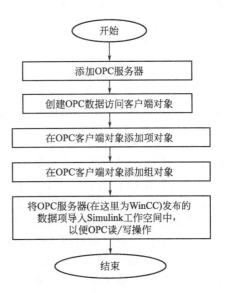

图 10-17　Simulink 和 WinCC 通信链接流程图

在已创建的项目组"yewei"中选择"Add Item"，在"Add Item"对话框中选择要添加的 WinCC 中的变量"yewei1"和"yeweixie"。然后点击"Add"即把这两个变量链通到 OPC Client 中来。如图 10-18 所示。

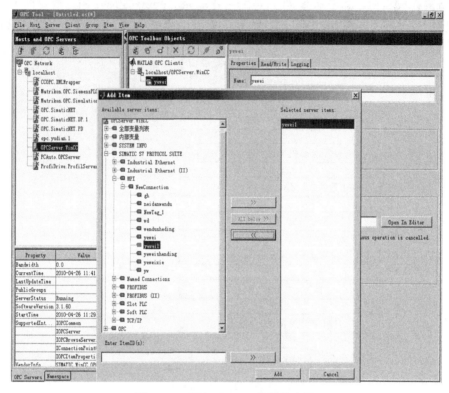

图 10-18　添加 OPC 工作组及变量

变量"yewei1"即 OPC Read 操作对应的变量，是本控制项目中水箱液位的采集值，它和 PLC 中的物理地址 MD80 链接。变量"yeweixie"即 OPC Write 操作对应的变量，表示 Simulink 中 PID 控制器运算的输出值，最终写入到 PLC 物理地址的 MD90 中，用于对调节阀开度进行控制。

OPC 写的过程一定要与实际的 PLC 相链接并且使 PLC 处于运行状态，否则 OPC 的连接状态会显示：Bad。

10.6.5　建立 Simulink 实时控制工作空间

在 OPC Clients 界面中，右击项目组"yewei"选择"Export To"中的"Simullink OPC Read/Write"，把所需变量即当前液位反馈信号"yewei1"及 PID 运算结果输出信号"yeweixie"添加到 Simulink 仿真环境下，如图 10-19 所示。随后在 Simulink 仿真窗口中就会出现"OPC Read/Write"的功能块。

在 Simulink 仿真窗口中双击"OPC Read/Write"，进行对象的属性设置和采样时间设置，本系统设计中采样时间均设为 0.01s。这个时间设置和 PLC 中 OB35 的定时中断时间设置 100ms 是一致的。有了当前液位反馈信号和控制信号输出通道，即可按需要搭建各种控制算法。这里搭建了一个 PID 控制算法结构，如图 10-20 所示。

在 Simulink 中建立工作空间，Simulink 仿真参数需要进行设置，仿真结束时间（stop time）设为"inf"（为了使系统运行在无时间限制条件下而设置），Simulink 仿真算法设置

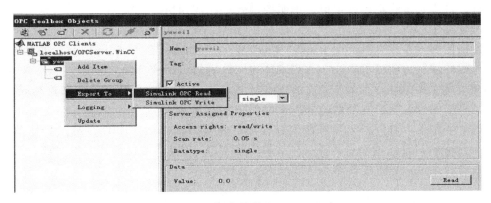

图 10-19　把变量导入 Simulink 中

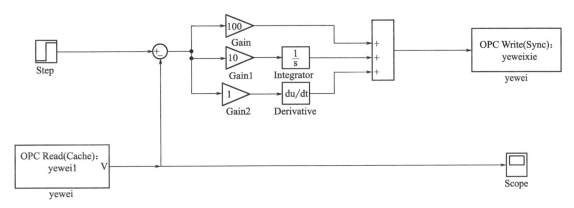

图 10-20　在 Simulink 工作空间中搭建 PID 控制算法

为 Fix-step 固定步长类型，并选择 ODE1（EULER）算法。设定值为 300，经过调试，得到了一组效果比较理想的 PID 参数：$K_p=100$，$T_i=0.1$，$T_d=1$。

控制系统的响应曲线如图 10-21 所示，液位虽然有一定的超调，但是很快就能返回到设

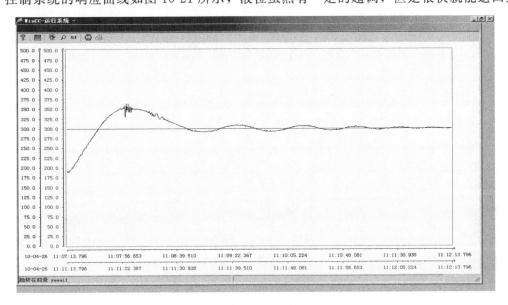

图 10-21　水箱液位控制响应曲线

定值附近，最终基本稳定到设定值，说明控制效果比较理想。

本设计基于 OPC 通信技术，实现了 MATLAB/Simulink 和 WinCC＋PLC 控制系统间的实时数据传输，并且直接调用 "OPC Read/Write" 功能，在 Simulink 中搭建控制算法实现了液位闭环控制。改变了以往 MATLAB 的纯数字仿真研究方法，也摒弃了用 MATLAB M 语言编写数据链接程序的做法。为控制研究人员通过 Simulink 实时观察和控制现场数据，进行控制算法的研究和控制结果的分析提供了一个平台。

在这个平台上，可以将 PID 算法改进为先进控制算法，比如 PID 自整定算法及模糊控制 PID 算法等。待算法成熟后，再将算法思想在 PLC 中用其编程语言编程实现，达到控制算法研究结果直接指导实际控制系统的目的。

习　题

10-1　简述 PLC 控制系统设计的原则。

10-2　简述 PLC 控制系统的设计步骤。

10-3　简述 PLC 控制系统硬件选型注意事项。

10-4　简述 PLC 控制系统调试方法。

参考文献

[1] 刘忠超.西门子 S7-300 PLC 编程入门及工程实践 [M].北京：化学工业出版社，2015.

[2] 刘忠超.电气控制与可编程自动化控制器应用技术——GE PAC [M].西安：西安电子科技大学出版社，2016.

[3] 刘忠超.组态软件实用技术教程 [M].西安：西安电子科技大学出版社，2016.

[4] 訾鸿，赵岩，周宝国.S7-300/400 系列 PLC 入门及应用实例 [M].北京：电子工业出版社，2012.

[5] 廖常初.跟我动手学 S7-300/400 PLC [M].北京：机械工业出版社，2010.

[6] 阳胜峰.S7-300/400 PLC 技术视频学习教程 [M].北京：机械工业出版社，2012.

[7] 柳春生.电器控制与 PLC（西门子 S7-300 机型）[M].北京：机械工业出版社，2015.

[8] 夏田，陈婵娟，祁广利.PLC 电气控制技术——CPM1A 系列和 S7-200 [M].北京：化学工业出版社，2010.

[9] 刘华波，刘丹，赵岩岭，马艳.西门子 S7-1200 PLC 编程与应用 [M].北京：机械工业出版社，2011.

[10] 陈海霞.西门子 S7-300/400 PLC 编程技术及工程应用 [M].北京：机械工业出版社，2013.

[11] 张硕.TIA 博途软件与 S7-1200/1500 PLC 应用详解 [M].北京：电子工业出版社，2017.

[12] 姜建芳.电气控制与 S7-300 PLC 工程应用技术 [M].北京：机械工业出版社，2015.